香蕉枯萎病综合防控理论与实践

◎ 漆艳香　主编

中国农业科学技术出版社

图书在版编目（CIP）数据

香蕉枯萎病综合防控理论与实践 / 漆艳香主编 .—北京：中国农业科学技术出版社，2019. 10

ISBN 978-7-5116-4452-7

Ⅰ. ①香… Ⅱ. ①漆… Ⅲ. ①香蕉-枯萎病-防治 Ⅳ. ①S436. 68

中国版本图书馆 CIP 数据核字（2019）第 225417 号

责任编辑 李 雪 徐定娜
责任校对 马广洋

出 版 者 中国农业科学技术出版社
北京市中关村南大街 12 号 邮编：100081
电　　话 (010)82105169(编辑室) (010)82109702(发行部)
(010)82109709(读者服务部)
传　　真 (010)82106650
网　　址 http://www.castp.cn
经 销 者 各地新华书店
印 刷 者 北京建宏印刷有限公司
开　　本 710mm×1 000mm 1/16
印　　张 13. 5
字　　数 267 千字
版　　次 2019 年 10 月第 1 版 2020 年 7 月第 2 次印刷
定　　价 48. 00 元

《香蕉枯萎病综合防控理论与实践》

编写人员

主　编：漆艳香

副主编：曾凡云　张　欣　谢艺贤　彭　军

前　言

香蕉（*Musa* spp.）是芭蕉科（Musaceae）芭蕉属（*Musa* L.）多年生大型单子叶草本植物，主产地分布于南北纬22°范围内的热带、亚热带地区。据世界粮农组织FAO（http://www. faostat. fao. org/）2017年的数据统计，全球有130多个国家生产香蕉，年种植面积超过500万hm^2，年产量超过1亿t，是世界第二大水果作物，也是世界贸易量最大的水果。香蕉是多国（地区）食物供应和经济收入的来源，仅在非洲和中南美洲，有超过4亿人将香蕉作为主食，香蕉已成为继水稻、小麦、玉米之后的第四大粮食作物。我国是世界第二大香蕉生产国，同时也是全球香蕉消费第二大国。如今香蕉产业已经成为我国南亚热带地区农业支柱性产业，在热区经济和农村社会发展中发挥着重要作用，同时也是生活在热区的1.6亿人民群众发展生产、增加收入的重要来源。

然而，在全球香蕉产业迅猛发展的同时，也正遭遇有史以来枯萎病最严重的威胁和挑战。前国际香大蕉改良网络组织（INIBAP）主席Emile Frison在《New Scientists》杂志上曾给全球香蕉业提出警示：香蕉可能会因为镰刀菌枯萎病第4生理小种的为害而在我们这个星球逐渐消亡。香蕉枯萎病是全球香蕉最重要的毁灭性土传病害之一，自20世纪60年代传入我国以来，一直呈蔓延发展态势。近年来，随着香蕉大面积规模化种植和连作年限的加长，香蕉枯萎病普遍发生，发病率呈逐年上升趋势，已严重威胁到香蕉产业并成为制约其健康、可持续发展的主要因素。

本书着重总结了20世纪60年代以来香蕉枯萎病综合防控理论研究与实践应用的成果。内容包括枯萎病的发生与为害、病原菌、致病机理、抗病机制、抗性鉴定方法、抗枯萎病育种、枯萎病的农业防治、农药防治、生物防治和综合防控等，共十章。由中国热带农业科学院环境与植物保护研究所、农业农村部热带作物有害生物综合治理重点实验室及海南省热带农业有害生物监测与控制重点实验室长期从事香蕉病害研究工作的同志，在总结多年工作成果和查阅大量文献资料的基础上编写而成。本书的出版和发行，将会为香蕉枯萎病研究者和香蕉生产者提供参考，对保障我国香蕉产业健康发展具有重要意义。

香蕉枯萎病防控涉及病原菌、寄主（香蕉）和环境之间的相互关系，是一个十分复杂的系统，因此，本书内容涉及面较广。限于笔者的学识和编写水平，书中难免有错漏、不全面之处，敬请广大读者与同行不吝指正。编写过程中，在参阅、引用大量国内外公开发表的文献资料基础上，也选择性地引用了国内外相关专家的部分文字资料和图片。在此，谨向各位作者致以衷心感谢。

在本书的编写和出版过程中，得到了国家重点研发计划“热带果树化肥农药减施增效技术集成研究与示范”(2017YFD0202100)、国家自然科学基金委员会国际（地区）合作与交流项目“小RNA调控香蕉-枯萎菌互作的分子机制研究及抗枯育种分子设计”（31661143003)、现代农业产业技术体系建设专项“病害防控岗位”CARS-31-07)、农业农村部农作物病虫鼠害疫情监测与防治经费“香蕉枯萎病综合防控技术体系的集成应用”和“热作病虫害监测与防控技术支持”（151821301082352712）等项目资助，在此表示感谢。

编　者

2019年8月

目　录

第一章
香蕉枯萎病的发生与为害

香蕉枯萎病又称香蕉黄叶病、香蕉巴拿马病（Panama disease）、香蕉镰刀菌枯萎病、香蕉镰刀菌萎蔫病，俗称“蕉癌”，是为害香蕉的毁灭性土传维管束真菌病害和国际性植物检疫对象。

一、发生与蔓延

1874 年 Joseph Bancroft 首次在澳大利亚发现并报道香蕉枯萎病，随后，其他产蕉国和地区也相继有该病发生为害的报道。据不完全统计，截至 2016 年，香蕉枯萎病已遍布亚洲、非洲、欧洲、大洋洲、南北美洲、中美洲及加勒比海等地，包括孟加拉国、文莱、中国、印度、印度尼西亚、约旦、黎巴嫩、马来西亚、缅甸、尼泊尔、阿曼、巴基斯坦、菲律宾、新加坡、斯里兰卡、泰国、越南、贝宁、布基纳法索、布隆迪、喀麦隆、科摩罗、刚果（金）、刚果（布）、科特迪瓦、埃及、埃塞俄比亚、加纳、几内亚、肯尼亚、马达加斯加、马拉维、马里、毛里塔尼亚、毛里求斯、莫桑比克、尼日尔、尼日利亚、卢旺达、塞内加尔、塞拉利昂、南非、加那利群岛、坦桑尼亚、多哥、乌干达、葡萄牙、西班牙、澳大利亚、斐济、关岛、马绍尔群岛、密克罗尼西亚联邦、北马里亚纳群岛、巴布亚新几内亚、汤加、巴西、哥伦比亚、厄瓜多尔、法属圭亚那、圭亚那、秘鲁、苏里南、委内瑞拉、墨西哥、美国、巴哈马、巴巴多斯、伯利兹、英属维京群岛、开曼群岛、哥斯达黎加、古巴、多米尼克、多米尼加、萨尔瓦多、格林纳达、法属瓜德罗普岛、葡属马德拉群岛、危地马拉、海地、洪都拉斯、牙买加、马提尼克、尼加拉瓜、巴拿马、波多黎各、圣卢西亚、圣文森特和格林纳丁斯、特立尼达和多巴哥、美属维尔京群岛等，几乎遍及世界各产蕉国和地区。

我国是世界香蕉的主产国，也是世界上最大的‘香芽蕉’（Cavendish，AAA）生产国。我国大陆自 1960 年首次在广西（广西壮族自治区，简称广西，下同）的‘芭蕉’上发现枯萎病后，广东、福建、海南等省相继报道该病为害‘粉蕉’（高乔婉，1996）。1967 年台湾屏东首次报道该病为害‘Cavendish’类香蕉（Sun，1978）；我国于 1996 年在广东省广州市番禺区的‘巴西蕉’及‘广东 2 号’品种上首次发现枯萎病（戚佩坤，2000）；2001 年在海南三亚的‘巴西蕉’上发现枯萎病（周传波等，2003）；2000 年在福建漳州发现香蕉枯萎病（林时迟，2004）；2007 年广西浦北发生香蕉枯萎病疫情（吴志红等，2012）；2009 年在云南西双版纳发现枯萎病为害香蕉（曾莉等，

2016)。以后随着香蕉种苗的繁殖、调运和推广，各病区逐年扩大，为害也日趋严重。截至2019年8月，香蕉枯萎病在我国所有香蕉产区均有发生，成为制约我国香蕉健康持续发展的最重要因素。

1967年，在我国台湾发现的香蕉枯萎病菌4号生理小种几乎为害包括‘香芽蕉’(Cavendish) 和‘大蜜哈’等大多数香蕉主要栽培品种，短短几年扩散侵害到整个台湾蕉园。20世纪70年代后期香蕉枯萎病在台湾流行，高雄、屏东等香蕉主产区发病面积日趋扩大，1976年全省枯萎病发病面积1 200 hm^2，发病株高达50万株，发病面积是1967年4 444.44倍。从发病面积及发病株数看，1968—1969年是扩展速度最快的1年，1969年枯萎病面积和病株分别由1968年的0.27 hm^2 和27株上升到25.41 hm^2 和5 536株（表1-1）。1978年台中产蕉区发生枯萎病，至1983年全省发病面积增加到1 500 hm^2，发病株超过50万株（Su *et al*，1986）。至2001年，台湾香蕉种植面积减至4 908 hm^2，其中有4 000 hm^2 被感染（Hwang，2001）。

表1-1　1967—1976年香蕉枯萎病在台湾扩散蔓延情况（Su *et al*，1986）

年份	发病面积/hm^2	病株数/株	年份	发病面积/hm^2	病株数/株
1967	0.27	1	1972	132.54	14 255
1968	0.27	27	1973	446.20	145 771
1969	25.41	5 536	1974	962.78	310 000
1970	53.66	7 430	1975	1 070.88	460 000
1971	130.51	16 195	1976	1 200.00	500 000

2009年香蕉枯萎病已扩展到大陆5个省（区），其中广西、云南及福建局部零星发生，而广东、海南已成为枯萎病重病区，香蕉产业受到重创。2009年以后，随着广东、海南香蕉种植面积的萎缩，广西和云南植蕉区则不断扩大，香蕉种苗调运频繁，再加上植物检疫措施执行不严、防控措施不力等原因，香蕉枯萎病的传播、蔓延速度加快，为害程度也加重，基本遍布5个省（区）主要产蕉县（区、市），蕉园病株率一般为1%～40%，严重的超过90%。据农业部（2018年3月，国务院组织机构调整，将农业部更名为农业农村部，全书同）香蕉病虫害监测与防控专家组调查，2008年全国香蕉枯萎病发病面积1.09万 hm^2，占全国植蕉面积31.78万 hm^2 的3.4%；2009年全国香蕉枯萎病发病面积1.37万 hm^2，占全国植蕉面积33.88万 hm^2 的4.06%；2010年全国香蕉枯萎病的发病面积约达1.53万 hm^2，占总种植面积36万 hm^2

的4.3%。2017年枯萎病发病面积上升到2.83万hm^2，占全国植蕉面积38.24万hm^2的7.4%，枯萎病发病程度愈演愈烈（上述数据并不包括因土壤发生枯萎病后弃种的面积）。

二、病害症状

香蕉枯萎病均为病原菌从根部入侵、系统侵染为害蕉株，因此，从苗期到成株期的各个生育阶段均可表现症状。香蕉植株幼苗期发病，迅速萎蔫死亡，叶片黄化或不黄化。成株期发病症状主要有两种：叶片倒垂型黄化和假茎基部纵向开裂型黄化，然而生产上常出现的是这两种症状的混合型（图1-1A）。

A. 外部症状

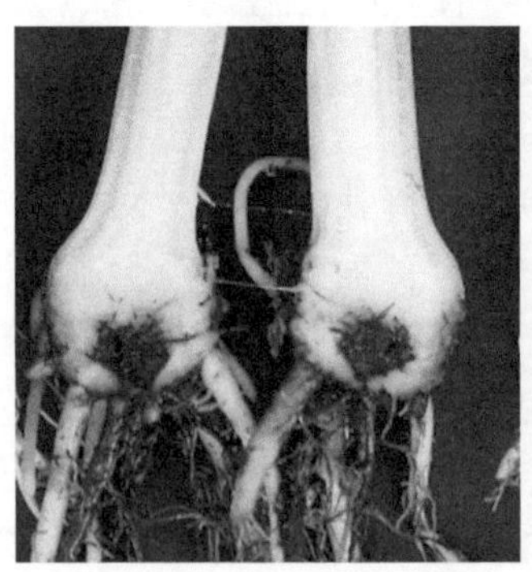

B. 内部症状

图1-1　香蕉枯萎病田间症状

（一）外部症状

1. 叶片倒垂型黄化

发病香蕉植株下部老叶表现出特异性黄化，黄化先从叶缘开始，后扩展到中脉，均匀黄化的叶片与健康的深绿色叶片形成鲜明的对比，染病叶片于叶柄处发生萎陷，很快倒垂枯萎，倒垂的叶片迅速变褐、干枯。

2. 假茎基部开裂型黄化

病株先从假茎外围的叶鞘近地面纵向开裂，渐向中心扩展，层层开裂直到心叶，裂口褐色干腐，后期叶片均匀变黄，倒垂或不倒垂，植株枯萎相对较慢，但叶片出现倒垂者枯萎较快。

（二）内部症状

本病是一种维管束病害，无论是叶片倒垂型黄化还是假茎基部开裂型黄化，内部病变都很明显（图 1–1B）。

1. 纵切面

纵切病株球茎、假茎甚至果穗轴都可见维管束有黄至褐色病变，呈线状，后期坏死的维管束贯穿成长条形，最后变成黑色。

2. 横切面

横切病株球茎、假茎甚至果穗轴都可见中柱髓部和皮层薄壁组织出现黄色至红棕色病变，呈点或斑块状，后期变成紫色或黑色。

另外，近年来新发生的香蕉细菌性软腐病的田间症状易与香蕉枯萎病混淆，且常发现该病与香蕉枯萎病混合发生，调查时需注意加以区分。香蕉枯萎病与香蕉细菌性软腐病同属维管束病害，症状区别主要在于：①枯萎病病株一般是下部老叶先黄化，逐渐向上发展；细菌性软腐病病株则常常自顶部向下发展。②枯萎病病株维管束变褐且无菌脓溢出；细菌性软腐病病株维管束变褐且有菌脓溢出。③枯萎病病株球茎和假茎不腐烂且无特异性气味；细菌性软腐病病株球茎和假茎腐烂并伴有难闻气味。

在田间调查和诊断香蕉枯萎病时，除了观察病株外部症状外，必要时还应剖开球茎或假茎检查维管束变色、菌脓及臭味有无情况，这是田间识别枯萎病的可靠方法，也是区别枯萎病与细菌性软腐病，以及排除缺素、肥害、药害、虫害等原因引起类似症状的重要依据。

三、为害损失

香蕉枯萎病影响香蕉的正常生长发育，生长前期感病植株矮缩、生长停滞甚至死苗，造成大幅减产甚至绝收；成株期发病较早的植株不能抽蕾，或抽蕾后香蕉果实发育不全，品质低劣，丧失商品价值，香蕉产量严重下降，造成严重经济损失。

关于枯萎病为害造成产量与经济的损失，早期已有报道。1890—1960年，中南美洲90%以上的优质‘大密哈’（Gros Michel）发生枯萎病，约4万hm^2香蕉园遭毁，造成直接经济损失高达23亿美元（Stover，1962）。20世纪90年代香蕉枯病侵染东南亚Cavendish类及其他香蕉栽培种，至少造成4亿美元的损失。自2013年来，莫桑比克和马塔努损卡河香蕉主植区因枯萎病肆虐已遭受约750万美元的经济损失。

在台湾，全省香蕉种植面积由1965年的高峰期5万hm^2减至2002年的0.49万hm^2，从业人口也锐减至原来的1/10，虽经多年治理，每年因枯萎病造成香蕉产量损失仍达20%以上（陈静华，2008）。在广东，1985—1988年‘龙芽蕉’和‘粉蕉’较大面积发病，病株率一般为3.7%～26%，严重时高达60%，造成严重损失（王碧青等，1989；曾惜冰等，1996）；1995年，广东香蕉受害面积约1.4 hm^2，2002年发病面积急剧上升至1.4万hm^2，2003年发病面积达2万hm^2，并有迅速扩展的趋势（胡莉莉等，2006）。珠江三角洲香蕉产区枯萎病病株率一般为10%～40%，严重的达90%以上（刘景梅等，2006）。在广西，2008年香蕉枯萎病暴发较严重，全区香蕉种植面积和总产量分别由2007年的61.6万hm^2和140.5万吨降至61.00万hm^2和97.00万吨，单位面积产量降低30.26%（解明明，2015）。2014年，广西5个示范县（区、市）枯萎病总发病率达2.49%，其中广西最大香蕉产区南宁西乡塘区及隆安县发病率最高，受害面积约970 hm^2，全年因枯萎病造成直接经济损失超过1.5亿元。在福建，刘炳钻（2009）依据香蕉枯萎病的发生特点及造成经济损失的特殊性，建立了指标体系及相关的评估模型，并以 2006 年为基准年，核算了香蕉枯萎病所造成的直接经济损失总价值为 363 万元，其中，产量损失值为 183 万元，投入的防治费用损失值为 180 万元。在云南，2009 年云南西双版纳勐腊县香蕉产区感病香蕉 15 万株，发病面积达 533.33 hm^2；2016 年香蕉枯萎病发生总面积近 3 847 hm^2，累计直接经济损失 4.33 亿元，目前仍有继续扩大危害的趋势（曾莉等，2016）。

据国家香蕉产业体系经济岗位实地调研和数据统计，自 2010 年起，海南香蕉种植面积快速下降，4 年内减少了 2.8 万 hm^2，由 2010 年的 5.33 万 hm^2 减少至 2014 年的 2.53 万 hm^2，年产量从 2010 年 158 万吨减至 2014 年的 75 万吨，年产值从 2010 年的 45 亿元降至 2014 年的 34.3 亿元（张义，2016）。据估计，全国约有 2.67 万 hm^2 香蕉感病，直接经济损失超过 1 亿美元（杨静，2016）。

由表 1-2 可知，香蕉感染枯萎病后，其生长量较健株显著降低。室内盆栽接种试验表明，所有接种香蕉枯萎病菌 4 号生理小种的‘大蕉’‘巴西蕉’及‘农科 1 号’蕉株株高、根质量和地上部分鲜质量均低于或显著低于健康对照株（马冉等，2012）。

表 1-2　香蕉枯萎病菌 4 号生理小种（Foc4）对香蕉生长量的影响

处理(1)	大蕉			巴西蕉			农科 1 号		
	Ⅰ(2)	Ⅱ	Ⅲ	Ⅰ	Ⅱ	Ⅲ	Ⅰ	Ⅱ	Ⅲ
CK	24.12	11.85	24.84	29.3	5.71	23.31	26.3	6.96	24.24
F	15.36	2.14	7.43	19.28	1.63	9.55	24.2	5.32	20.84

注：（1）CK 为未接种健康植株，F 为香蕉枯萎病菌 4 号生理小种。（2）Ⅰ为株高/cm，Ⅱ为根质量/g，Ⅲ为地上部鲜重/g。

吴小燕等（2013）模拟 3 种病菌侵染途径（带菌土壤、带菌香蕉苗、带菌土壤与带菌香蕉苗），及中低、高中、低高 3 种带菌浓度（10 cfu/mL、10^3 cfu/mL、10^6 cfu/mL）评价香蕉枯萎病菌 4 号生理小种对香蕉苗期株高、叶片长宽等生长指标的影响。结果表明，在接种后第 64 d，所有处理香蕉苗的株高、叶片长宽均与健株对照差异显著；在一定范围内，接菌浓度越大，香蕉苗的株高、叶片长宽生长就越缓慢，甚至停止生长（表 1-3、表 1-4）。另外 90%香蕉苗受枯萎菌侵染后叶片出现畸形。

表 1-3　香蕉枯萎病对蕉苗株高（cm）的影响

处理	植后 1 d	植后 32 d	植后 64 d	植后 96 d
CK（无菌水）	9.00 a	17.33 a	22.33 a	20.70 a
香蕉苗浸根/10 cfu · mL^{-1}	9.07 a	15.50 a	17.83 bc	18.03 cd
香蕉苗浸根/10^3 cfu · mL^{-1}	9.30 a	17.47 a	20.83 ab	19.99 ab
香蕉苗浸根/10^6 cfu · mL^{-1}	9.00 a	14.67 a	17.67 bc	16.33 cd
土壤混菌/10 cfu · g^{-1}	9.10 a	17.00 a	19.67 abc	17.60 bc
土壤混菌/10^3 cfu · g^{-1}	9.10 a	14.55 a	17.00 c	16.17 cd
土壤混菌/10^6 cfu · g^{-1}	9.076 a	16.00 a	18.83 bc	16.17 cd
香蕉苗浸根+土壤混菌/10 cfu · mL^{-1}+10 cfu · mL^{-1}	9.20 a	17.83 a	18.676 bc	16.87 cd
香蕉苗浸根+土壤混菌/10^3 cfu · mL^{-1}+10^3 cfu · g^{-1}	9.00 a	16.172 a	16.50 bc	15.50 d
香蕉苗浸根+土壤混菌/10^6 cfu · mL^{-1}+10^6 cfu · g^{-1}	8.97 a	16.00 a	17.00 c	14.67 d

注：同列数据后不同小写字母表示差异达 5%显著水平。

表 1-4　香蕉枯萎病对蕉苗叶片长宽（cm）的影响

处理	植后 1 d		植后 32 d		植后 64 d		植后 96 d	
	长	宽	长	宽	长	宽	长	宽
CK（无菌水）	7.56 a	5.51 a	12.17 a	7.12 a	29.63 a	13.95 a	9.76 a	15.67 a
香蕉苗浸根/10 cfu · mL^{-1}	7.34 a	5.55 a	12.00 a	6.50 a	20.67 b	9.22 b	8.20 b	11.93 b
香蕉苗浸根/10^3 cfu · mL^{-1}	7.75 a	5.54 a	12.27 a	6.52 a	25.58 c	10.32 b	8.84 bc	10.13 c
香蕉苗浸根/10^6 cfu · mL^{-1}	7.38 a	5.55 a	12.00 a	6.78 a	23.33 d	9.07 b	8.40 bc	8.58 d
土壤混菌/10 cfu · g^{-1}	7.41 a	5.35 a	9.39 b	7.15 a	21.88 cd	6.07 cd	7.81 cd	9.43 cd
土壤混菌/10^3 cfu · g^{-1}	7.34 a	5.41 a	8.30 b	6.58 a	19.57 bcd	7.90 bc	6.97 bc	9.42 cd
土壤混菌/10^6 cfu · g^{-1}	7.40 a	5.52 a	8.16 b	6.80 a	13.83 f	4.16 d	6.14 d	5.63 f
香蕉苗浸根+土壤混菌/10 cfu · mL^{-1}+10 cfu · mL^{-1}	7.46 a	5.56 a	8.29 b	6.77 a	20.10 e	7.92 bc	7.05 d	7.42 e
香蕉苗浸根+土壤混菌/10^3 cfu · mL^{-1}+10^3 cfu · g^{-1}	7.56 a	5.33 a	8.20 b	6.61 a	15.40 f	4.32 d	6.27 e	4.72 d
香蕉苗浸根+土壤混菌/10^6 cfu · mL^{-1}+10^6 cfu · g^{-1}	7.60 a	5.55 a	8.01 b	6.54 a	11.48 f	3.79 d	5.63 d	5.03 f

注：同列数据后不同小写字母表示差异达 5%显著水平。

何欣等（2010）评价了强致病性枯萎病菌对香蕉苗生长及发病程度的影

响，结果表明，接种 35 d 后，90%植株发病，其中死亡率高达 70%；与健康植株相比，病株显著矮缩；发病植株的地上部鲜重、地下部鲜重、株高和假茎围仅为对照处理的 22.5%、30.0%、29.1%和 50.1%，均达到显著差异水平（表 1-5）。

表 1-5　香蕉枯萎病菌对香蕉植株生长及枯萎病的影响

处理	地上总鲜重/g	地下部鲜重/g	株高/cm	茎围/cm	发病率/%
健康植株	196.9±8.74 a	45.0±4.87 a	87.0±8.19 a	14.6±0.51 a	—
接菌植株	44.4±1.43 b	13.5±2.15 b	25.3±3.21 b	7.4±1.41 b	90

注：同列数据后不同小写字母表示差异达 5%显著水平。

四、发病条件

香蕉枯萎病的发生除与病原菌生理小种的不同致病力有关外，还与土壤中病原菌含量、气候条件、耕作栽培、线虫、香蕉品种和生育期为害等因素有密切关系。

（一）土壤中枯萎病菌的含量

研究发现，环境条件相对不变的情况下，作物土传病害的发生率会随着土壤中病原菌数量的增加呈上升趋势（刘长华和王振华，2008）。香蕉枯萎病菌厚垣孢子在土壤中可存活 8～10 年，病原菌分生孢子可在土壤中存活 3～5 年，枯萎病菌消长动态、数量与香蕉发病程度、地上部症状表现有密切相关性。土壤含菌量是香蕉枯萎病能否发生与流行的关键因素。1 g 土壤中有 10 个枯萎病菌分生孢子时就可造成发病，10^3 个 · g^{-1}时植株发病严重，超过 10^5 个 · g^{-1}时，香蕉枯萎病的病情指数不再有显著变化（何欣等，2010；吴小燕等，2013）。刘小玉（2013）通过人工接种研究了枯萎病菌在土壤中的消长动态，接菌后，各浓度病原菌在土壤中的数量迅速增长，在 28 d 时达最大值，之后逐渐下降，49 d 后土壤中病原菌数量保持相对稳定；与未种植香蕉相比，先种植香蕉苗再接种枯萎菌的土壤中病原菌数量增长速度更快，认为种植香蕉的土壤环境更有利于枯萎菌的繁殖。

香蕉枯萎病菌在田间呈不均匀分布。土壤含菌量与植株地上部症状表现有一定的相关性。同一患病地的土样病原菌数量也从病级高、病级低到健康植株持续降低。蒲丽冰（2016）测定了同一蕉园不同病级病株土样的枯萎病菌含量，结果表明，1～5级不同病级的蕉株土壤的含菌量分别为 7.50×10^5 cfu·g^{-1}、14.63×10^5 cfu·g^{-1}、25.34×10^5 cfu·g^{-1}、35.30×10^5 cfu·g^{-1}和 38.11×10^5 cfu·g^{-1}，且各病级间差异达显著水平。

（二）气候条件

研究发现，温度是影响香蕉枯萎病的重要因素之一。香蕉枯萎病菌在培养基上生长的最适温度为25℃，最高为35℃，最低为15℃。黄永辉等（2016）通过在实验室内人为控制土壤温度观察到，香蕉枯萎病菌在土壤中的最适生长温度为25℃，最高为35℃，最低为10℃；在盆栽试验中，土温达30℃时，香蕉枯萎病病情指数及发病率分别高达73.3%和93.3%，最有利于病原菌的侵染；土温低于20℃时，病指和发病率分别降至10%和40%以下；土温达35℃时，病原菌扩展受抑制，病指和发病率均有所下降。覃柳燕等（2016）在广西武鸣调查发现，在广西地区条件下，进入5月气温上升到21℃左右时，田间开始出现香蕉枯萎病病株，随着气温逐月升高，枯萎病病株率显著增加；7—9月气温上升到21～38℃时，田间枯萎病发病率增长迅猛，10月达发病高峰；11—12月气温逐渐降低，最低气温低于15℃，昼夜温差加大，不利于病菌扩展，发病率不再增长。

在适温条件下，湿度也是影响香蕉枯萎病发生程度的另一个重要因素，左右病田湿度的主要因子为雨日数和降雨量。一般情况下，温度适宜，雨日天数多，日照时数少，枯萎病发生较重，反之则轻。覃柳燕等（2016）报道，广西武鸣2015年5—9月每月雨日达15 d以上，持续降雨日为3～10 d，降水量为174～231.9 mm，田间枯萎病病株率由5月的2.18%上升至9月的10.93%，10月达11.29%；11—12月，降雨日、持续降雨日及降水量有所下降，枯萎病病株率恒定，不再扩散。

（三）土壤耕作栽培条件

香蕉生长发育需要适宜的气候条件，同时也需要良好的土壤栽培措施，良好的土壤和耕作措施可促进香蕉健壮生长，增强香蕉植株抗病和耐病性能力，反之，香蕉生长不良，抗病性降低。

香蕉枯萎病菌在蕉园定殖后，连作香蕉年限越长，土壤中病菌积累愈多，枯萎病越严重。胡莉莉等（2006）调查发现，发生枯萎病的蕉园第 1 年发病率为 10%，第 2 年发病率为 20%～30%，第 3 年发病率高达 70%以上。覃柳燕等（2016）在广西南宁市、隆安县调查发现，相同管理水平条件下，连作 2 年的蕉园枯萎病发病率为达 11.84%～39.02%，连作 3 年的蕉园枯萎病发病率达 9.88%～86.31%；其中初始发病率<5%且种植管理水肥条件较好的蕉园，第二代、第三代蕉的发病率基本能控制在 10%左右（表 1-6）。

表 1-6　广西不同连作年限蕉园枯萎病发病率比较

种植代数	不同类型蕉园发病率/%		
	<5%	5%～20%	>20%
一代	7.08	30.16	37.66
二代	11.84	32.40	39.02
三代	9.88	43.55	86.31

注：按初始发病率<5%、5%～20%和>20%将蕉园分成 3 种类型。

香蕉枯萎病菌在 pH 值为 3～11 范围内的培养基上均能生长，说明其对酸碱度的适应性较广，但其最适 pH 值为 5～7。樊小林和李进（2014）报道，土壤 pH 值分别与香蕉枯萎病发病率、病情指数呈极显著负相关，在 pH 值在 6.3～7.4 的范围，香蕉枯萎病的发生为害随土壤 pH 值升高而明显下降。黄永辉等（2016）报道，在实验室内人为控制土壤 pH 值条件下，香蕉枯萎病菌在 pH 值为 4～9 范围的土壤中均能生长，最适的 pH 范围为 4～5；在盆栽试验中，pH 值为 3～5 时最有利于病原菌的侵染，但随着 pH 值的升高，枯萎病病指与发病率呈下降趋势，说明偏酸性土壤更有利于枯萎病的发生。

土壤含水量影响植物根系的生长发育，同时也影响土壤微生物的活动。据报道，当土壤持水量从 35%增加到 55%时，枯萎病的发病率从 50%提高到 80%（Weimer，1930）。黄永辉等（2016）发现，在实验室内人为控制土壤含水量条件下，在 15%～30%范围内，香蕉枯萎病菌菌丝的扩展速度和密度与土壤含水量呈正相关，含水量达 30%时，病原菌生长最好；含水量为 10%及淹水状态时，病原菌几乎不扩展。

不同的灌溉模式使蕉园小气候因子——湿度不一样，大水漫灌有传播香蕉枯萎病菌的作用，且易造成土壤含水量过高而有利于病害的发展。覃柳燕等（2016）研究了不同灌溉方式对香蕉枯萎病发生程度的影响，结果表明，滴灌、喷灌和微喷灌条件下，发病率相对较低，明显低于自然灌溉的10.92%，其中滴灌和微喷灌的发病率又低于喷灌，发病率均低于5%。

营养失调也是香蕉易感病的诱因。氮是香蕉不可或缺的营养，但偏施或重施某种氮肥，反而有可能助长病害的发展。张茂星（2014）、董鲜等（2015）研究了硝/铵营养与枯萎病发生的关系，认为与单施硝态氮相比，单施铵态氮香蕉枯萎病的发病率和病害严重度显著上升。邓晓等（2012）研究了土壤养分与香蕉枯萎病发生的关系，发现患病蕉园健康植株根际土壤中的有效磷与有效硼的含量均显著高于发病植株。氮、磷和硼配合适量增施，将有助于提高产量和控制病害的发生。

施加不同类型肥料会改变局部土壤的酸碱度，进而影响香蕉枯萎病的发生。樊小林和李进（2014）、李进等（2016）通过田间和盆栽试验研究发现，在香蕉整个生长过程中施入碱性肥料后，土壤pH值较常规肥料处理显著提高，且随着施肥次数的增多，两者差距进一步扩大，而土壤中的病原菌数量及香蕉枯萎病严重度却随土壤pH值的升高逐渐下降，认为是因碱性肥料中和了土壤中部分酸性并使土壤环境呈中性或偏碱性时，改变了枯萎病菌栖息的最适环境，病害因而减轻。

（四）蕉园线虫

线虫是土壤中最为丰富的无脊椎动物。植物线虫约占整个线虫的10%，世界上已记载的植物线虫约有200多属5000余种。其中，植物寄生线虫是引起植物病害的重要病原物之一，是影响植物“寿命”和生长潜能的隐蔽敌害。

国内外研究报道，香蕉上记录的寄生线虫至少有51属151种，其中已知在香蕉上为害较重的线虫种类主要有穿孔线虫（*Radopholus similes*）、根结线虫（*Meloidogyne* spp.）、短体线虫（*Pratylenchus* spp.）、螺旋线虫（*Helicotylenchus* spp.）和肾形线虫（*Rotylenchulus reniformis*）。此外，纽带线虫（*Hoplolaimus* spp.）、长针线虫（*Longidorus* spp.）、剑线虫（*Xiphinema* spp.）、毛刺线虫（*Trichodorus* spp.）、拟毛刺线虫（*Paratrichodorus* spp.）、矮化线虫（*Tylenchorhynchus* spp.）、滑刃线虫（*Aphelenchoides* spp.）、垫刃线虫（*Tylenchus* spp.）和小环线虫（*Criconemella* spp.）等也为害香蕉。

大量研究表明，线虫不仅可单独发生，导致香蕉严重减产，还可与香蕉枯萎病菌协同发生，构成线虫—枯萎病复合症，加重枯萎病对香蕉的为害。线虫在病害复合症中的作用是直接为害香蕉后改变植株的生理生化状况，并在香蕉根部造成大量伤口，为枯萎病菌的入侵提供途径，使病害加重。

Jonathan & Rajendran（1998）报道，先接种南方根结线虫后再接种香蕉枯萎病菌和同时接种这2种病原物显著加重了香蕉品种‘Rasthali’（Silk-ABB）枯萎病的发生。马冉等（2012）用南方根结线虫和香蕉枯萎病菌4号生理小种联合接种或先接枯萎菌5 d后再接种南方根结线虫时，枯萎病发病率显著提高；其中2种病原物的复合接种能导致抗枯萎病品种‘农科1号’对枯萎病抗性的部分丧失。符美英等（2014）报道，南方根结线虫、香蕉穿孔线虫和香蕉枯萎病菌4号生理小种三者联合接种盆栽‘巴西蕉’处理的病情指数高达80，显著高于复合接种南方根结线虫和枯萎菌、香蕉穿孔线虫和枯萎菌及单接枯萎菌处理，病指差分别为7、27和34。

香蕉枯萎病发病地区土壤中尖孢镰刀菌的数量与土壤中植物寄生线虫的数量存在正相关关系（Wang & Hooks，2009）。钟爽等（2012）研究发现，随连作年限增加，香蕉枯萎病病区的线虫优势度指数及10～20 cm土层中食真菌线虫群体均显著高于健康对照区。

（五）品种与生育期

不同香蕉品种对枯萎病的抗性存在明显差异，目前尚未发现免疫品种。主栽品种‘巴西蕉’最感病，从国外引进或自选的抗枯品种对香蕉枯萎病的抗性也有较大差异。香蕉枯萎病的田间发病程度与蕉株的生育阶段有一定相关性。温室内人工接种5～8叶期蕉苗，7～15 d后即可出现症状；但田间的症状多是杯苗移栽后3～4个月开始显症，蕾期达显症高峰。林雄毅和蒋义华（2003）调查发现，福建春植‘粉蕉’一般9—10月开始发病，12月至翌年2月进入发病高峰期；秋植‘粉蕉’一般于4—5月开始显症发病，10—11月进入高峰期，其他月份发病相对较轻。温文荣等（2004）发现广东东莞春植蕉发病高峰期常在生长中后期的9—10月。覃柳燕等（2016）在广西调查发现，‘桂蕉1号’幼苗期枯萎病发病率为0～0.51%；营养生长期，枯萎病发病率上升到4.46%～5.84%，是幼苗期的26.99倍；孕蕾抽蕾期至幼果期进入发病高峰，平均发病率超过23%；采收期扩展速度减缓，平均发病率维持在25.49%。

第二章
香蕉枯萎病病原菌

一、病原菌的分类鉴定

引起香蕉枯萎病的病原菌为尖孢镰刀菌古巴专化型［*Fusarium oxysporum* f. sp. *cubense*（E. F. Smith）Snyder et Hasen］。由于镰刀菌形态复杂，且易受外界环境影响而发生变异，以致在相当长的一段时期内，镰刀菌的分类比较混乱。自1809年Link建立镰刀菌属以来，至20世纪30年代，全世界已报道有近千种镰刀菌种、变种和型（俞大绂，1955；Toussoun & Nelson，1968；Booth，1971；张素轩，1991）。1935年，德国的Wollenweber & Reenking将他们积累近40年的研究成果整理成第一本镰刀菌专著《Die Fusarium》，将镰刀菌分为16组，6亚种，65种，55变种和22型，奠定了镰刀菌属分类研究的基础。随后，Snyder & Hansen（1940）、Gordon（1952）、Bilai（1955）、Booth（1971）、Joffe（1974）、Gerlach & Nirenberg（1982）、Nelson等（1983）等以此专著为基础，相继对镰刀菌的分类鉴定进行了大量研究，并提出各自的分类系统。其中，Booth（1971）出版镰刀菌属专著《The Genus *Fusarium*》，将所有镰刀菌归纳为12组、44种和7变种，重视单孢分离和标准培养条件，并率先把分生孢子梗的形态和产孢细胞的特点作为镰刀菌的分类依据。

1910年，Smith最先在古巴从香蕉病组织中分离到病原菌，并将其命名*Fusarium cubense*。1913年，Ashby首次对该病原菌进行详细描述，随后，Brande于1919年首次确证该病原菌的致病性。1940年，Snyder & Hansen将引起香蕉枯萎病的病原菌命名为尖孢镰刀菌古巴专化型［*Fusarium oxysporum* f. sp. *cubense*（E. F. Smith）Snyder et Hasen］。该病原菌隶属于半知菌亚门（Deuteromycotina）、丝孢纲（Hyphomycetes）、瘤座孢目（Tuberculariales）、瘤座孢科（Tuberculariaceae）、镰孢属（*Fusarium* Link）、美丽组（*Elegans* Wu.）、尖孢种（*Oxysporum* Schl.）。

二、病原菌的形态特征

香蕉枯萎病菌为尖孢镰刀菌古巴专化型，在PDA（马铃薯葡萄糖琼脂）培养基上，菌丝为白色絮状，基质淡紫或淡紫红色。有三种类型孢子，分别为大型分生孢子、小型分生孢子和厚垣孢子（图2-1）。镜检时重点检查有无镰刀菌大型分生孢子和厚垣孢子。大型分生孢子呈镰刀形，无色，具足细胞，3～5 个隔膜，多数为 3 个隔膜，大小为（27～55）μm×（3.5～5.5）μm。小型分生孢子卵圆形或肾形，无色，单胞或双胞，成团生于单生的瓶状分生孢子梗顶端，大小为（5～16）μm×（2.4～3.5）μm。厚垣孢子近球形，顶生或间生，单个或两个联生，无色至黄色，直径 7～11 μm，是抵抗不良环境的繁殖体。

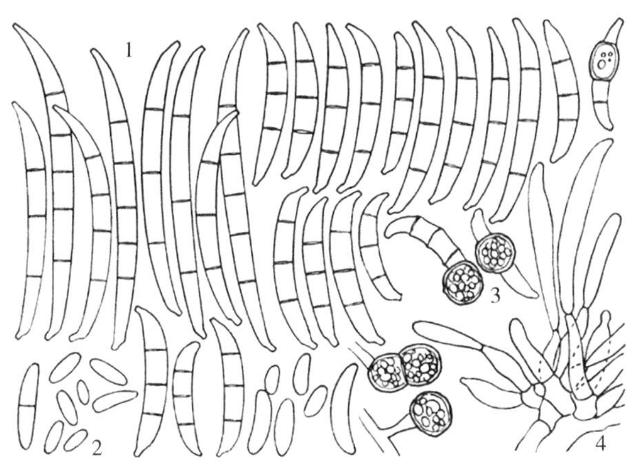

图 2-1　香蕉枯萎病菌

1. 大型分生孢子；2. 小型分生孢子；3. 厚垣孢子；4. 分生孢子梗

（引自：Wollenweber 和 Reinking，1935）

三、病原菌的寄主植物

引起香蕉枯萎病的病原菌为尖孢镰刀菌古巴专化型［*Fusarium oxysporum* f. sp. *cubense*（E. F. Smith）Snyder et Hasen］，该病原菌具有高度寄主专化性，寄主范围很窄，自然条件下以侵染芭蕉属（*Musa*）和蝎尾蕉属（*Heliconia* spp.）为主。然而，Waite & Dunlap（1953）、Su 等（1986）、Podovan 等（2003）和 Hennessy & Walduck（2005）等相继报道香蕉枯萎病菌至少可侵染 11 属 12 种杂草：白苞猩猩草、长柄菊、虎尾草属、碎米莎草、香附子、斑鸠菊、匙时鼠麹草、飘佛草属、雀稗草属、巴拉草、一种禾本科杂草及鸭拓草属等。

四、病原菌的生物学特性

香蕉枯萎病菌在PDA上长出典型菌落，菌丝体白色絮状，菌落中央淡红色，背面观察，有紫红色素渗入培养基中，镜检可见有大、小2种分生孢子，以及菌丝体、瓶状产孢细胞等，形态鉴定为尖孢镰刀菌。病原菌最适温度为26～30℃，在22～34℃范围均可正常生长；适宜弱酸性环境，pH值为5条件下生长最好；病原菌在25～28℃和土壤持水量为25%以上条件下，较易导致发病。

香蕉枯萎病菌的菌丝生长及其产孢量是病原菌生命活动及自身遗传背景的体现，同时生物学特性也受到培养基、温度、pH值、碳源和氮源等因素的影响。另外，不同研究结果所显示的香蕉枯萎病菌生长温度、pH值及其对碳源的利用差异可能主要与供试菌株的个体差异有关，而后者又与遗传和环境等因子有关。

（一）培养基对香蕉枯萎病菌生长的影响

林时迟（2000）研究指出，米饭培养基最适合香蕉枯萎病菌生长，其小型分生孢子所占比例最多，厚垣孢子所占比例最少。曹永军等（2010）研究表明，香蕉枯萎病菌在PDA、香蕉组织浸提液和‘粉蕉’组织浸提液培养基上生长较快，在K2培养基上则生长较慢。

（二）温度对香蕉枯萎病菌菌丝生长的影响

Raillo（1958）指出，尖孢镰刀菌生长适宜温度为15～25℃，最高温度为35℃。林时迟（2002）报道，香蕉枯萎病菌在22～34℃均能生长，生长适宜温度为26～30℃。陈福如等（2003）研究报道，香蕉枯萎病菌在15～35℃下均能生长，最适温度为25℃。张欣（2007）、黄美容等（2008）、唐琦等（2012）的研究结果与陈福如等（2003）报道基本一致。林妃等（2010）研究发现，香蕉枯萎病菌适宜生长温度为19～28℃，温度达37℃时不能生长。周跃能等（2016）报道，香蕉枯萎病菌最适生长温度为24～32℃，40℃时几乎不生长。

（三）pH 值对香蕉枯萎病菌菌丝生长的影响

林时迟（2000）、林妃等（2010）相继报道，香蕉枯萎病菌喜弱酸性，pH 值为 5 时生长最好。陈福如等（2003）研究结果显示，香蕉枯萎病菌在 pH 值 4～9 范围均能生长，适宜生长的 pH 值为 5～7。黄美容等（2008）报道，香蕉枯萎病菌在 pH 值 4～10 范围均能生长，最适生长 pH 为 6。秦涵淳等（2008）、唐琦等（2012）的研究结果与陈福如等（2003）报道相似，但唐琦等（2012）还发现供试云南香蕉枯萎病菌菌株 XSBN 和 HH 最适 pH 值为 7～9。张欣（2007）研究发现，香蕉枯萎病菌对酸碱度适应范围较广，在 pH 值 3～11 范围内均能生长，供试菌株最适 pH 值为 8，其实 pH 值 6、pH 值 7 与 pH 值 8 差异也不大，菌落直径分别为 49.34 mm、49.97 mm 和 51.24 mm。

（四）碳源对香蕉枯萎病菌菌丝生长及产孢量的影响

供试香蕉枯萎病菌菌株在以蔗糖为碳源的培养基上生长最快，淀粉、葡萄糖次之（陈福如等，2003；黄美容等，2008；唐琦等，2012）。然而，林妃等（2010）报道，供试菌株以乳糖为碳源时菌落直径最大。张欣（2007）的研究结果则显示，供试菌株对碳源种类要求不严格，菌株 Foc-37 以葡萄糖为碳源时生长最快，而菌株 Foc-2 则在以麦芽糖为碳源的培养基上直径最大。以淀粉为碳源时产孢量最大，蔗糖和葡萄糖次之，甘油较差，清水（对照）最差，不产孢。因此，做产孢试验时宜用淀粉为碳源。

（五）氮源对香蕉枯萎病菌菌丝生长及产孢量的影响

供试菌株在以蛋白胨为氮源的培养基上生长最快，硝酸铵次之，以尿素为氮源的培养基上生长最慢（陈福如等，2003；黄美容等，2008；唐琦等，2012）。以硝酸钠为氮源时产孢量最大，蛋白胨、硫酸铵及尿素次之，硫酸铵较差，清水（对照）产孢量最差，几乎不产孢。

五、病原菌的致病力分化

真菌是重要的植物病原类群，植物病原真菌分化的研究一直是植物病理学领域的热点问题之一，了解和把握病原菌变异规律和动态对病害可持续控制和选育抗病品种具有重要意义。

在抗病品种的长期定向选择过程中，田间香蕉枯萎病菌的种群遗传结构发生了改变，产生了一些能够克服品种抗性的强致病型菌株，因此香蕉枯萎病菌种群内存在致病性不同的生理小种。鉴定香蕉枯萎病菌生理小种，明确各生理小种在不同地区的组成与分布，对监测和控制枯萎病流行、抗病育种，以及优良品种在不同种植区的合理布局有着重要的指导意义。国内外学者先后用鉴别寄主、选择性培养基、营养亲和群、同工酶及分子生物学等方法对香蕉枯萎菌的种下分化进行了大量的研究，并取得了一定的进展。

（一）鉴别寄主鉴定

香蕉枯萎病菌的小种概念与棉花枯萎病菌小种概念不太一样，前者小种的划分主要依据是病原菌在不同类型香蕉品种甚至不同属种上的为害情况，而后者主要根据基因对基因理论，依据具有不同抗病基因的一套品种，即鉴别寄主的反应来划分（Stover *et al*，1986）。国内外研究表明，香蕉枯萎病菌现有 4 个生理小种：1 号生理小种世界性分布，侵染‘大密哈’（Gros Michel，AAA）、‘粉蕉’（Fenjiao，ABB）、‘龙牙蕉’（Musa，ABB）和‘矮香蕉’（Darf cavendish，AAA）等香蕉品种，并曾经导致‘大密哈’绝产；2 号生理小种分布在中美洲，侵染杂交三倍体‘棱指蕉’（Bluggoe，ABB）等煮食类品种；3 号生理小种只侵染观赏类植物旅人蕉科羯尾蕉属（*Heliconia* spp.）；4 号生理小种可侵染所有香蕉品种，寄主范围最广、为害最严重。其中基于香蕉枯萎病菌在热带地区或亚热带地区对香蕉栽培品种‘Cavendish’（*Musa* AAA）的致病性，4 号生理小种又进一步划分为热带 4 号生理小种（TR4）及亚热带 4 号生理小种（STR4）。STR4 的侵染往往发生在受低温胁迫后致使香蕉抵抗力下降的亚热带地区，而 TR4 毒性更强，在热带、亚热带地区均能发生。

中国香蕉种植区香蕉枯萎病菌以香蕉枯萎病菌 1 号和 4 号生理小种为主。叶明珍和张绍升（2006）、漆艳香等（2006）、刘景梅等（2006）、莫贱友等（2012）、郭志祥等（2015）先后采用‘粉蕉’（Pisang Awak，ABB）和‘巴西蕉’（Cavendish，AAA）对来自福建、海南、广东、云南及广西等省（区）的香蕉枯萎病菌菌株进行过致病性测定，认为我国植蕉区存在 2 个生理小种，即 1 号和 4 号生理小种。刘文波等（2013）从海南、广东、广西、福建和云南等省（区）分离得到 57 个香蕉枯萎病菌株，根据各菌株在‘粉蕉’和‘巴西蕉’品种上的为害类型，将只侵染‘粉蕉’的28株菌株鉴别为1号生理小种，将既侵染‘粉蕉’又侵染‘巴西蕉’的27株菌株鉴别为4号生理小种。

随着香蕉枯萎病在蕉区扩展以及为害加重，许多研究者开始对特定蕉区的香蕉枯萎病菌进行致病力分化研究。研究表明，香蕉枯萎病病原菌存在着明显的致病力分化现象，且强致病力菌株已上升为优势种群。Mohamed等（2001）研究发现，香蕉枯萎病菌4号生理小种对‘Intan’‘Multiara’‘Novaria’和‘Goldfinger’等香蕉品种的致病力明显不同。张欣等（2012）通过采集或交流的方式从海南、广东、福建、云南和广西等省（区）的35个市县获得56株香蕉枯萎病菌4号生理小种菌株，根据各菌株对主栽品种‘巴西蕉’的为害严重程度，将供试菌株分为强、中、弱三种致病型，分别占供试菌株的51.79%、16.07%、32.14%。从各省（区）菌株强致病力级别百分比来看，来自广西壮族自治区的强致病力菌株所占比例最高（60.0%），其次是海南省、广东省和福建省，占50.0%～54.2%不等，来自云南省的2株供试菌株为弱致病力菌株。张贺等（2014）从海南、广东、广西、云南、福建等省（区）29个市县获得57株香蕉枯萎病菌1号生理小种菌株，根据各菌株对‘粉蕉’的为害严重度，将供试菌株分为强、中、弱三种致病型，分别占供试菌株的56.14%、40.35%、3.51%。从各省菌株强致病力级别百分比来看，海南省的强致病力菌株所占比例最高（45.61%），其他省（区）的强致病力菌株的比例则较低。韦绍龙等（2016）从广西南宁西乡塘、武鸣、隆安等蕉区分离获得41株香蕉枯萎病菌4号生理小种菌株，根据各菌株对主栽品种‘桂蕉6号’（Cavendish，AAA）为害程度，将供试菌株分为强、中、弱3种致病型，分别占供试菌株的53.66%、17.07%、29.27%。刘文波等（2013）对来自海南、广东、广西、福建和云南等省（区）的55株香蕉枯萎病菌菌株进行鉴定，结果表明，海南、广东、福建和广西均存在强、中、弱3种致病型菌株，云南主要为强和弱两种致病型菌株，其中强致病力菌株占供试菌株的41.8%，为优势种群。黄穗萍等（2018）以30株采自我国广西的香蕉枯萎病菌及16株分别来自澳大利亚和我国广东、海南、福建、云南等地的香蕉枯萎病菌为对象，采用伤根灌淋法测定香蕉枯萎病菌的致病力，结果表明，来自广西的1号生理小种菌株8株，致病力强、中、弱类型比例分别为62.5%、12.5%和25%；来自广西的4号生理小种菌株22株，致病力强、中、弱类型比例分别为18.18%、63.64%和18.18%。综上所述，香蕉枯萎病菌生理小种及小种内不同菌株间存在明显的致病力差异，但其致病力强弱与生理小种及其地理分布没有明确的相关性。

（二）选择性培养基鉴定

病原菌的分离、纯化，关键在于选择合适的分离培养基。镰刀菌选择性分离培养基，最早由 Nash & Snyder（1962）研制，其后诸多学者对该培养基进行了改进。一般是在含有蛋白胨等镰刀菌生长的基本营养物质中，添加抑制其他病原菌生长的物质。Sun 等（1978）通过改良 KOMADA 培养基研制出 K2 培养基，通过添加五氯硝基苯（PCNB）、牛胆盐、硼砂及链霉素来抑制其他杂菌的生长，发现来自台湾的香蕉枯萎病菌 4 号生理小种能在 K2 培养基上形成边缘呈锯齿状、背面呈黄色的菌落。谢艺贤等（2005）、李敏慧等（2007）在致病性测定基础上，采用 K2 培养基对来自海南省和广东省的香蕉枯萎病菌 1 号和 4 号生理小种进行鉴定。结果显示，供试的 4 号生理小种菌株均在 K2 培养基上形成边缘呈锯齿状、背面呈黄色的菌落，而供试 1 号生理小种菌株则无此特征。陈静华（2008）对 KOMADA 培养基和 K2 培养基进行改良，研制了专用于香蕉枯萎病菌 4 号生理小种检测鉴定 KM 培养基。4 号生理小种在 KM 培养基上形成的齿轮状菌落是重要的鉴别特征，该培养基选择性强，能有效抑制杂菌和有利于 4 号生理小种生长。尽管在所有试验中观察到的菌落锯齿状不论是国内菌株还是来自澳大利亚的香蕉枯萎病菌 4 号生理小种标准菌株都不够 Sun 等（1978）在台湾菌株上观察到的典型，但香蕉枯萎病菌株在 Komada 改良培养基上的菌落是否出现锯齿状特征仍是快速鉴别 4 号生理小种与其他小种的一个形象直观、简单实用的方法。在实际应用中，有必要将分离菌在 K2 或 KM 培养基上的菌落特征与致病性测定结果相结合以保证鉴定的准确性和可靠性。

景晓辉等（2009）研制出 PCEA（potato-cupric sulfate-ethanol-agar）培养基，通过添加 $CuSO_4 \cdot 5H_2O$、$MgSO_4 \cdot 7H_2O$ 和 KH_2PO_4 来抑制杂菌且促进香蕉枯萎病菌的生长，从而达到直接从土壤和植物组织中快速分离香蕉枯萎病菌的目的。

（三）营养体亲和性鉴定

营养体亲和性或异核体亲合性是指任何两菌株接触、融合并交换细胞质或核物质的遗传能力。这种重要的特性，实际上控制着真菌异质体和异核体的形成，会导致病原菌形态和致病性的变异。在一些真菌中，营养亲合性是受称之为 vic 或 het 的多个位点所调控，若两株真菌是营养亲合的，在大多数情况下，它们的一个或多个 vic 或 het 位点就必然具有相同的等位基因（Puhalla，1985）。具有这种相互亲合现象的真菌就定为一个营养亲合群（Vegetative Compatibility Group，VCG）。在遗传特性上，处于同一 VCG 中的菌株，比处于不同 VCG 中同种的其他菌株更为相似。基于营养亲合性和异核现象研究，能将真菌种群进一步分成能交换遗传信息的 VCGs（喻宁莉等，2000）。

以不同生理小种来划分枯萎病病原菌，仅代表寄主与病原间的关系，有其局限性，不能反映不同菌系间的遗传关系和变异性。营养亲和性（Vegetative Compatibility，VC）试验开辟了一条依靠菌株自身的遗传特征而不是寄主与病菌间的相互关系进行种下分化研究的新途径。1985 年，Puhalla 首次采用硝酸盐突变体（Nitrate mutant，nit）进行尖孢镰刀菌（*Fusarium oxysporum*）的 VCG 研究，鉴定出了 16 个 VCG，并认为专化型与 VCG 之间有一定的对应关系，即同一 VCG 内的菌株属于同一专化型，不同专化型菌株则属于不同 VCG。同时，Puhalla 还发现，硝酸盐突变较之前的 MM 培养基突变和颜色突变更易于诱发和恢复。在 Puhalla 的研究基础上，Correll 等（1987a）进一步根据其突变位点的不同将 nit 突变体分为 nit1、nit3、和 nitM 共 3 种突变体类型，同时发现 nitM 分别与与 nit1 和 nit3 配对时更易恢复野生型生长，从而建议以 nitM 为测试菌株，以提高 VCG 测试效率。该建议在后来配对试验中得到了广泛的接受与使用。

为了规范复杂的专化型和 VCG，以便在世界范围内交流，Puhalla（1985）提出了一套数字系统，可将专化型和 VCG 数字化：不同专化型用 3 位数字代码表示，专化型内的不同亲和群则用 3 位代码后依次用 1 位或者多位数来表示。如侵染香蕉的古巴专化型代码为 012，则该专化型的第一个 VCG 则为 VCG0120。随后 Correll 和 Leslie（1987b）鉴定出了 VCG 0121～0124。Ploetz 在此基础上鉴定出 VCG0125～01210，后来又增加了 VCG01211 和 VCG01212（Ploetz & Correll，1988）。Bentl 等认为 VCG01216 与 VCG01213 相同，可合并为 VCG01213/16。其中由 Ploetz & Correll 于 1988 年发表的 VCG0127，后被 Ploetz 取消，而不再使用。

尖孢镰刀菌生理小种与 VCG 的关系较为复杂。在一些专化型中，生理小种与 VCG 有一定的相关性，来自不同地理来源的尖孢镰刀菌石刁柏专化型（*F. oxysporum* f. sp. *apii*）2 号生理小种、尖孢镰刀菌棉花专化型（*F. oxysporum* f. sp. *vasinfectum*）3 号生理小种及尖孢镰刀菌西瓜专化型（*F. oxysporum* f. sp. *niveum*）2 号生理小种菌株均分属于相应的 VCGs。国内，鲍建荣等

(1992)对尖胞镰刀菌的6个专化型的20株菌株进行营养亲和性研究，结果表明，20株供试菌株归入13个VCG，同一专化型不同菌株的nit突变体之间可产生互补作用，不同专化型的nit突变株之间不能互补产生异核体，也证明VCG与菌株的专化型有相关性。据统计，迄今尖孢镰刀菌已鉴定出30多个专化型、140多个VCGs。

而在尖孢镰刀菌古巴专化型（*F. oxysporum* f. sp. *cubense*）中，生理小种与VCG则没有这种简单的对应关系，一个VCG可能包含多个小种，同一小种的不同菌株也归属于一个或多个VCGs中。如VCG0120和VCG0120/01215均含1号生理小种和STR4，VCG0124-0125及VCG01212均含1号和2号生理小种；STR4的VCGs有0120、0121、0122、0129和01211，TR4的VCGs有01213、01216和01213/01216。迄今香蕉枯萎病菌已鉴定出24个VCGs（表2-1）。

表2-1　香蕉枯萎病菌的营养体亲和群及其来源[a]

营养体亲和群（VCG）	生理小种[b]	寄主[c]	菌株来源
0120	1，STR4	AAA：Gros Michel，Cavendish	南非，澳大利亚，开曼群岛，洪都拉斯，巴西，西班牙
0120/15	1，STR4	AA：SH-3362 AAA：Gros Michel，Mons Mari，Lacatan，Pisang Ambon，Cavenidsh AAB，Prata，Lady finger，Pacovan，Hua Moa，Silk	澳大利亚，巴西，哥斯达黎加，法属瓜德罗普岛，洪都拉斯，印度尼西亚，牙买加，马来西亚，尼日利亚，葡属马德拉群岛，开曼群岛，美国，南非；中国大陆，中国台湾地区
0121	STR4	AAA：Gros Michel，Cavendish	印度尼西亚，哥斯达黎加，马来西亚，中国台湾地区
0122	STR4	AAA：Cavendish AA：Saba	菲律宾，澳大利亚
0123	1	AAA：Gros Michel AAB：Silk，Latundan，Pisang Keiling ABB：Pisang Awak，Kluai Namwa	马来西亚，菲律宾，泰国；中国大陆，中国台湾地区
0124	1，2	AAB：Lady Finger AAA：Highgate ABB：Bluggoe，Burro，Saba	澳大利亚，洪都拉斯，牙买加，巴西，马拉维，尼加拉瓜，坦桑尼亚，泰国，美国
0125	1，2	AAB：Lady Finger AAB：Silk AAA：Williams AAAA：Jamaica 1242	澳大利亚，巴西，布隆迪，古巴，民主刚果，海地，洪都拉斯，马拉维，马来西亚，墨西哥，尼加拉瓜，卢旺达，坦桑尼亚，乌干达，美国，泰国，印度，牙买加，中国大陆

（续表）

营养体亲和群（VCG）	生理小种[b]	寄主[c]	菌株来源
0126	1，STR4	AA：Pisang Berlin AAA：Gros Michel，Highgate AAB：Maqueno，Pisang Manrung，Latundan ABB：Pisang Rubus	洪都拉斯，印度尼西亚，巴布亚新几内亚，菲律宾，中国大陆
0128	2	ABB：Bluggoe，Blue Java	澳大利亚，越南
0129	STR4	AAA：Mons Mari，Cavendish AAB：Lady Finger	澳大利亚
01210	1	AAA：Gros Michel AAB：Manzano，Silk ABB：Apple，	开曼群岛，古巴，美国
01211	STR4	AA：SH3142 ABB：Monthan，Pisang Awak	澳大利亚，印度
01212	1，2	AB：Ney Poovan AAB：Silk，Kisubi ABB：Pisang Awak，Bluggoe	坦桑尼亚，印度
01213	TR4	AAA：Pisang Manurung，Piang Susu，Cavendish	印度尼西亚，澳大利亚
01213/16	TR4	AA：Pisang Lilin，Pisang Mas AAA：Pisang Ambon，Cavendish，Novaria，Red，Pisang Udang，Pisang Susu，Pisang Nangka，Pisang Berangan AAB：Pisang Raja Serah，Pisang Rastali，Pisang Rajah，Relong ABB：Pisang Awak，Saba，Pisang Kepok，Pisang Caputu，Pisang Kosta	澳大利亚，印度尼西亚，马来西亚；中国台湾地区，中国大陆
01214	2	ABB：Harara，Mbufu	马拉维
01215	STR4	AAA：Gros Michel，Cavendish	哥斯达黎加，南非
01216	TR4	AAA：Cavendish，Pisang Raja	印度尼西亚，中国大陆
01217	1	ABB：Harara，Mbufu，Pisang Siem，Pisang Rastli	印度尼西亚，马来西亚
01218	1	AAB：Pisang Raja Serah，Silk ABB：Pisang Awak，Kluai Namwa，Pisang Kepek，Pisang Siem	印度尼西亚，马来西亚，泰国，印度，中国大陆
01219	STR4	AAA：Cavendish，Pisang Ambon，Pisang raja Sereh	印度尼西亚
01220	4	AAA，Williams	澳大利亚，泰国，中国大陆
01221	1?	ABB：Klus Namwa，Pisang Awak	泰国，中国大陆

（续表）

营养体亲和群（VCG）	生理小种[b]	寄主[c]	菌株来源
01222	1?	ABB：Pisang Awak legor	泰国，乌干达，马来西亚
01223	?	AAB：Pisang Keling	泰国，马来西亚
01224	?	AAA：Pisang Ambon	泰国，马来西亚

注：a. 根据文献（Fourie 等，2009；Dital 等，2010；Thangavelu & Perumal，2012；Li 等，2013；石佳佳，2014；杨静，2016）整理；b. 生理小种缩写："1" 为 1 号生理小种，"2" 为 2 号生理小种；"4" 为 4 号生理小种；"STR4" 为亚热带 4 号生理小种，"TR4" 为热带 4 号生理小种，"?" 生理小种不确定；"c" 为香蕉品种，是文献中 VCGs 菌株分离时的寄主。

国内对于香蕉枯萎病菌营养亲合群的研究报道相对较少。漆艳香等（2006）从海南省各市县香蕉种植区采集发病的'巴西蕉'和'粉蕉'植株近地面茎段维管束病变的样本，经分离纯化和寄主致病性测定获 14 株香蕉枯萎病菌单孢菌株。利用氯酸钾诱变这 14 株菌株共产生 104 个抗氯酸盐突变体，诱发获得 67 个 *nit* 突变株，其中 *nit* 1 型 58 株，*nit* M 型 6 株，*nit* 3/ *nit* 8 型 3 株。将获得的 *nit* 突变株作营养亲和性配对反应，可将 14 株供试菌株分为 2 个亲和群，其中 VCG1 包括 7 株菌株，且全为分离自'粉蕉'的 1 号生理小种，VCG2 则由 7 株分离自香蕉的 4 号生理小种菌株组成。叶明珍和张绍升（2006）利用氯酸钾诱变 14 株福建分离株，获得 146 个 *nit* 突变体，营养体亲合配对试验结果表明，分离自'粉蕉'的 1 号生理小种菌株和分离自香蕉的 4 号生理小种菌株分属于 VCG1 和 VCG2。漆艳香等（2007）将 23 株来自海南省及广东省的香蕉枯萎病菌分别在含氯酸盐的 KPS 培养基上培养，23 株菌株共产生 142 个抗氯酸盐突变体，诱发获得 98 个不能利用硝酸盐的营养缺陷突变体。将获得的 *nit* 突变株作营养体亲和性配对试验，可将 23 株菌株分为 4 个亲和群，其中 VCG1 包括 11 个菌株，且全为来自海南的 1 号生理小种菌株，VCG2 则由 10 株来自海南的 4 号生理小种菌株组成，来自广东的 1 号生理小种菌株（Foc-18）和 4 号生理小种菌株（Foc-38）分属于 VCG3、VCG4。以上研究结果揭示海南、福建和广东的香蕉枯萎病菌类群有一定的分化，但因试验过程中缺少国际认可的 VCG tester 对照，当时未能确认这些供试菌株属于或分属哪几个 VCGs。

Li 等（2013）采用国际认可的 24 株香蕉枯萎病菌的标准 tester 菌株，对中国香蕉枯萎病菌菌株进行营养体亲和性研究，互补类型配对测定结果见表 2-2。这一结果也揭示我国香蕉枯萎病菌各生理小种间的遗传变异丰富，且强致病力 TR4 和 STR4 菌株在中国蕉区占优势，这可能是加重香蕉枯萎病发生为害的主要原因之一。80 株供试菌株可划分为 11 个 VCGs，其中 TR4 和 STR4 菌株分属于 VCG01213/16 和 VCG0120/15，分别占供试菌株的 51.25%和 20%；1 号生理小种分属于 0123，0126，01218，01221 和 0124/22 6 个不同 VCGs；既不属于 TR4 也不属于 STR4 的 4 号生理小种归属于 VCG01220。从各省（区）菌株所属 VCGs 个数来看，来自广东的数量最多，为 10 个 VCGs，其次是海南、福建、广西和云南，依次为 6、5、4、4 个 VCGs，其中来自海南的菌株多样性较高，14 株供试菌株分属于 6 个 VCGs。从枯萎病菌寄主来看，分离自‘广粉 1 号’的 40 株菌株分属于 0123，0126，01220，01221，0124/22，0120/15，01213/16 等 10 个 VCGs，分离自‘巴西蕉’的 37 株菌株分属于 0123，01221，0120/15 和 01213/16 等 6 个 VCGs，而分离自‘大蕉’的 3 株菌株则归类于 VCG 01218。

表 2-2 中国蕉区香蕉枯萎病菌的营养体亲和群（VCG）及其来源

省（区）	菌株数	生理小种	寄主	营养体亲和群（VCG）
广东	40	1，4，STR4，TR4	AAA：巴西蕉 ABB：广粉 1 号 AAB：大蕉	0123，0126，01218，01220，0124/22，0120/15，01213/16
福建	16	4，STR4，TR4	AAA：巴西蕉 ABB：广粉 1 号	01220，0120/15，01213/16
海南	14	1，TR4	AAA：巴西蕉 ABB：广粉 1 号	0123，01221，0124/22，01213/16
广西	7	1，TR4	AAA：巴西蕉 ABB：广粉 1 号	0123，01221，01213/16
云南	3	1，STR4	ABB：广粉 1 号	0126，01221，0120/15

王维等（2017）借助国际通用标准菌株对来自中国各产蕉省（区）403 株香蕉枯萎病菌进行了营养亲和群测试。结果表明，中国香蕉枯萎病菌的遗传多样性相当丰富，且与鉴定菌株的地理来源密切相关。目前已鉴定出 7 个营养亲和群：VCG0123、VCG0124、VCG0125、VCG01213、VCG0120/15、VCG01213/16 和 VCG01218，其中以 VCG01213/16 数量最多，占 41.7%。

以上这些研究结果为进一步明确中国香蕉枯萎病菌的营养体亲和群分化、营养体亲和群与生理小种的对应关系、生理小种种类及其分布等提供科学依据。然而，该技术的应用也有一定限制，有些菌株难以产生 *nit* 突变体、菌株的自身非亲和性、弱异核反应或交叉亲和反应等（Correll 等，1991）。此外，

Pegg 等（1994）的研究结果还显示，香蕉枯萎病菌 VCG0120 类群能侵染亚热带地区的香蕉，但不能侵染热带地区的香蕉；在亚热带地区，VCG0120 类群被划分为 4 号生理小种，而在热带地区，由于该类群菌株对香蕉的非致病性有可能被划分为 1 号生理小种，造成小种划分的不一致。因此，有必要结合应用凝胶电泳及分子生物学技术对日益复杂化的香蕉枯萎病菌种群进行更为深入的研究。

（四）同工酶技术鉴定

同工酶研究是一种在种和亚种水平上进行真菌鉴定的有效方法，也是进行不同真菌种间和种内分析的一种非常有用的工具。自 1960 年代起，国内外很多学者将同工酶分析技术广泛应用于植物病原真菌的群体生物学研究，并认为病原菌不同的致病类型与酯酶同工酶有较为密切的关系。曾蕊等（2010）采用凝胶电泳对来自国内外包括 4 个生理小种在内的 8 株香蕉枯萎病菌菌株的酯酶同工酶进行了比较分析，根据 4 个不同生理小种主酶带图谱将 8 株菌株分为 2 个类型，类型Ⅰ含有 4 条酶带，包括来自国外的 3 号和 4 号生理小种；类型Ⅱ含有 5 条酶带，包括来自国外的 1 号和 2 号生理小种及国内的 1 号和 4 号生理小种。其中 1 号和 2 号生理小种的图谱比较相似，来自国内的 1 号和 4 号生理小种号图谱基本相同；而国内的 1 号和 4 号生理小种的图谱与国外相应的 1 号和 4 号生理小种则有较大差异。董章勇（2010）采用薄层等电聚焦电泳对香蕉枯萎病菌 1 号和 4 号生理小种的细胞壁降解酶同工酶进行了比较研究，结果表明，1 号和 4 号生理小种的谱带存在明显差异，易于区分，且 1 号和 4 号生理小种都有自己的特征性谱带。①多聚半乳糖醛酸酶同工酶电泳结果表明，体外培养的 1 号生理小种产生 3 条谱带，4 号生理小种产生 4 条谱带，其中 PI 值为 7.85 的条带是 4 号生理小种的特征性条带；1 号生理小种侵染的‘粉蕉’病组织产生 2 条谱带，4 号生理小种侵染的‘巴西蕉’病组织产生 3 条谱带，其中 PI 值为 7.85 的条带是 4 号生理小种的特征性条带。②果胶甲基半乳糖醛酸酶同工酶电泳结果表明，体外培养的 1 号和 4 号生理小种均产生 PI 值为 8.0 和 7.4 的 2 条谱带；1 号生理小种侵染的‘粉蕉’病组织产生 2 条谱带，4 号生理小种侵染的‘巴西蕉’病组织产生 3 条谱带，其中 PI 值为 6.1 的条带是 4 号生理小种的特征性条带。③多聚半乳糖醛酸反式消除酶同工酶电泳结果表明，体外培养的 1 号和 4 号生理小种均产生 PI 值为 7.35、5.95 和 5.15 的 3 条谱带；1 号生理小种侵染的‘粉蕉’病组织产生 3 条谱带，4 号生理小种侵染的‘巴西蕉’病组织产生 2 条谱带，其中 PI 值为 7. 35 的条带是 1 号生理小种的特征性条带。④果胶甲基反式消除酶同工酶电泳结果表明，体外培养液及寄主体内的 1 号和 4 号生理小种均产生 PI 值分别为 6. 6、5. 3 和 4. 8 的 3 条谱带。细胞壁降解酶同工酶谱对香蕉枯萎病菌生理小种的鉴定具有重要的参考价值，其中以多聚半乳糖醛酸酶同工酶谱分析较好。

舒灿伟（2017）采用凝胶电泳对分属于香蕉枯萎病菌 1 号、2 号、3 号和 4 号等 4 个生理小种的 8 株菌株进行酯酶同工酶和可溶性蛋白本酶谱进行分析，结果如下。①酯酶同工酶电泳结果表明，供试菌株酯酶同工酶谱带较丰富，谱带数目 4～7 条，清晰可辩，且谱带的位置和颜色的深浅（表达量）具有很大的差异。依据同工酶电泳谱带的迁移率，将 4 个生理小种划分为 6 种类型：类型Ⅰ含有 7 条谱带，包括来自国内的 2 株 4 号生理小种菌株；类型Ⅱ含有 4 条谱带，包括来自国内的 2 株 1 号生理小种菌株；类型Ⅲ、Ⅳ、Ⅴ、Ⅵ分别含有来自澳大利亚的 1 号、2 号、3 号和 4 号生理小种菌株。不同生理小种菌株谱带迁移率及表达量均表现明显差异，同一生理小种菌株酶谱很相似，但国内外同一生理小种还是有一定差异。根据各生理小种菌株条带迁移率建立的聚类树状图显示，供试 1 号生理小种菌株聚成一枝，国内的 2 株 4 号生理小种菌株聚成一枝，澳大利亚的 2 号和 4 号生理小种菌株聚成一枝，3 号生理小种菌株则独成一枝，澳大利亚的 4 号生理小种菌株与国内的 4 号生理小种菌株虽为同一小种，但亲缘关系较远，表现出了一定的地域分化现象。另外，还发现菌株的致病力强弱与其同工酶条带的数量和强弱密切相关，供试 4 号生理小种菌株的条带强度和数量明显高于其他小种菌株。②可溶性蛋白的电泳结果表明，各生理小种菌株的酶带比酯酶同工酶的带型更多、也更复杂。不同生理小种的可溶性蛋白酶谱均有差异，国内同一生理小种菌株的酶谱很接近，但它们与来自澳大利亚同一生理小种菌株谱带却存在一定的差异，表现出一定的地理分化现象。根据各个生理小种菌株的可溶性蛋白条带的迁移率构建的聚类分析树状图显示，供试菌株聚类树状图与酯酶同工酶聚类图完全一样，同一生理小种的图谱相似度高，不同生理小种图谱的差异较大。这从一定程度上反映了香蕉枯萎病菌生理小种在专化型水平上的遗传一致性，认为采用同工酶和可溶性蛋白电泳对香蕉枯萎病菌生理小种的鉴定具有重要的参考价值。

（五）分子生物学鉴定

传统的生理小种划分主要以病原菌对特定寄主的致病力强弱为依据，然而病原菌自身的变异及环境因子的复杂变化也可造成致病力变异，仅依靠传统的形态学和致病力差异来划分病菌生理小种已难以得出令人信服的结论。此外，传统鉴定方法由于操作烦琐、耗时以及结果易受环境和接种条件等因素影响等缺点，不能满足生产上快速准确鉴定的需要。因此，需要借助遗传学、分子生物学的手段加以验证。此外，在采用分子生物学手段的同时还可将致病力在分类中的作用从遗传学的角度加以重新评价。随着分子生物学的发展，利用分子特征进行真菌分类鉴定已逐步被人们所采纳。

1. 电泳核型鉴定

核型分析就是应用脉冲电泳方法发展起来的一种新的实验技术，把整个染色体包埋在琼脂糖凝胶中，依赖染色体的大小和立体结构，通过在凝胶中迁移的速度把基因组分离成染色体带。在丝状真菌研究中的应用主要在染色体的数目及基因组的测定、基因的杂交定位及基因作图等方面。Boehm 等（1994）分析了分属于 15 个不同 VCG 的 118 株香蕉枯萎病菌菌株的电泳核型（EK），结果发现不同 VCG 菌株的染色体数目为 9～14 条，基因组 DNA 的大小在 32. 1～58. 9 Mbp，并根据染色体数目和基因组的大小将供试菌株分为两大类群。

2. 分子标记技术鉴定

DNA 分子标记是以生物大分子的多态性为基础的一种遗传标记，是 DNA 水平遗传变异的直接反映，基本不受环境和发育状态影响，能够较好地揭示物种的遗传变异。随着分子生物学技术的飞速发展，利用分子特征进行真菌分类鉴定研究得到了广泛应用。应用于香蕉枯萎病菌鉴定的分子标记主要有限制性内切酶片段长度多态性（RFLP）、DNA 指纹技术、随机扩增多态性 DNA（RAPD）、扩增片段长度多态性（AFLP）和简单序列重复区间（ISSR）等。

（1）RFLP 技术

RFLP（Restriction fragment length polymorphism）技术是 Grodzcker 等（1970）提出的一项以 Southern 杂交为核心的第一代分子标记技术。该技术指的是用限制性内切酶识别并切割不同生物个体的基因组 DNA 后，用印迹转移杂交的方法检测同源序列酶切片段在长度上的差异。这种差异是因变异的产生或是由于单个碱基的突变所导致的限制性位点增加或消失，或是由于 DNA 序列发生插入、缺失、倒位、易位等变化所引起的结构重排所致。RFLP 标记具有共显性特点，可以区别纯合基因型与杂合基因型，结果稳定可靠，重复性好，特别适合于连锁图谱的建立，但因所需 DNA 量大、方法较为烦琐，周期长、成本高等因素使其应用受到一定程度的限制。陈雅平等（2008）利用内转录间隔区的标记鉴定了‘野生蕉’对香蕉枯萎病的抗性，结果发现‘野生蕉 2 号’感枯萎病，‘野生蕉 1 号’抗枯萎病。Koenig 等（1997）利用 RFLP 分析法将分属于 17 个亲和性群体的 165 株香蕉枯萎病菌菌株划分为 10 个无性谱系，其中有 2 个种群较为特殊，不在谱系之内。另外还发现多数种群内的菌株与地理分布有较好的对应性，其中 FocI、FocII 和 FocV 群中所有菌株均来自相同地域，从而说明香蕉枯萎病菌存在独立进化。另外，Fourie 等（2009）根据 rDNA-IGS 间区序列的系统进化树及不同 VCGs 的聚类结果，建立了用于鉴别不同 VCGs 的 PCR-RFLP 分子标记方法，可部分替代依赖于 24 个标准 VCG testers 的传统 VCGs 鉴定方法。

（2）DNA 指纹技术

DNA 指纹技术（DNA Fingerprinting）是英国遗传学家 Jeffreys（1985）依据基因组中卫星 DNA 的特征而开发出的 DNA 指纹图谱技术。该技术依据真核生物基因组中大量散布的小卫星和微卫星位点制备探针，与酶切后的基因组 DNA 杂交获得的特异性指纹图谱。DNA 指纹图谱具有高度的变异性和稳定的遗传性，且仍按简单的孟德尔方式遗传，成为目前最具吸引力的遗传标记。Bentley 等（1998）通过 DNA 指纹技术对香蕉枯萎病菌 4 个生理小种，且分属于 20 个 VCG 类型的 218 株香蕉枯萎病菌菌株进行分析，基于 DNA 指纹图谱，204 株菌株可以分为 33 个基因型，其中 19 个基因型归属于已报道的 20 个 VCG 型，而另外 14 个则为新的基因型，表明该病原菌存在丰富的遗传多样性。结合其地理分布分析，认为其既存在与亚洲栽培蕉和野生蕉的共同进化，也存在病原菌的独立进化。

（3）RAPD 技术

RAPD（Random Amplified Polymorphic DNA）技术是美国科学家 Williams & Welsh 等（1990）在 PCR 基础上成功建立的一种利用随机引物扩增 DNA 的分子标记方法。该技术因其操作简便、反应迅速、成本低和 DNA 用量少等优点而被广泛应用于生命科学的各个领域。Sorensen（1993）采用 RAPD 技术分析了 145 株香蕉枯萎病菌菌株，基于 RAPD 指纹图谱将供试菌株分为两大类群：群 1 包括 VCG 0120、0121、0126、0129、01210、01211 和 01212；群 2 包括 VCG0124-0125、0123 和 0128。其中 VCG0120 和 VCG0124-0125 差别明显，是独立进化产生其他 VCG 的两个主要祖先群体。Bentley（1995）等用 RAPD 技术分析了来自世界各大洲包含香蕉枯萎病菌 1 号、2 号和 4 号等 3 个生理小种，且分属于 11 个

VCG 的 54 株香蕉枯萎病菌菌株，基于 RAPD 多态性也将不同生理小种和 VCG 分为两个类群。此结果与之前电泳核型分析的结果一致，但 RAPD 带型和生理小种不相关，说明了病原菌和食用香蕉之间的协同进化关系。

刘景梅等（2004）应用 RAPD 技术对分离自广东香蕉枯萎病区的香蕉枯萎病菌 1 号和 4 号生理小种的 18 株菌株进行初步分析，结果发现 2 个生理小种既有共同条带又有各自的特异性条带，而同一小种菌株 RAPD 条带差异较小，说明该病原菌生理分化是有遗传学基础的。漆艳香等（2005）对来自海南和广东香蕉产区的 1 号和 4 号生理小种菌株基因组 DNA 进行 RAPD 扩增，筛选出 15 个扩增多态性好且稳定的随机引物。15 个引物扩增得到的 97 个 DNA 条带中，多态性条带有 76 条，占总条带的 78.4%。供试的 18 株菌株可聚为 4 个指纹组，分别命名为Ⅰ～Ⅳ，海南省的 1 号和 4 号生理小种菌株都分别属于两个独立的Ⅰ和Ⅱ指纹组，而来自广东省的 1 号和 4 号生理小种菌株被单独聚在 III 和Ⅳ指纹组，这与传统的以致病力差异为依据的鉴别寄主划分生理小种的结果基本一致。此外，从分子水平上进一步证实海南与广东香蕉枯萎病菌存在明显的遗传差异，且致病性强弱不同的 4 号生理小种菌株之间的遗传距离也较远。

刘景梅等（2006）对 18 株香蕉枯萎病菌菌株进行 RAPD 分析，从 200 条随机引物中筛选出可产生生理小种特征性条带的引物 8 条，经随机引物扩增获得 12 条特征性条带，其中 1 号生理小种 8 条，4 号生理小种 4 条。经切胶回收、克隆、测序及 SCAR 引物设计与扩增，有 4 条特征性条带成功转化为 SCAR 标记，其中 1 号生理小种 SCAR 标记 1 个，4 号生理小种 SCAR 标记 2 个，同时能鉴定 2 个生理小种的 SCAR 标记 1 个，并采用 18 株已知生理小种菌株及田间病原菌分离物的 PCR 检测结果验证了 2 个生理小种 SCAR 标记的可靠性。

廖林凤等（2009）采用 11 条随机引物对广东、广西香蕉枯萎病菌 1 号和 4 号生理小种的 30 株菌株和 3 株其他尖孢镰刀菌专化型菌株进行 RAPD 分析，结果表明，不同小种的扩增条带差异明显，2 个生理小种菌株及其他尖孢镰刀菌专化型菌株各自聚类成群，这也与传统的以致病力差异为依据的鉴别寄主划分生理小种的结果基本一致，同时也进一步说明香蕉枯萎病菌的 2 个生理小种间在分子水平上存在明显的遗传差异。研究还发现，不同生理小种与致病性明显相关，且 1 号生理小种内各菌株的遗传分化大于 4 号生理小种内的遗传分化，广东的 1 号生理小种和广西的 1 号生理小种在亲缘关系上相距较远，说明供试菌株 RAPD 聚类群与菌株地理来源有一定的相关性。此外，还将筛选到的 4 号生理小种的特征条带转化成 SCAR 标记，供试的 15 株 4 号生理小种菌株均扩增出 903 bp 的特异性目的条带，其他菌株及无菌水对照均无扩增条带。

台湾地区学者 Lin 等（2009）利用 RAPD 分子标记技术，从随机引物 OP-A02 扩增出的 242 bp 特异条带序列中开发出 Foc-1/Foc-2 标记引物，可有效鉴别台湾的香蕉枯萎病菌 TR4 和 STR4。Lin 等（2013）又从 242 bp 的 RAPD 扩增产物中，开发出了灵敏度更高、更稳定的 SCAR 标记引物 FocSc-1/FocSc-2，可结合 real-time PCR 定量技术估测枯萎病的感病程度。

刘文波（2013）采用 RAPD 技术从 34 条随机引物中筛选了 9 条引物，对来自海南、广东、广西、福建和云南等省（区）的 55 株香蕉枯萎病菌菌株进行随机扩增。结果表明，9 条随机引物共扩增出 136 条谱带，其中多态性的条带有 126 条，多态性位点频率为 92.6%。主坐标分析结果与聚类分析结果基本一致，供试菌株分为 4 个 RAPD 类群，类群的个体比较分散，变异幅度不大，与供试菌株致病力强弱及地理来源没有明显相关性，但海南的香蕉枯萎病菌菌株遗传分化明显，群体结构较复杂。

利用随机引物扩增香蕉枯萎病菌不同生理小种菌株基因组 DNA，获得了大量 RAPD 标记，并在此基础之上，还分别筛选到可扩增出香蕉枯萎病菌 1 号和 4 号生理小种特征性条带的引物，为以致病力差异为基础的鉴别寄主划分生理小种的传统方法提供了分子水平的证据，证实了我国香蕉枯萎病菌生理小种划分的正确性。另外，不同生理小种间特征性条带的出现也是基因序列改变的真实体现，进一步说明我国香蕉枯萎病菌不同生理小种之间在分子水平上存在较大的差异，从而导致了病原菌致病力也存在差异。

（4）AFLP 技术

AFLP（Amplified Fragment Length Polymorphism）是荷兰科学家 Zabeau & Vos（1992）发明的一项以 PCR 为基础的专利技术。AFLP 标记具有 RFLP 的专一性和可靠性，又具有 RAPD 的随机性和方便性，同时由于 AFLP 采用的专用引物 3' 端选择碱基数目和序列是随机的，故能提供比两者更多的 DNA 多态性信息，是一种功能强大但技术难度最高的分子标记。Groenewald 等（2006）使用 AFLP 标记技术研究了香蕉枯萎病菌的遗传变异，认为病原菌的起源是多源的。为了明确广东省珠海地区香蕉枯萎病菌的种群分化和遗传变异规律，汤浩（2008）采用 AFLP 技术对来自珠海、湛江、台山的 20 株尖孢镰刀菌进行遗传多态性分析，结果表明，8 对 AFLP 引物对扩增出 253 个条带，其中多态性带条 97 条，占总带数 38.34%。供试香蕉枯萎病菌 1 号和 4 号生理小种菌株及非致病尖孢镰刀菌菌株各自聚成一类，且聚类群与菌株的地理来源有一定的相关性。研究还发现，1 号生理小种内各菌株的遗传分化大于 4 号生理小种内的遗传分化。Li 等（2011）对来自中国台湾地区和华南地区的 55 株香蕉枯萎病菌菌株进行了 AFLP 分析，结果显示，4 号生理小种菌株在亲缘关系上较为相似，华南地区的 4 号生理小种应该是由台湾传入。

（5）ISSR 技术

ISSR（Inter-simple Sequence Repeat）技术是 Zietkiewicz 等（1994）创建的一种基于 PCR 的分子标记技术。基本原理是：以加锚 SSR（Simple Sequence Repeat）寡核苷酸作引物，即在引物的 3' 端或 5' 端加有 2~4 个随机选择的核苷酸，对 2 个相距较近、方向相反的 SSR 序列之间的一段短 DNA 片段进行扩增。通过对 PCR 产物的聚丙烯酰胺凝胶电泳或琼脂糖凝胶电泳的检测，扩增谱带多为显性表现。与 RFLP、RAPD 和 AFLP 等分子标记相比，ISSR 标记技术拥有自身的特点：随机引物设计简单，不需知道 DNA 序列即可用引物进行扩增，呈孟德尔式遗传，具显性或共显性特点，具有很好的稳定性和多态性，具有分布广、多态性高、DNA 用量少且质量要求低、无辐射、技术难度低、操作简单、重复性高、耗时少、成本低等明显优点，适合大样本的检测。由于 ISSR 标记技术可以检测基因组许多位点的差异，现已在物种的遗传多样性与遗传结构、无性系植物的遗传多样性、物种形成和种质鉴定等研究领域得到了广泛应用。

为了明确印度香蕉枯萎病菌的遗传多样性，Thangavelu 等（2012）对来自印度不同香蕉产区的 98 株香蕉枯萎病菌菌株进行 ISSR-PCR 分析。从 34 条 ISSR 引物中筛选出 10 条重复性好、特异性高的引物进行 ISSR-PCR 扩增，扩增片段条带数为 3～14 条，多态性带数为 2～10 条，扩增片段长度在 100～4 500 bp，遗传距离为 0.27～1.00，揭示了印度香蕉枯萎病菌遗传多态性丰富。聚类分析显示，以 0.27 为阀值时，供试的 108 株菌株聚为 2 个类群：类群 A（亚群Ⅰ）包括 6 株菌株，其余 101 株菌株均聚在类群 B，其中类群 B 进一步可分为 6 个亚群（亚群Ⅱ～Ⅶ）。亚群Ⅱ包括 2 株非致病菌株，亚群Ⅲ包括 2 株 4 号生理小种菌株，亚群Ⅳ包括 84 株 1 号生理小种和 2 号生理小种菌株，其余 3 株菌株分属于亚群Ⅴ、Ⅵ和Ⅶ。

为了揭示病原菌的变异与寄主、小种、致病力强弱以及地理来源之间的关系，张贺等（2015）对中国主要香蕉产区 95 株香蕉枯萎病菌菌株进行 ISSR 分子标记分析。从 33 条随机引物中筛选出 8 条重复性好、特异性高的引物进行 ISSR-PCR 扩增，共获得 3 176 条谱带，其中多态性条带 2 790 条，多态性比率为 87.91%。表明 ISSR 标记可以较好地提示香蕉枯萎病菌菌株间的遗传差异和亲缘关系，菌株间的遗传变异丰富。聚类分析结果显示，聚类组群的划分与病原菌的寄主和小种有很明显的相关性。以 0.68 为阈值时，供试的 96 株菌株分为 A、B、C、D、E、和 F 共 6 个类群，各类群的菌株分别为 49 株、5 株、2 株、38 株、1 株、1 株，所占的比例分别为 51.06%、5.20%、2.08%、39.58%、1.04%、1.04%。其中，A 类群所包含的 49 株菌株又可以分为 2 个亚类群（AⅠ和 AⅡ），AⅠ类群内 46 株菌株以分离自‘粉蕉’的 1 号生理小种菌株为主，AⅠ类群内分离自‘粉蕉’的菌株有 43 株，占‘粉蕉’寄主菌株数（55 株菌株）的 78.18%，AⅠ类群 1 号生理小种菌株 38 株，占 1 号生理小种总菌株数（42 株）的 90.48%，AⅠ类群还包含了 1 株西瓜枯萎病病原菌菌株；AⅡ类群内为分离自‘粉蕉’的 2 株 1 号生理小种菌株和 1 株 4 号生理小种菌株。B 类群内的 5 株菌株均为分离自‘粉蕉’的 4 号生理小种菌株。C 类群内有分离自‘粉蕉’的 1 号生理小种和分离自‘巴西蕉’的 4 号生理小种菌株各 1 株。D 类群所包含的 38 株菌株又可以分为 2 个亚类群（DⅠ和 DⅡ），分离自‘巴西蕉’的菌株有 34 株、占‘巴西蕉’寄主总数的 87.18%，4 号生理小种菌株 37 株，占 4 号生理小种菌株总数的 69.81%。DⅠ类群内的 7 株菌株以分离自‘巴西蕉’的 4 号生理小种菌株为主，仅有 1 株菌株（Foc020-F-1-S）例外；DⅡ类群所包含的 31 株菌株的寄主以‘巴西蕉’为主、病原菌均为 4 号生理小种，仅有 3 株菌株例外，其中 2 株分离自‘粉蕉’、1 株分离自矮杆‘贡蕉’。E 类群仅包含 1 株分离自海南省临高县波莲镇‘巴西蕉’的 4 号生理小种菌株。F 类群仅包含 1 株分离自广东省汕头市澄海区‘巴西蕉’4 号生理小种菌株（图 2-2）。研究还发现，分离自‘粉蕉’的菌株多聚集在一起、分离自‘巴西蕉’的菌株也有类似现象，通常相同寄主的分离菌聚为同一进化支，而这些进化支中包含了病原菌的不同小种，表明了香蕉枯萎病菌与寄主之间的协同进化关系，同一寄主的分离物其遗传变异的趋势近似。此外，ISSR 类群与枯萎病菌致病力有一定的关系，‘巴西蕉’上分离的弱致病力 4 号生理小种往往会和‘粉蕉’上分离的 1 号生理小种聚为一个大的类群，强致病力菌株大多聚成一组，而中、弱致病力菌株常聚在一起。此外，ISSR 类群与供试菌株的地理来源有一定相关性，而个别菌株独立成类群现象则可能是这些菌株可能是新传入或新变异的基因型。

黄穗萍等（2018）采用 ISSR 技术对来自华南 5 省的 45 株香蕉枯萎病菌菌株和 4 株对照菌株（3 株非致病性尖孢镰刀菌和 1 株茄腐镰刀菌）进行分析，结果表明，供试菌株间的遗传变异很大，供试菌株与寄主有明显的协同进化关系；ISSR 聚类组与病原菌生理小种存在明显相关性，但与病原菌致病力强弱及地理来源无显著相关性。

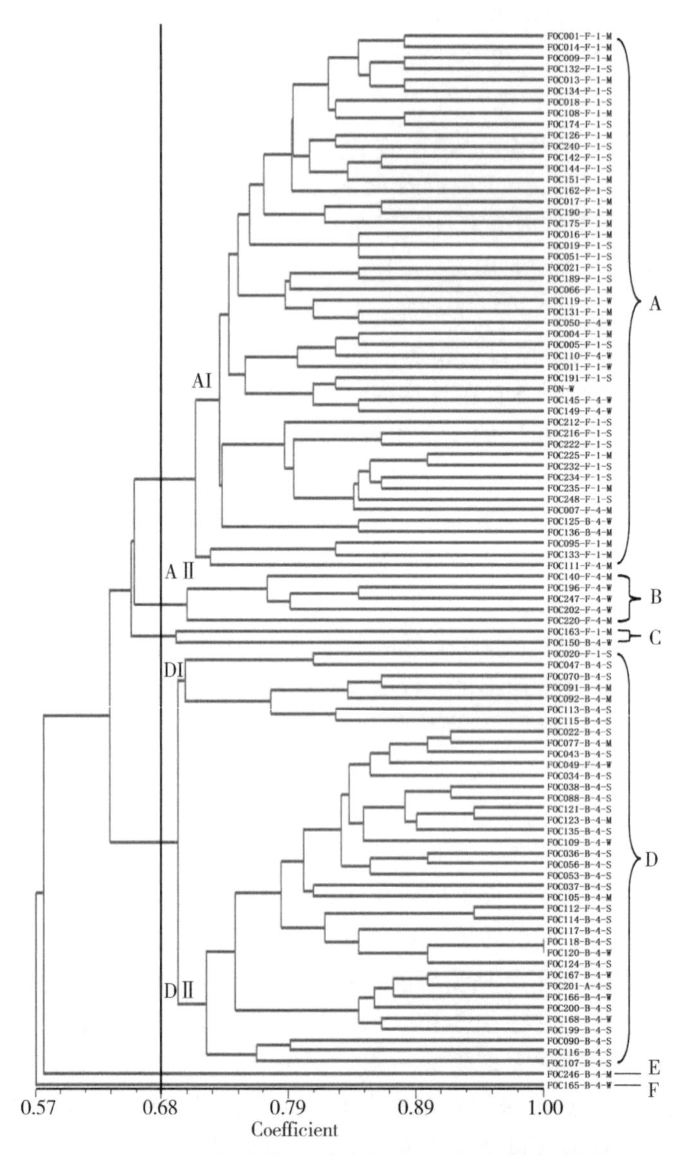

图 2-2　96 株香蕉枯萎病菌菌株的 ISSR 聚类分析图

3. 基因序列分析鉴定

随着现代分子生物技术的快速发展，线粒体小亚基（mitochondrial small subunit，mtSSU）、rDNA 内转录间区（rRNA internal transcribed spacer，ITS）、

基因内间隔区（rRNA intergenic spacer region，IGS）、翻译延伸因子（translation elongation factor，TEF-1α）、交配型基因（MAT-1/MAT-2）、β-微管蛋白（β-tubulin）、钙调蛋白（calmodulin）和组蛋白 H3（histone-H3）等单基因位点或多基因位点常用于尖孢镰孢菌的分类鉴定及系统发育研究。

O'Donnell 等（1998）通过对 28 株尖孢镰刀菌不同专化型菌株（包括有 9 株香蕉枯萎病菌病菌）的 TEF-1α、mtSSU 基因序列进行比较分析，发现 9 株香蕉枯萎病菌菌株聚为 5 个不同的群，表明香蕉枯萎病菌有多个独立的进化起源。Fourie 等（2009）基于 TEF-1α、mtSSU 和 IGS 基因对全球范围内收集的 70 株香蕉根际尖孢镰刀菌菌株（20 株致病性古巴专化型 VCGs 和其他非致病性专化型）进行了系统进化分析。结果表明，其 VCGs 可分为 2 株进化枝（clade A 和 B）和 8 株谱系（lineage Ⅰ-Ⅷ），其中 1 号和 4 号生理小种在 2 个进化枝的不同谱系中均有分布。聚在 clade B 中的大部分 VCGs 可侵染含 B 基因组的香蕉品种资源（如 AAB 或 ABB 类型），而聚在 clade A 中的 VCGs 只侵染含 A 基因组的香蕉品种资源（如 AAA 类型），其研究结果再次验证了香蕉枯萎病菌存在复杂的多进化起源的观点，而且还证明了病原菌和寄主植物的协同进化是导致多进化起源的重要原因。唐琦等（2012）利用核糖体基因（rDNA）及其内转录间隔区（ITS）序列分析对采自广东省和云南省不同地域的 4 号生理小种菌株进行系统发育研究，发现来自云南两个地区的菌株与来自广东 8 个地区的菌株的 rDNA-ITS 区段序列存在一定差异，西双版纳（XSBN）菌株与红河（HH）菌株聚为一组，广东省 8 个地区菌株聚为一组。说明 4 号生理小种菌株间内存在着不同的遗传分化类型，但分化程度不大。

王文华和曾会才（2007）发现尖孢镰刀菌不同专化型在其 ITS 区段序列上差异性较小，不适合区分不同专化型及生理小种，但 4 号生理小种的 ITS 序列在 367 bp 和 386 bp 位点上与 1 号生理小种及其他尖孢镰刀菌专化型的 ITS 序列相同位点上存在差异。吕伟成等（2009）通过比较福建省香蕉枯萎病菌 1 号和 4 号生理小种的 rDNA-ITS 序列，认为二者的 ITS 序列之间存在差异，并在此基础上进一步建立能同时检测 1 号和 4 号生理小种的一步双重 PCR 方法。

Dita 等（2010）利用不同 VCGs 的核糖体基因内间隔区基因（IGS）上两个 SNP 位点上的多态性，从不同 VCGs 中区分出 TR4 VCG 01213（463 bp 的特异性条带），并将其用作为检测感病植株的分子标记。Dita 等（2010）基于不同香蕉产区的香蕉枯萎病菌菌株的 TEF-1α 和 IGS 的基因序列差异设计了 PCR 特异性引物，建立了快速检测 TR4 的 PCR 快速诊断技术。

李敏慧等（2012）基于香蕉枯萎病菌候选致病相关基因序列设计引物，

获得尖镰孢的通用引物 1 对及 1 号和 4 号生理小种的特异性引物各 1 对，建立的三重 PCR 检测方法可同时检测罹病香蕉组织和土壤中的 1 号和 4 号生理小种，其中尖镰孢通用引物可作为内参照同时检测 DNA 的质量，避免了假阴性的出现。基于李敏慧等（2012）的研究，Yang 等（2015）重新设计了特异性引物与探针，建立了能同时检测香蕉枯萎病菌 1 号和 4 号生理小种的双重 TaqMan 荧光定量 PCR 双重检测体系，该检测系统比传统 PCR 法灵敏 1～2 个数量级，而且整个检测可在 90 分钟内完成。此外还发现，接种 14 d 的‘广粉 1 号’中 1 号生理小种的数量是 4 号生理小种的 36 倍，根组织中的 1 号生理小种的数量是球茎组织中的 23 倍。

Zhang 等（2013）基于香蕉枯萎病菌 IGS 基因序列差异设计环介导等温扩增（LAMP）引物，建立了土壤中 TR4 实时荧光 LAMP 检测技术，能快速地定量检测土壤中的 TR4，检测灵敏度约 0.4 pg/μL 质粒 DNA，与传统的实时荧光 PCR 没有显著差异（$P>0.05$），可以作为 TR4 田间检测及监测。Peng 等（2014）基于 RAPD 标记特征带设计 LAMP 引物，建立了实时荧光 LAMP 检测技术，能同时快速地定量检测土壤中的香蕉枯萎病菌 TR4 和 STR4，检测灵敏度达 3.82×10^3 拷贝质粒 DNA 或 10^3 个孢子浓度的带菌土壤。

曾莉莎等（2014）以来源于澳大利亚的香蕉枯萎病菌 1 号、2 号、3 号和 4 号等 4 个生理小种菌株为对照，通过对来自中国大陆主要香蕉产区的 14 株香蕉枯萎病菌单孢菌株进行致病性测定，同时利用 ITS、TEF-1α、IGS、histone H3 及 β-tubulin 5 个主要用于镰孢菌系统发育学研究的基因对 18 株不同地理来源香蕉枯萎病菌菌株与 2 株非病原尖孢镰刀菌菌株进行比较分析。发现分别基于 histone H3、IGS 及 TEF-1α 序列构建的 NJ 树的拓朴结构基本一致，均能够将供试菌株划分成 7 个不同的系统发育谱系：1 号生理小种菌株聚类于谱系Ⅰ和Ⅱ，非致病尖孢镰刀菌聚类于谱系Ⅲ，3 号生理小种菌株聚类于谱系Ⅳ，2 号生理小种菌株聚类于谱系Ⅴ，STR4 聚类于Ⅵ，TR4 聚类于谱系Ⅶ。基于 TEF-1α-IGS-histone H3 3 个基因的系统进化分析显示，分离自香蕉的 18 株尖孢镰刀菌可划分成 2 大分支（clade A 和 clade B）共 7 个系统发育谱系，其中 clade A 包括 1 号生理小种（Ⅰ和Ⅲ）、非致病性尖孢镰刀菌（Ⅱ）、2 号生理小种（Ⅳ）及 3 号生理小种（Ⅴ），clade B 包括 STR4（Ⅵ）和 TR4（Ⅶ）。在 Clade A 中，中国的 1 号生理小种包括两大谱系（Ⅰ和Ⅲ），其中来自广东及福建的 1 号生理小种分布在谱系Ⅰ中，来自广西及海南的 1 号生理小种与来源于澳大利亚的 1 号生理小种聚在一起分布在谱系Ⅲ。分离自香蕉果实的 1 株非致病性尖孢镰刀菌与 1 号生理小种形成亲缘关系较近，聚在 clade A 谱系 Ⅱ 中。在 clade B 中，来自澳大利亚的 STR4 独立成谱系（Ⅵ），与来自我国的 TR4（Ⅶ）明显区分开来。基于 TEF-1α-IGS-histone H3 多基因系统发育分析的结果与致病性测定的结果具有对应关系，TEF-1α、IGS、histone H3 3 个基因序列差异不仅能区分 TR4 及 STR4，也能将 TR4 及 STR4 与其他生理小种区分开，认为 histone H3、IGS 及 TEF-1α 基因片段可用为香蕉枯萎病菌不同生理小种的鉴定依据。而 ITS 和 β-tubulin 这两个基因片段差异只能将 TR4 与其他生理小种区分开，不能将其他生理小种及非致病性尖孢镰刀菌完全区分开，仅可用于 TR4 菌株的鉴定。此外，研究还发现，香蕉枯萎病菌是多系演化的，我国的香蕉枯萎病菌 1 号生理小种的遗传分化大于 4 号生理小种，1 号生理小种的菌系与来自香蕉果实上的非病原尖孢镰刀菌的亲缘关系比其与 4 号生理小种的菌系的亲缘关系更近。

（六）各种研究方法的比较

与利用不同类型香蕉品种甚至不同属种进行香蕉枯萎病菌致病力鉴定这一传统方法相比，营养体亲和群、同工酶和可溶性蛋白电泳、基于分子杂交技术的 RFLP 和 DNA 指纹技术、基于 PCR 技术的 RAPD、AFLP、ISSR 及特异性引物扩增等现代生物技术的广泛应用，为香蕉枯萎病菌致病力分化研究提供了简便、有效的手段。每种方法各自有鲜明的技术特点和效果，但研究结果却因研究方法或供试菌株地理（品种）来源不同而存在一定差异。RAPD 分析将分离自海南和广东的香蕉枯萎病菌菌株分成不同的聚类群（漆艳香等，2005），同样也将分离自广东和广西的香蕉枯萎病菌菌株聚成两个不同的类群（廖林凤等，2009）。但同样利用 RAPD 分析，分离自海南、广东、广西、福建和云南等省（区）的香蕉枯萎病菌菌株却只聚成 4 个类群，且类群的个体比较分散，变异幅度不大（刘文波等，2013）。

香蕉枯萎病菌的致病力分化分组与分子标记研究结果也存在分歧。刘文波等（2013）利用 RAPD 技术对来自海南、广东、广西、福建和云南等省（区）55 株香蕉枯萎病菌病株进行致病力分组研究，发现 RAPD 指纹图谱与供试菌株致病力强弱及地理来源均无直接相关性。张贺等（2015）利用 ISSR 标记对来自福建、广东、广西、海南和云南 5 省（区）95 株香蕉枯萎病菌菌株进行致病力分组研究，结果表明，ISSR 类群与枯萎病菌致病力之间存在一定的相关性，‘巴西蕉’上分离的弱致病力 4 号生理小种往往会和‘粉蕉’上分离的

1 号生理小种聚为一个大的类群，强致病力菌株大多能相互聚集在一起，而中、弱致病力菌株则聚集在一起。另外研究还发现，ISSR 聚类群与菌株地理来源也有一定相关性，但关系并不密切。

杨静（2016）对来自不同香蕉生产国的 56 株香蕉枯萎病菌菌株（4 个生理小种、24 个营养体亲合群（VCGs））进行了基因组重测序，并利用比较基因组学研究了全球范围内香蕉枯萎病菌的进化规律：发现 TR4 菌株进化非常保守，是单一起源的，并且进化速度非常快；其他类型菌株如 STR4 和 1 号生理小种则比较复杂，有多个源头；大蕉枯萎病菌由 1 号生理小种进化而来，克服了对 1 号生理小种和 4 号生理小种中的 TR4 和 STR4 有高度抗性的‘大蕉’的免疫系统。

综上所述，在所有的鉴定方法中，鉴别寄主鉴定法是致病力分化鉴定最基本且最有效的方法，其他细胞水平或分子水平上的方法只能作为辅助手段，最终还需要用鉴别寄主鉴定法验证其致病力强弱。因此，有必要将两种或多种方法相结合，相互验证、相互支撑，以提高鉴别结果的准确性和可靠性。

第三章

香蕉枯萎病的致病机理

对于枯萎病的致病机理，主要有两种观点：一是 Beckman（1969）提出的导管堵塞学说，该学说认为枯萎病菌从香蕉根系侵入植株输导组织，在导管内定植的同时产生果胶酶水解植株细胞的中胶层或原果胶物质，妨碍水分运输，从而导致植株萎蔫。二是毒素学说，该学说认为枯萎病菌分泌的毒素引起植株代谢紊乱，使水分直接从受害的细胞中扩散出去，从而破坏植株的水分平衡，导致植株萎蔫（Sing，1971；Drysdale，1984；Dong *et al*，2012）。近年来多支持后一种学说，并明确了毒素的主要成分是病原菌产生的镰刀菌酸，这种毒素能使寄主细胞的原生质膜透性、碳素代谢、呼吸作用等受到损害，使代谢失去平衡而使植株发生萎蔫。但也有研究认为，香蕉枯萎病的致病机理是多种因素影响的结果，而不是单一的堵塞学说和毒素学说。

一、香蕉枯萎病菌的侵染过程

香蕉枯萎病菌的厚垣孢子长期存活于土壤中，条件适宜时，萌发产生的菌丝体成功侵染感病品种根系后进入维管束组织，并随蒸腾作用从根部向假茎扩展，最终导致叶片变黄、植株萎蔫。香蕉枯萎病菌侵入寄主并在寄主组织中生长是其致病的先决条件，且侵染过程极其复杂并需要一系列因子相互协作调控。近年来，许多学者相继应用绿色荧光蛋白（GFP）标记研究香蕉枯萎病菌与香蕉的互作关系，从病理组织学的角度观察和分析了香蕉枯萎病菌侵染香蕉的过程。

（一）入侵前期

植物病原真菌的入侵从孢子或菌丝附着在寄主根系表面开始。病原菌接触到寄主后，寄主根系分泌物或其结构性物质刺激病原物发生相应的形态改变和生化变化，从而影响病原菌对寄主根表的吸附。目前对于香蕉枯萎病菌侵入前期的研究主要集中在根系分泌物对病原菌生长的影响。郑雯（2010）利用转化 GFP 基因的香蕉枯萎病菌 4 号生理小种侵染‘巴西蕉’苗根系，通过荧光显微镜进行镜检观察，直观地观察到分生孢子在根系表面的附着过程：分生孢子吸附于根系表面，在适宜条件下萌发形成菌丝体，菌丝优先沿细胞间隙伸长生长，没有菌丝侵染至根系内部。左存武等（2010）、田丹丹等（2017）研究发现，不同抗性品种根系分泌物存在一定差异，抗病品种根系分泌物能不同程度地抑制病原菌菌丝生长和孢子萌发，而感病品种根系分泌物则对其有刺激作用。分生孢子都可以吸附在抗、感香蕉品种的根毛上，但根系表面吸附的孢子萌发时间有差异，感病品种‘巴西蕉’根系表面的孢子萌发时间早于抗病品种（刘勇勤，2012）。

（二）侵染位点

土传维管束系统病害基本上是从寄主植物的根部入侵和扩展的，但具体是什么部位结论不一。一般认为尖孢镰刀菌的侵入点位于寄主植物的根尖部位（Farquhar & Peterson，1989；Bowers *et al*，1996）。Li 等（2011）观察了 GFP 标记的香蕉枯萎病菌 4 号生理小种侵染‘巴西蕉’的过程，发现香蕉枯萎病菌的初始侵染点主要位于寄主细胞分裂比较旺盛的区域，如根毛、幼嫩的根尖及侧根基部的自然开裂。殷晓敏等（2011）观察到香蕉枯萎病菌对‘巴西蕉’根部的初始侵染点只发生在根尖，未观察到病原菌对根毛的侵染。刘勇勤（2012）研究发现香蕉枯萎病菌的侵染位点主要包括香蕉皮层、根毛和侧根。

（三）侵染结构

病原真菌在入侵寄主根部过程中会形成特异的侵染结构（如附着孢），以提高入侵的成功率。附着孢是分生孢子在寄主植物结构组织表面萌发后由其芽管顶端膨大形成的一种特异结构。目前，关于香蕉枯萎病菌在根部侵染过程中是否产生附着孢也没有具体定论。香蕉枯萎病菌侵染寄主根系过程中，有些小型分生孢子萌发成芽管，溶解并穿越进入邻近的细胞；有些小型分生孢子直接分泌细胞壁降解酶类物质，溶解细胞壁进入细胞，该入侵过程中没有观察到附着孢的形成（Li *et al*，2011）。然而，在侵染早期，吸附在幼嫩根系表面的菌丝前端却特化形成锥形结构，直接插入角质层细胞内，同时也可以观察到菌丝前端原生质浓缩成球形，分泌某些物质降解细胞壁，从而进入邻近细胞；此外，细胞内的菌丝还可以直接穿透细胞壁，进入细胞间隙形成分枝，并吸附在细胞壁上形成侵染垫；生长在细胞间隙的菌丝也可以局部膨大，形成分枝，溶解细胞壁并进入邻近细胞（Li *et al*，2011）。

（四）在寄主体内的扩展

病原菌侵染寄主后是否发病取决于病原菌在寄主组织内的扩展能力。病原菌成功入侵寄主后，以两种方式进行扩展繁殖：一是横向扩展，菌丝体随机分支，逐步形成网状分布；二是纵向生长，倾向于呈束状沿维管束单侧纵向生长繁殖，形成大量菌丝体。菌丝体经不断繁殖和扩展，积累到一定菌量时，感病植株就会表现发病症状。有关香蕉枯萎病菌在香蕉组织内的扩展过程，国内学者、专家已做了大量观察试验。郑雯（2010）研究发现，吸附于根系表面的菌丝体先在细胞间隙大量繁殖，并在根系外围形成网络结构，菌丝开始侵入表皮细胞，一些分生孢子在细胞内部大量繁殖，并填满整个细胞，少量菌丝开始侵入根系皮层；随后菌丝沿根系表皮细胞生长扩大到更大范围，形成的网络结构已经将根系完全包裹住，并深入根系内部，大部分菌丝由外向内侵入根系，直至维管束部分，有极少量的菌丝会沿着根系导管生长，菌原菌的侵染是由下至上转移至假茎中。所以，香蕉枯萎病菌的侵染是菌丝由根系逐渐向内向上传播的过程，而非之前推测的是由于导管的运输将病原菌的孢子运送至香蕉假茎中再进行增殖的过程。Li 等（2011）研究发现，接种 3 d 后 GFP 标记的香蕉枯萎病菌 4 号生理小种小型分生孢子和菌丝吸附在根毛表面并进行穿透，6 d 后小分生孢子和菌丝开始进入次生根表皮细胞，7 d 后小分生孢子大量侵染次生根，13 d 后小分生孢子在根细胞内大量繁殖，分生孢子萌发成菌丝，并沿维管束组织向上扩散，19 d 后菌丝在根系组织中大规模增殖，根系开始出现腐烂症状，29 d 后菌丝体在球茎和假茎木质部导管中大量增殖。殷晓敏等（2011）研究表明，接种 1 d 后，GFP 标记的香蕉枯萎病菌 4 号生理小种以菌丝体、大型分生孢子和小型分生孢子的形式附着于根系表皮细胞，优先沿细胞胞间层生长，7 d 后直接侵染维管束。郭立佳等（2013）研究发现 GFP 标记的香蕉枯萎病菌 4 号生理小种侵染‘粉蕉’和‘巴西蕉’的过程存在一定的差异。接种‘粉蕉’后第 2 d，孢子萌发形成的菌丝可沿着根系表层细胞之间的凹槽生长，在第 4 d 就可观察到病原菌已进入维管束中；然而，接种‘巴西蕉’后第 4 d 才能观察到菌丝沿表层细胞之间的凹槽生长。这些差异表明 4 号生理小种侵染‘粉蕉’根系过程比侵染‘巴西蕉’根系过程的时间更短，说明‘粉蕉’可能比‘巴西蕉’对 4 号生理小种更感病。王卓（2013）利用 GFP 标记的香蕉枯萎病菌 TR4 观察病原菌侵染香蕉根系的过程，结果发现在接种 2 d 后病原菌以菌丝体、大型分生孢子和小型分生孢子的形式附着于根系表皮细胞；接种 4 d 后病原菌经表皮侵染根系内部，优先沿细胞间层生长；接种 6 d 后，病原菌菌丝体的形式在根系中大量繁殖，并深入根系内部；同时在根系未被侵染的地方细胞已经出现细胞褐化和死亡现象。邝瑞彬等（2013）观察发现，接种香蕉枯萎病菌 4 号生理小种 3 d 后有大量孢子吸附到‘巴西蕉’根系，6 d 后大量孢子已萌发成芽管，有些长成菌丝体，遍布根系细胞壁间隙并侵入细胞内部。接种 5 d 后部分菌丝已经从根系向上入侵球茎中，第 10 d 观察到大量菌丝集聚在球茎的维管木质部和韧皮部处。肖荣凤等（2015）研究发现，接种 3～10 d 时，在根系褐变组织内观察到了香蕉枯萎病菌菌丝体和分生孢子；17 d 时，在根、球茎及假茎组织内均可看到菌丝体和分生孢子；24 d 时，植株死亡，3/4 球茎组织褐变，有些菌丝体在假茎组织细胞间隙伸展，有些菌丝体沿着木质部导管向上伸展。此时，假茎组织内菌丝体的密度最高，其次是根部，而球茎部的菌丝相当稀少；与 Li 等（2011）的观察结果类似，在黄化或萎蔫的叶部未观察到菌丝或分生孢子。

包智丹（2016）观察了香蕉枯萎病菌 1 号和 4 号生理小种侵染香蕉根系的组织学过程：接种枯萎病菌 1 d 后，1 号生理小种侵染‘粉蕉’、4 号生理小种侵染‘粉蕉’及‘巴西蕉’的处理中，小型分生孢子开始附着于根系表皮细胞；接种 3 d 后，分生孢子便可萌发侵入表皮细胞的胞间层，沿细胞间隙生长；接种 5 d 后，枯萎病菌进一步在根系维管束中定殖及扩展。实验还发现 4 号生理小种入侵‘粉蕉’维管束的速度要快于侵入‘巴西蕉’维管束，说明‘粉蕉’比‘巴西蕉’更易被枯萎病菌侵染。

李春强（2017）通过激光共聚焦显微观察发现，GFP 标记的香蕉枯萎病菌 1 号和 4 号生理小种均能够粘附‘巴西蕉’根毛和根表皮细胞，并随后均能够侵入根的维管束组织。侵染 2 个月后，在‘巴西蕉’球茎的维管束中观察到 4 号生理小种却没有观察到 1 号生理小种。同时，通过扫描电镜观察发现，4 号生理小种能够经过细胞间隙和伤口侵入‘巴西蕉’根表皮，而 1 号生理小种主要经过伤口不能经过细胞间隙侵入‘巴西蕉’根表皮。表明在侵染香蕉的过程中，枯萎病菌直接的细胞间隙侵入和球茎维管束定殖是成功侵染的关键步骤。

另外，刘勇勤（2012）还观察了香蕉枯萎病菌侵染‘巴西蕉’叶片的过程，发现‘巴西蕉’叶片表面接种的分生孢子萌发后，菌丝趋向于气孔匍匐延伸，经气孔进入栅栏组织的菌丝沿细胞壁边缘扩展繁殖，有的局限在个别细胞内，有的通过胞间连丝进入临近细胞，尚未观察到侵染泡、吸器等结构。

二、导管堵塞

香蕉枯萎病菌侵入香蕉植株后，大量繁殖的菌丝及孢子堵塞了植株的导管；或刺激邻近的薄壁细胞产生胶胝质、胶质等胶状物或侵填体而堵塞导管；

或是病原菌入侵后，产生的果胶酶水解香蕉植株细胞中的胶状物和细胞壁中的果胶物质，使组织解体而堵塞导管。导管被堵塞后，机械地阻碍了水分和养分在蕉株内的正常运输，加上地上部的蒸腾作用和呼吸作用旺盛，使水分失去平衡导致蕉株枯萎。

Li 等（2011）、郭立佳等（2013）观察到接种香蕉枯萎病菌 4 号生理小种后香蕉苗病株球茎和假茎木质部导管中有大量菌丝体，并沿维管束组织向上扩散。殷晓敏等（2011）观察发现，接种香蕉枯萎病菌 4 号生理小种后，香蕉苗病株根系维管束内不同位置有病原菌的分生孢子和菌丝体，且以两种方式扩展繁殖，一种在维管束内横向扩展，菌丝体随机分支，逐步形成网状分布；另一种是菌丝体在维管束内纵向生长，倾向于呈束状沿维管束单侧生长繁殖，形成大量菌丝体。邝瑞彬等（2013）研究发现‘抗枯 5 号’‘粉杂一号’‘巴西蕉’和‘广粉一号’等香蕉品种幼苗受香蕉枯萎病菌 4 号生理小种侵染后，球茎木质部导管中相继出现侵填体及一些灰褐色物质，细胞壁断裂溶解，出现严重的质壁分离现象。肖荣凤等（2015）研究发现，接种香蕉枯萎病菌 4 号生理小种后，香蕉苗病株根、球茎及假茎组织有菌丝体和分生孢子；有些菌丝体在假茎组织细胞间隙伸展，有些菌丝体沿着木质部导管向上伸展，其中以假茎组织内菌丝体的密度最高，其次是根部和球茎。

枯萎病菌分泌的酶类是否参与致萎过程一直有争论。王琪（2004）研究发现以果胶为碳源的培养液中，香蕉枯萎病菌致病作用主要是多聚半乳糖醛酸酶为主的一系列细胞壁降解酶，香蕉枯萎病菌 4 号生理小种产生的细胞壁降解酶对‘粉蕉’‘巴西蕉’和‘大蕉’假茎有明显的浸解作用。认为不同生理小种产生的细胞降解酶对香蕉品种具有选择性，其选择性与相应病原菌一致。董章勇等（2010）从受香蕉枯萎病菌 4 号生理小种侵染的寄主中检测到多聚半乳糖醛酸酶（PG）、果胶甲基半乳糖醛酸酶（PMG）、多聚半乳糖醛酸反式消除酶（PGTE）、果胶甲基反式消除酶（PMTE）等果胶酶，其中 PG 活性最高。在离体情况下，以果胶为碳源可诱发枯萎病菌产生 PG、PMG、PGTE 及 PMTE 等果胶酶，且实验证明病株组织中的细胞壁降解酶由病原菌产生，降解产生的胶状物可能会堵塞香蕉导管的营养和水分运输，这也是导致病株萎蔫的可能原因之一（王琪，2004）。

三、毒素致萎

植物病原真菌毒素是植物病原真菌代谢过程中产生的，能在很低的浓度范围内干扰植物正常的生理功能，对植物有毒害作用的非酶类化合物。自 20 世纪 40 年代以来，毒素在引发病害发生过程中所起到的作用逐渐被揭示，从而启发人们进一步去认识病原菌毒素与寄主之间互作关系，并取得了较大的进展。植物病原真菌毒素可分为寄主专化性毒素和非寄主专化性毒素或寄主选择性毒素和非寄主选择性毒素，在植物体内和人工培养条件下都能产生，使植物产生褪绿、坏死、萎蔫等病变，与病原菌直接侵染引起的症状相同或相似。Drysdale 等（1984）证明枯萎病菌能分泌一种非专化型的酸性毒素—镰刀菌酸，镰刀菌酸能抑制香蕉防御系统的功能，改变香蕉细胞膜的透性和电势并使其生理代谢紊乱，同时毒素可以螯合酶中的金属离子如镁、铁等，降低了寄主细胞的活性，导致植株丧失生命力而萎焉死亡，可能是香蕉枯萎病菌的主要致病因子。

（一）香蕉枯萎病菌毒素的致病性

香蕉枯萎病菌的培养滤液、粗毒素和纯毒素都含一定量的毒素成分，可用于测定香蕉对枯萎病的抗病性。目前，有关毒素在香蕉枯萎病菌致病过程中的作用看法不一。Morpurgo 等（1994）研究表明，纯毒素或毒素培养滤液对离体培养的香蕉抗病和感病品种的致病性虽有差异但不显著，单用毒素无法区分香蕉的抗病和感病体系。Pedrosa（1995）认为绝大部分香蕉种类苗期和成株期抗性表现一致。Matsumoto 等（1995）利用香蕉枯萎病菌 1 号和 4 号生理小种培养滤液测定了寄主品种的抗性。Matsumoto 等（1999）采用病原菌—毒素共培法，用获得的毒素培养滤液处理茎尖分生组织，在一定浓度下可以区分抗病和感病品种。

许文耀等（2004）测定了毒素对蕉苗的毒性，并在此基础上建立了蕉苗受毒素作用的“时间—剂量—受害程度”模型，认为粗毒素引起蕉苗受害的有效时间为 96～120 h，有效剂量质量浓度为 260. 0～130. 0 $\mu g \cdot mL^{-1}$。另外，他还测定了粗毒素原液对香蕉假茎细胞的病理反应，发现粗毒素原液可导致维管束薄壁细胞和分生组织细胞产生胶状物质，且病原菌不同生理小种产生的毒素对不同蕉类间不存在选择性，从而证明粗毒素是导致病苗萎蔫的主要作用因子。许文耀等（2004）发现粗毒素处理和病原菌孢子接种引起香蕉假茎细胞产生类似症状，认为镰刀菌酸可能破坏根系的膜系统，造成代谢紊乱，抑制了根细胞养分和水分的吸收和运输；还可能导致病株可产生胶状物，而胶状物可能会堵塞香蕉导管的营养和水分运输，使病株萎蔫。兀旭辉（2004）利用香蕉枯萎病菌及其粗毒素处理香蕉假植苗，发现香蕉假植苗在活性氧含量、部分保护酶活性等生理生化指标变化有相似趋势。李梅婷（2010）用香蕉枯萎病菌粗毒素接种于香蕉组培苗，引起的病害症状与病原菌孢子侵染引起的病害症状相似。病原菌的毒素滤液和孢子对香蕉组培苗的致萎作用存在显著差异，且用毒素滤液处理的植株比孢子悬浮液接种的植株发病早，不同品种之间的病情指数亦存在显著差异。‘抗枯 1 号’对毒素最敏感，19～22 d 后全部枯死；‘抗枯 5 号’对毒素的敏感性次之，接种 50 d 后病情指数为 54.7；‘漳州粉蕉’‘巴西蕉’和‘马来西亚香蕉’对毒素敏感性较低，病情指数分别为 44.7、38.0 和 30.7（表 3-1）。

表 3-1　不同接种方法对香蕉组培苗的致萎作用（*SSR* 检验）

品种	病情指数		$\bar{x}$品种
	毒素滤液接种	孢子悬浮液接种	
巴西蕉（*Musa* AAA）	38.5±5.3	81.3±2.3	59.7 bB
马来西亚香蕉（*Musa* AAA）	30.7±4.6	72.0±4.0	51.3 cB
漳州粉蕉（*Musa* ABB）	44.7±5.0	56.0±4.0	50.3 cB
抗枯 5 号（*Musa* AAA）	54.7±4.6	52.0±2.0	53.3 bcB
抗枯 1 号（*Musa* AAA）	100	41.3±2.3	70.7 aA
$\bar{x}$接种方法	53.6 bA	60.5 aA	—

注：同列（行）数据后小、大写字母分别表示差异达 5%和 1%显著水平。

刘海瑞等（2007）研究发现毒素对香蕉组培芽的分化和存活具有较强的抑制作用，且粗毒素的添加剂量与组培芽存活率成反相关，致枯萎 50%的粗毒素为 36.3 μg/mL。Companioni 等（2005）将香蕉枯萎病菌 1 号生理小种培养滤液接种于田间种植香蕉品种‘Gross Michel’（感）和‘FHIA-01’（抗）的中间叶片上，通过调查叶片损伤面积发现，香蕉品种对毒素的耐性与对枯萎病菌的抗性一致。杨秀娟等（2010）采用植株根部和叶片毒素处理测定了 5 份香蕉品种苗对香蕉枯萎病菌粗毒素的敏感性，发现感病品种对毒素的敏感性高于抗病品种（表 3-2），不同香蕉品种的病情指数、萎蔫指数和叶片损伤面积的差异分析表明香蕉苗期对枯萎病菌感病性与对病原菌粗毒素敏感性之间存在正相关性，60 d 龄期的假植苗病情指数与其叶片损伤面积之间存在显著的正相关性。

表 3-2　不同抗感香蕉品种对香蕉枯萎病菌粗毒素的敏感性

品种	组培苗	假植苗	
	萎蔫指数/%	萎蔫指数/%	球茎褐变面积/%
天宝中杆（*Musa* AAA，S）	79.63	51.11	100
日本蕉（*Musa* AAB，S）	46.03	38.57	25～50
广东 2 号（*Musa* AAA，S）	72.22	48.15	75～100
抗枯 5 号（*Musa* AAA，MR）	45.83	33.33	25～50
贡蕉（*Musa* AA，R）	35.74	40.78	25～50

李赤（2011）用香蕉枯萎病菌 4 号生理小种粗毒素和纯镰刀菌酸处理‘新北蕉’和‘巴西蕉’幼苗叶片，发现粗毒素溶液处理后，叶片超微结构的变化：细胞发生质壁分离；叶绿体数量及其内部的淀粉颗粒数量显著减少，同时出现大量的嗜锇颗粒，叶绿体片层膨胀扭曲并分解；线粒体变形，脊数量减少，最终膜局部破裂内含物外流。此外，‘新北蕉’对毒素表现出较强的耐性，叶片超微结构造到破坏的程度没有‘巴西蕉’严重。董鲜（2014）在发病植株叶片中未检测到香蕉枯萎病菌的分布，但在病原菌培养基和发病植株中都能检测到镰刀菌酸（FA）。且随着植株病情加重，FA 在其体内含量越高，FA 处理植株后，促使叶片气孔关闭和叶片温度升高。此外，与对照相比，FA 处理后的植株水分散失量显著降低，但叶片相对电导率、红墨水吸收和 E/gd 显著上升，说明 FA 能破坏叶片细胞膜。用病原菌粗毒素处理植株，发现其对植株的破坏作用与 FA 相同。由此说明 FA 与病原菌致病机制有关，能破坏植株叶片水分平衡。同时还发现在病原菌侵染过程中，FA 首先累积在下部叶片中，并与香蕉枯萎病特定的叶片发病过程相关。

（二）香蕉枯萎病菌致萎毒素成分

目前已报道的香蕉枯萎病毒素主要是镰刀菌酸和白僵菌素，另外，石佳佳（2014）利用高效液相色谱-电喷雾离子阱质谱（HPLC-ESI-MS）还检测到了恩镰胞菌素，定量结果表明：香蕉枯萎病菌菌株生物合成白僵菌素的量远远高于镰刀菌酸和恩镰孢菌素，最高与镰刀菌酸相差 270 倍，与恩镰孢菌素相差 6 000 多倍（表 3-3）。香蕉枯萎病菌 1 号、2 号和 4 号生理小种这 3 个生理小种毒素含量无显著差异，但从平均含量来看，1 号、2 号和 4 号生理小种镰刀菌酸含量也基本相同，1 号和 4 号生理小种所产毒素种类与其侵染寄主的选择没有相关性，但1号和2号生理小种的白僵菌含量高于4号生理小种，其中STR4中的恩镰孢菌素平均含量高于TR4。

表3-3　24个营养亲和群（VCGs）菌株毒素成分毒素含量比较

菌株	小种[a]	寄主[b]	VCGs/ μg·g⁻¹	白僵菌素/ μg·g⁻¹	恩镰孢菌素/ μg·g⁻¹	镰刀菌素/ μg·g⁻¹
CAV 045	STR4	Cavendish	0120	258	1.01	323
GD-19	STR4	Cavendish	0120/15	957	0.839	48.1
CAV 2318	STR4	Cavendish	0121	852	8.12	<5
122-1	STR4	Cavendish	0122	102	1.34	<5
HN-05	1/2	Latundan	0123	164	0.597	<5
CAV 183	1/2	Lady Finger	0124	2 040	2.84	57.2
CAV 184	1/2	Lady Finger	0125	1 020	1.25	10.3
CAV 785	STR4	Pisang Rubus	0126	358	11	<5
128-1	2	Bloggoe	0128	328	1.2	187
CAV 186	STR4	Lady Finger	0129	1 350	1.07	<5
CAV 788	STR4	Apple	01210	747	2.52	19.5
1211-1	STR4	SH3142	01211	595	1.23	<5
CAV 188	1/2	Ney poovan	01212	196	3.5	323
CAV 300	TR4	Pisang Rastali	01213	424	3.79	90.3
CAV789	TR4	Pisang Rastali	1213/16	909	0.769	<5
1214-M	1	Harare	01214	831	<0.125	13.5
1215-1	STR4	Gros Michel	01215	189	0.361	<5
1216-1	TR4	Cavendish	01216	102	3.11	86.9
1217-M	1	Pisang Rastali	01217	812	0.547	5.98
2156	1	Pisang Siem	01218	1190	0.277	<5
01219-M	STR4	Pisang Raja Sereh	01219	427	65.5	<5
GD-01	4	Cavendish	01220	829	0.937	<5
GX-06	1	Pisang Awak	01221	646	26.1	111
CAV 998	1	Pisang Awak	01222	1 220	1.28	<5
01223-1	1	Pisang Keling	01223	209	0.865	160
36115	1	Pisang Ambon	01224	789	8.42	<5
DJ-01	1	—	DJ	709	1.79	<5

注：a. 生理小种缩写："1"为1号生理小种，"2"为2号生理小种；"4"为4号生理小种；"STR4"为亚热带4号生理小种；"TR4"为热带4号生理小种；"b"为香蕉品种，是文献中VCGs菌株分离时的寄主。

兀旭辉等（2004）、黎永坚（2007）和李赤等（2010）证明镰刀菌酸是香蕉枯萎病菌粗毒素中主要致枯萎物质，但除镰刀菌酸外，黎永坚（2007）还发现一种非寄主专化性毒素，与镰刀菌酸一起为香蕉枯萎病菌的致萎因子。该毒素对不同品种的蕉苗、不同科属作物幼苗均存在明显的毒害作用，对不同科属作物种子的萌发和胚芽的生长也具有明显的抑制作用，且毒害作用随毒素浓度的升高而加强，但具体属于哪种毒素，目前尚未可知。

李赤等（2010）研究发现香蕉枯萎病菌毒素共有 7 种成分，其色谱峰积分百分含量分别为 5.81%、5.94%、6.31%、2.80%、3.42%、73.34% 和 2.37%。其中第 6 个组分——镰刀菌酸是毒素中的主要成分，是引起香蕉枯萎症状的主要物质。另外，生物测定结果表明，同浓度的毒素和商品镰刀菌酸引起香蕉苗的枯萎作用相比，香蕉枯萎病菌毒素作用更强。毒素对不同品种的香蕉苗和作物都可以引起萎蔫，没有选择性，且随着毒素溶液浓度的升高毒害作用加强。李春雨等（2011）利用 HPLC-ESI-MS 及 1H-NMR 法对所分离的 28 株香蕉枯萎病菌菌株的次生代谢产物进行分析，结果发现分子量为 179 kD 的镰刀菌酸及分子量约为 783 kD 的白僵菌素在离体试验表明这均可导致香蕉假茎腐烂。白僵菌素的发现为进一步研究香蕉枯萎病菌致病机理研究等提供了新思路。

李梅婷（2010）研究发现，香蕉枯萎病菌的混合代谢物接种比单独使用粗毒素接种对香蕉组培苗表现更强的致萎作用，说明香蕉枯萎病发生是病原菌多种致病物质共同作用的结果。经电镜观察，黎永坚（2007）、李赤（2011）均发现镰刀菌酸对叶片超微结构的破坏与粗毒素相似，但破坏出现的时间晚且程度轻。由于病原菌与寄主之间的关系较为复杂，诸多综合因素导致了香蕉枯萎病菌入侵寄主后分泌相关酶类引发导管阻塞或病原菌产生的某种毒素可能只是引发香蕉植株萎蔫的主因，其他因素的作用还有待进一步研究。

石佳佳（2014）研究发现，接种香蕉枯萎病菌分生孢子悬浮液的“巴西蕉”均发病，且病情指数与病原菌菌株中的白僵菌素、镰刀菌酸和恩镰孢菌素等三种毒素含量相关，三种毒素含量适中的菌株致病力最强，有两种毒素含量高的致病力大于只有一种毒素含量高的，说明香蕉枯萎病菌致病力强弱受三种毒素含量的综合调节，但各生理小种产毒素种类与其侵染寄主的选择不存在相关性。

四、香蕉枯萎病菌致病相关基因

国内外采用分子生物学方法对尖孢镰刀菌的致病机理进行了大量研究，发现了较多与致病相关的因子，如侵染结构形成相关基因，细胞壁降解相关基因，毒素的生物合成、信号转导及克服植物防御和病原菌定殖相关基因（Ploetz，2000；Lengeler *et al*，2001）。在香蕉枯萎病菌中明确的致病相关因子不多，主要采取 T-DNA 插入突变体库及高通量测序等开展相关功能基因研究。黄俊生等（https：//pag. confex. com/pag/xxi/webprogram/paper6139/html）利用比较基因组学分析了香蕉枯萎病菌的进化及致病相关基因，通过分析香蕉枯萎病菌 1 号和 4 号生理小种基因组之间的差异，筛选出一系列差异基因，这些基因可能与特异性侵染有潜在关系；同时发现 4 号生理小种较 1 号生理小种存在更多的病原菌-宿主相互作用注释基因。Guo 等（2014）将香蕉枯萎病菌 1 号和 4 号生理小种的全基因组序列与植物及病原菌互作（PHI）基因数据库进行比对，发现 1 号和 4 号生理小种基因组中分别有 347 和 348 个预测与毒力相关基因，其中已验证 15 个基因与尖孢镰刀菌各种专化型致病性相关。周淦（2016）对诱导条件下香蕉枯萎病菌 1 号和 4 号生理小种之间差异表达的分泌蛋白质进行了比较分析，在 92 个差异表达的分泌蛋白中，其功能主要涉及到细胞壁降解、蛋白修饰、氧化胁迫反应过程、氧化还原过程和能量代谢等过程。

李春强（2017）通过 iTRAQ 定量蛋白质组分析发现，香蕉枯萎病菌成功侵染香蕉后，病原菌中 β-1, 3-葡糖基转移酶、部分过氧化物酶类、能量合成相关酶、蛋白合成相关酶、激酶、胁迫蛋白）和毒素相关蛋白上调表达。其中，一些过氧化物酶类、能量合成相关酶、蛋白合成相关酶在香蕉枯萎病菌 4 号生理小种中上调而在 1 号生理小种中下调或没有明显变化。4 号生理小种中的这些酶在侵染‘巴西蕉’的过程中较 1 号生理小种响应更加强烈，这可能是 4 号生理小种能使‘巴西蕉’成功发病的原因所在。雷忠华（2018）研究发现，香蕉枯萎病菌 4 号生理小种侵染香蕉后，病原菌中富集在上述这些与免疫相关代谢通路的基因表现为一致上调；另有 4 个编码外切多聚半乳糖醛酸酶（PG）的基因显著上调，该酶可降解植物细胞壁。这些结果表明 4 号生理小种入侵‘南天蕉’比‘巴西蕉’更具挑战性。

（一）细胞壁降解酶

植物病原真菌细胞壁降解酶基因与真菌致病性密切相关。植物细胞壁是寄主与病原菌互作的重要场所，是阻碍病原真菌入侵的天然屏障。病原菌能否瓦解植物寄主的抵御能力以及能否在植物自我保护作用下存活是直接影响病原菌能否成功侵染植物寄主的两大因素。近年来，有关细胞壁降解酶在尖孢镰刀菌侵入过程中的作用是比较热门的研究重点之一，植物病原真菌能分泌一系列与致病性密切相关的细胞壁降解酶（Walton，1994）。Beckman 等（1987）认为细胞壁降解酶在枯萎病菌侵染的两个阶段起着重要作用：①穿入寄主根部表皮层进入维管束系统；②通过木质部导管在寄主中定殖。细胞壁降解酶（PG）是第一次从离体细胞壁中获得的由致病真菌产生的果胶酶，endo-PG 被认为是通过降解植物细胞壁中同源的多聚半乳糖醛酸区域起作用，引起组织浸解和原生质体死亡。王琪等（2004）克隆了香蕉枯萎病菌 4 号生理小种的多聚半乳糖醛酸酶同工酶 PGC1 基因，并测定了其生物学特性。董章勇等（2010）通过薄层等电聚焦电泳分别从接种的香蕉枯萎病菌 1 号和 4 号生理小种的‘粉蕉’和‘巴西蕉’病组织中检测到多聚半乳糖醛酸酶（PG）、果胶甲基半乳糖醛酸酶（PMG）、多聚半乳糖醛酸反式消除酶（PGTE）、果胶甲基反式消除酶（PMTE）和纤维素酶（Cx）5 种细胞壁降解酶的活性，发现‘粉蕉’和‘巴西蕉’的酶活性从高到低依次为 PG、PMG、PGTE、PMTE 和 Cx；4 号生理小种在寄主体内比 1 号生理小种多分泌一种 PMG，却少分泌一种 PGTE，2 个生理小种在寄主体内的 PMTE 则没有差异。李梅婷和张绍升（2010）研究发现，分别以麸皮和柑橘果胶为碳源可使香蕉枯萎病菌 4 号生理小种产生纤维素酶和多聚半乳糖醛酸酶，2 种酶对香蕉抗感品种假茎组织都有降解破坏作用，且降解能力与香蕉对枯萎病的抗性有关。另外，多聚半乳糖醛酸酶降解香蕉假茎组织能力较强，还原糖的释放量较高，说明多聚半乳糖醛酸酶与香蕉枯萎病的致病性和毒性相关，是香蕉枯萎病菌的致病物质之一。贾慧升等（2012）利用生物信息学和比较基因组学方法对香蕉枯萎病菌植物细胞壁降解酶基因进行了系统分析，结果表明，4 号生理小种基因组中存在编码各种植物细胞壁降解酶的基因，56%的预测基因可以分泌到胞外而发挥作用。施金秀等（2013）研究发现，与香蕉枯萎病菌 4 号生理小种野生型菌株相比，致病力下降的突变体 L248 的多聚半乳糖醛酸酶（PG）及纤维素酶（Cx）也显著下降，验证了该类细胞壁降解酶酶活性降低与病原菌致病力下降之间的正相关关系。李燕丹（2010）克隆了 Foc-3076 的葡萄糖苷酶基因，葡萄糖苷酶是纤维素酶的一种，降解植物寄主细胞壁中的纤维素，引起细胞壁结构的破坏。Li 等（2014）通过构建突变体和互补实验，发现 *FoOCH*1 基因不仅在保持细胞壁完整性中发挥着重要作用，而且影响着枯萎病菌对香蕉的毒性。

（二）病原菌定殖相关基因

在植物体内定殖是病原菌成功侵染的关键，在此过程中，一些基因起了重要作用。*FOW*1 和 *FOW*2 是尖孢镰刀菌甜瓜专化型和番茄专化型在维管束定殖时的必需基因（Inoue *et al*，2002）。如 *FOW*1 和 *FOW*2 基因。*FOW*1 基因编码蛋白与酵母线粒体载体蛋白相似，*FOW*2 基因编码一种属于 Zn（Ⅱ）2-Cys6 家族的转录调节因子，调控病原菌入侵寄主，该基因的突变体丧失了入侵植物与定殖根的能力，使致病力完全丧失（Imazaki *et al*，2007）。杜和禾和黄俊生（2013）克隆了香蕉枯萎病菌 1 号和 4 号生理小种的 *FOW*2 基因，香蕉枯萎病菌的 *FOW*1 和 *FOW*2 基因与甜瓜专化型 *FOW*1 和 *FOW*2 基因的差异小，推测功能差异可能也较小。

（三）毒　素

对致病机理的探讨最早是有关毒素的研究，且大多主要集中在毒素降低寄主抵抗力机制和低量毒素能诱导植物合成植保素等方面，但毒素的合成是一个复杂的过程，难以从蛋白水平进行研究，且以往对于毒素的研究仅关注镰刀菌酸，忽视了其他毒素的作用，迄今只见到香蕉枯萎病菌镰刀菌素、白僵菌素及恩镰胞菌素生物合成相关基因克隆的报道（石佳佳，2014）。陈石等（2013）克隆了香蕉枯萎病菌 4 号生理小种的恩镰胞菌素合成酶 *esyn*1 基因，认为 *esyn*1 基因是生物合成恩镰孢菌素和白僵菌素的重要基因。白僵菌素是香蕉枯萎病菌 TR4 的一种重要毒性因子（杨静，2016），该毒素能抵制寄主 DNA 复制，导致假茎腐烂、细胞死亡、香蕉幼苗腐烂和死亡。与野生型菌相比，白僵菌素生物合成基因敲除突变体的生物合成量显著降低，致病力完全丧失，而其回补菌是能恢复生物合成和致病力，由此可说明白僵菌素生物合成基因 Bbeas 基因是病原菌不可或缺的因素（杨静，2016）。石佳佳（2014）依据镰刀菌酸合成相关基因（HF679031.1）、白僵菌素合成酶功能域及相关生物合成基因（*LF*061）（JF826561.1）及恩镰孢菌素合成酶（*esynl*）基因（Z18755.3）设计引物成功获得 24 个 VCGs 毒素合成相关基因序列，序列分析表明，不同小种分别聚成一类，同一 VCG 的序列相似性达 99%以上。李敏慧等（2006）分离了香蕉枯萎病菌 4 号生理小种的致病突变体 B1233 中被突变的 *foABC*1 基因，该基因与稻瘟病的 ABC 转运蛋白有 48%的同源性，因此可推测 *foABC*1 编码的是一类 ABC 转运蛋白，在致病过程中负责毒素的泵出，且能忍耐植物防卫反应所释放的植保素或抗毒素类物质。漆艳香等（2014）克隆了香蕉枯萎病菌 1 号和 4 号生理小种的全局性调控因子 *veA* 基因序列，推测该基因可能参与调控香蕉枯萎病菌的生长、毒素合成及致病性等。

（四）信号传导系统

植物病原真菌在侵染植物时，需要根据植物的特点来调整自身代谢、蛋白分泌等，从而达到最适合入侵的目的，而这些调整都是在信号传导系统的指令下完成的。研究较多的尖孢镰刀菌信号传导系统是：促分裂素原活化蛋白激酶（MAPK）信号途径和环腺苷酸单磷酸—蛋白激酶 A（cAMP-PKA）信号途径。其中，MAPK 途径主要控制细胞延伸，cAMP-PKA 途径主要控制孢子的形成，二者均参与病原菌的侵染过程。目前，针对促分裂素原活化蛋白激酶（MAPK）信号途径的研究，主要集中在 *FMK*1 、G-蛋白亚基 α（*FGA*1, *FGA*2）和 β（*FGB*1）上。

将 MAPK 基因簇如 *FMK*1 基因，G-蛋白亚基 α 和 β 失活后，突变株致病力大大降低（Pietro *et al*, 2003），进一步研究发现 *FMK*1 基因的致病作用受最适氮源代谢抑制，其中氮代谢途径中的 TOR 和 MeaB 起主要作用。刘一贤（2013）对香蕉枯萎病菌 *Fofmk*1 基因的功能进行初步探索，发现该基因敲除突变体菌落形态改变及菌丝生长速率减慢，果胶酶活性比野生型下降了 44%，对根部的附着能力明显减弱，不能穿透玻璃纸，致病力完全丧失。*Msb*2 基因编码一个跨膜蛋白，参与外源信号分子的接收和传递过程，调控下游基因 *FoFmk*1 的活性。另外，*Hog*1 基因在酿酒酵母中信号通路的主要功能是参与渗透压调节作用，而某些病原菌中，它还参与调控了致病力的强弱和对外界压力的抵抗作用。毛超（2014）采用同源克隆法获得香蕉枯萎病菌的 *FoMsb*2 和 *FoHog*1 基因，其敲除突变体菌丝生长速率减缓，产孢量只有野生型的 1/4，高渗透压下不能生长，无法穿透玻璃纸，致病力明显减弱。*Mps*1 是一个编码丝裂原活化蛋白激酶（MAPK）的基因，MAPK 途径在病原菌致病性和侵染中具有重要作用。戴青冬（2014）采用反向遗传学方法初步研究了香蕉枯萎病菌 *Fomps*1 基因的功能，发现 *Fomps*1 基因缺失突变体菌落形态不规则，菌丝生长缓慢，产孢率降低，不能穿透玻璃纸，致病力降低。而 *Fomps*1 基因缺失突变体互补之后的转化子其表型和致病力均可恢复至野生型。此外，毛超等（2013）发现香蕉枯萎病菌 4 号生理小种的 *Fsr*1 基因可能在细胞周期及细胞凋亡过程中起信号转导与转录调控的作用，从而对病原菌的致病力产生影响。

郭立佳等（2014）报道，香蕉枯萎病菌4号生理小种的G蛋白β亚基编码基因*fgb*1基因敲除突变体在PDA培养基上生长缓慢，产孢量和菌丝分枝减少，突变体虽可在根系维管束中定殖，但对‘巴西蕉’的致病性减弱，由此推断G蛋白信号传导途径在尖孢镰刀菌古巴专化型致病过程中扮演着重要角色。随后，Guo等（2016）发现，G蛋白α和β亚基基因*fga*2可能调控真菌毒性，而*fgb*1可能通过cAMP依赖性蛋白激酶A途径调控病情发展和毒性。

*Slt*2、*Mkk*2及*Bck*1分别是MAPK级联途径MAPK、MAPKK和MAPKKK的重要因子，这些基因突变后，影响正常菌丝的形成，使病原菌丧失致病能力。Ding等（2015）构建并鉴定了香蕉枯萎病菌4号生理小种的MAPK类*FoSlt*2、*FoMkk*2和*FoBck*1基因的功能，转录分析发现该类基因在几丁质、过氧化物酶、白僵菌素和镰刀菌酸的生物合成中起重要作用；*FoSlt*2、*FoMkk*2和*FoBck*1缺失突变体表现异常菌丝，对刚果红、植物细胞壁钙荧光白及H_2O_2敏感，致病力基本丧失。

转录因子*Foste*12是MAPK级联途径的重要组分。Qi等（2013）研究发现枯萎病菌*Foatfi*转录因子敲除突变体转录水平下降，对‘巴西蕉’的致病力减弱，推测该转录因子可能通过调控氧化氢酶水平进而清除宿主防御时产生的活性氧有利于其侵染。调控因子*Ste*12是MAPK途径下游的一个关键因子，番茄枯萎病菌*Ste*12基因敲除突变体侵染能力及根穿透均丢失，致病力下降（Rispail *et al*，2009）。周端咏等（2011）研究发现，香蕉枯萎病菌1号和4号生理小种的*Ste*12基因存在7个碱基的差异，但只有1个氨基酸的差异，序列相似性达99.7%，推测2个生理小种的*Ste*12基因功能无差异。漆艳香等（2014）克隆了香蕉枯萎病菌1号和4号生理小种的GATA转录因子基因（*Fnr*1）序列，推测该基因可能参与调控香蕉枯萎病菌氮调控相关基因的表达及致病性等。

*Swi*6是MAPK信号通路下游重要转录因子。丁兆建等（2018）利用同源重组的方法获得了香蕉枯萎病菌4号生理小种转录因子*FoSwi*6的敲除突变体，与野生种菌株相比，敲除突变体Δ*FoSwi*6表现为生长缓慢、气生菌丝显著减少且部分菌丝膨大畸形、产孢量降低、对H_2O_2过敏感、镰刀菌酸合成相关基因*FoFUB*4的表达量下调及致病性减弱。

研究发现，MAPK基因簇的G-蛋白亚基α（*FGA*1）在被外源片段插入破坏后，不能识别植物根部，丧失了对番茄的侵染力，即使将其注射接种成熟的番茄果实，也不发病（DI Pietro & Roncero，2003）。香蕉枯萎病菌的*FGA*1、

*FGA*2 、*FGA*3 和 *FGAB*1 相继被克隆和敲除，其中 *FGA*1 参与菌丝生长、附着胞形成及其在香蕉维管束中的繁殖等过程，控制着病原菌的致病性影响，*FGA*2 调节致病力，而 *FGAB*2 则可能通过 cAMP 依赖的蛋白激酶途径调节发育和致病力（羊玉花等，2009；Guo *et al*，2016）。李春雨等（2011）比较研究不同地理来源的香蕉枯萎病菌 1 号和 4 号生理小种的 *FGA*1 基因 gDNA 和 cDNA 序列差异，发现 1 号生理小种的 *FGA*1 基因较保守，而 4 号生理小种的 *FGA*1 基因则存在可变性剪切，这有可能是 4 号生理小种致病力强的原因之一。魏巍等（2012）克隆了香蕉枯萎病菌 1 号和 4 号生理小种的 *FGB*2 基因，二者序列相似性 96.33%，推测两个生理小种的致病力差异与 *FGB*2 基因并无明显相关性。羊玉花（2011）对可能与信号转导相关的基因 *Foc*4*B*1（推测为香蕉枯萎病菌的 G 蛋白 α 亚基）、*Foc*4*B*3（与异核体不亲和相关）进行研究，发现 *Foc*4*B*1 敲除突变体的致病力没有变化，*Foc*4*B*3 敲除突变体致病力下降。

（五）氧化胁迫调节相关基因

在丝状真菌中，过氧化物酶是参与 β-脂肪酸氧化、过氧化解毒以及间隔阻塞毛孔。真菌中已经确认的过氧化物有 20 多种，过氧化物酶基因缺失可导致真菌中过氧化物酶活性降低，从而相应的脂肪酸代谢也会受到影响。De Ascensao 等（2000）用香蕉枯萎病菌效应子侵染香蕉根系诱导防卫反应，对木质素、酚类化合物、过氧化物酶和多酚氧化酶等的变化进行了测定，结果表明木质素沉积引起细胞壁加厚是 4 号生理小种进行防卫作用的重要途径。

齐兴柱等（2012）克隆了香蕉枯萎病菌 4 号生理小种的 *CatalaseA* 和 *CatalaseC* 基因，并进行了在外源 H_2O_2 和普通‘巴西蕉’苗诱导下的不同阶段表达模式分析。结果表明，4 号生理小种的侵染能引起香蕉苗根部 H_2O_2 及超氧阴离子含量增加，香蕉苗根部存在 ROS；在香蕉及外源 H_2O_2 诱导下，2 个酶表达均上调。其中 4 号生理小种的 *CatalaseA* 可能在消除氧化胁迫中起主要作用。王小琳等（2017）利用同源重组方法敲除香蕉枯萎病菌 4 号生理小种的过氧化氢酶 1（*cat*1）基因，并对获得的敲除突变体开展表型分析和致病性测定，发现 *cat*1 基因缺失能引起菌株抵抗外源氧胁迫、细胞壁穿透能力、纤维素利用能力减弱和对‘巴西蕉’的致病性减弱。

在裂殖酵母和稻瘟病菌中，转录因子 API 参与调节氧化胁迫的响应，稻瘟病菌 *MoAPI* 敲除突变体对水稻的致病力减弱。齐兴柱等（2013）克隆了香蕉枯萎病菌 4 号生理小种的 API 转录因子，发现 *FoAPI* 转录因子是一个典型的 bZIP 型转录因子，其敲除突变体的气生菌丝大量减少，生长速率受到限制，对外源氧化胁迫不敏感，致病力减弱。

（六）其 他

微管在菌丝极性生长中起重要作用，是菌丝快速生长所必需的。甜瓜枯萎病菌的微管相关蛋白 FEMI 可能与菌丝的扩散有关。该基因定点突变子菌丝生长较慢，菌丝发育不良，呈扭曲状（杨歆璇，2011）。刘远征等（2018）应用 Split-marker 同源重组技术获得了香蕉枯萎病菌 4 号生理小种的 β1 和 β2 微管蛋白（*β*1-*tub* 和 *β*2-*tub*）基因敲除突变体，并对其突变体进行了生物学表型、致病力及其对多菌灵的敏感性进行测定，结果表明，与野生型菌株相比，*β*1-*tub* 敲除突变体生长缓慢、菌丝畸形及产孢量增加，对'巴西蕉'苗的致病力明显减弱，但对多菌灵的抗性水平无明显变化；而 *β*2-*tub* 基因敲除突变体对细胞壁选择性压力、氧化压力和渗透压力均没有影响，但致病力下降，同时 *β*2-*tub* 基因的变化会引起 4 号生理小种对多菌灵抗性的改变（刘远征等，2018a，2018b）。

尖孢镰刀菌番茄专化型（*Fusarium oxysporum* f. sp. *lycopersici*）的 *pacC* 基因作为 pH 信号转录因子在侵染植物过程中是毒性的负调控因子（Caracuel *et al*，2003）。香蕉枯萎病菌 1 号和 4 号生理小种的 *pacC* 基因序列和氨基酸序列差异明显，与其他病原菌的 *pacC* 基因也有明显差异。因 *pacC* 基因保守性低，该基因在香蕉枯萎病菌中的功能还有待进一步研究（李松伟等，2010）。

尖孢镰刀菌在侵染过程中会分泌一些蛋白到寄主木质部汁液中，这些蛋白被称为 Six（secreted in xylem）蛋白（Rep *et al*，2004）。在尖孢镰刀菌番茄专化型中已鉴定的 Six 蛋白有 Six1-Six10，Six1-Six4 的功能已被阐述，其中 Six1、Six3 和 Six4 既是可触发番茄抗病性的无毒蛋白，又是致病因子；而 Six5-Six10 的功能尚不清楚（Meldrum *et al*，2012）。在尖孢镰刀菌大豆专化型（*Fusarium oxysporum* f. sp. *tracheipohilum*）中，Six6 是致病因子（Alessandra *et al*，2016），其他 Six 蛋白功能未知（Lievens *et al*，2009）。香蕉枯萎病菌中也存在 Six 基因，Meldrum 等（2012）从澳大利亚香蕉枯萎病菌菌株中鉴定了 *Six*1 、*Six*7 和 *Six*8 同源基因；郭立佳等（2013）从海南香蕉枯萎病菌菌株 N2 基因组中鉴定了 *Six*1 和 *Six*6 的同源基因，从香蕉枯萎病菌 4 号生理小种菌株 B2 基因组中鉴定了 *Six*1 、*Six*2 、*Six*6 和 *Six*8 的同源基因，从香蕉枯萎病菌 STR4 菌株基因组中扩增到 *Six*7 的同源基因，同时从其他一些香蕉枯萎病菌 1

号和 4 号生理小种菌株基因组也扩增到 *Six*2 和 *Six*8 的同源基因，为下一步研究香蕉枯萎病菌 *Six* 基因的功能奠定基础。陈平亚（2015）对香蕉枯萎病菌 4 号生理小种的 *Six*1 和 *Six*6 缺失突变体的生物学特性及致病力进行了初步研究，发现 *Six*1 和 *Six*6 基因缺失突变体菌落形态呈现不规则状，菌丝稀疏，生长速率减慢，产孢率降低，菌丝异核率增加。*Six*1 和 *Six*6 基因缺失突变体都能穿透玻璃纸生长，但在侵染性试验中发现和突变体的孢子在香蕉苗的幼嫩根部附着量减少，孢子入侵数目降低，对香蕉苗的致病力也降低。通过质粒将敲除基因进行回复突变得到回复突变体，而回复突变体表型和致病力均可恢复至野生型。郭立佳等（2016）发现一个新型分泌蛋白 SP10 参与调控香蕉枯萎病菌对香蕉的致病性，基因敲除菌株在菌落形态、菌丝生长和产孢等方面无明显变化，敲除菌株可在根系维管束中定殖，但对‘巴西蕉’的致病性减弱。聂燕芳等（2017）对香蕉枯萎病菌 TR4 全基因组 22 487 条蛋白质氨基酸序列进了了分泌蛋白预测分析，结果发现 TR4 全基因组编码蛋白有 1 054 个经典分泌蛋白，信号肽长度集中在 17~22 个氨基酸，信号切割位点以 SPase Ⅰ 型为主。

基于 Label-free 蛋白质定量技术，李云峰等（2018）开展了香蕉组织提取物诱导条件下的香蕉枯萎病菌 4 号生理小种分生孢子萌发早期（7 h 和 10 h）分泌蛋白质组进行研究，结果表明，诱导条件下有 743 个分泌蛋白差异表达，其中 167 个经典分泌蛋白（22.5%）、254 个为非经典分泌蛋白（34.2%）、322 个为未知分泌途径的分泌蛋白（43.3%），GO 富集分析显示这些分泌蛋白参与脂类代谢、DNA 代谢、酶活性调控、细胞器定位、细胞脂类代谢等生物过程；结构域分析显示有 33 个分泌蛋白壁降解酶类。

此外，唐改娟等（2012）通过对香蕉枯萎病菌敲除突变体△*Focr*1-328 与野生型菌株 Focr1-N2 的生物学特性对比发现，突变体菌落生长速率缓慢，产孢量变小，表明了该基因与香蕉枯萎病菌 1 号生理小种的碳源利用、产酸调控及菌丝穿透能力有关。吴飞宏（2012）利用突变体库筛选到香蕉枯萎病菌 4 号生理小种的 *mpfo*1 基因，该基因编码网状内皮素蛋白，控制细胞的极性生长；突变体 *Foc*1-*N*2-328 的插入失活基因与菌株的碳源利用、产酸调控及菌丝穿透能力有关（唐改娟等，2012）；突变体 *Foc*4-1701 的插入失活基因为解螺旋酶基因，与菌丝的穿透能力、毒素产生和麦芽糖的利用能力相关，且在棉花枯萎病菌和西瓜枯萎病菌中存在同源基因。袁贵祥（2014）采用活体叶片接菌、玻璃纸穿透和根部伤根接菌等致病性测定实验筛选出致病力严重减弱的突变菌株 *Focr*4-1453，并获得了突变基因 cDNA 全长及敲除子 *ΔFocr*4-1453 和互补子 *ΔFocr*4-1453-*cp*-1；突变体、敲除子和互补子较野生型菌株致病力明显减弱，菌落颜色变淡且边缘更为整齐，生长速度明显减慢，产孢率和孢子萌发率降低，对碳源的利用率下降。肖义炜等（2015）从香蕉枯萎病菌 1 号和 4 号生理小种的比较蛋白质组中选取了 9 个蛋白，利用荧光定量 PCR 进行分析发现，酰胺转移酶、过氧化物酶、几丁质酶表达量显著上调，推测可能是 4 号生理小种的致病因子。研究发现 *foOCH*1 在香蕉枯萎病菌中与致病相关，其作用机制是通过调节细胞壁的完整性最终影响病原菌的致病性；还克隆了蔗糖转运子（*fo-sp*）基因，其敲除突变体致病力明显减弱，而过表达转化子抑菌能力、纤维素酶活和致病力则均比野生型增强（谢小玲等，2012）。王飞燕（2015）敲除香蕉枯萎病菌 TR4 的 *fpd*1 基因后，发现其生长减慢，产孢量显著降低，对‘巴西蕉’的致病性明显减弱。Deng 等（2015）利用以 iTRAQ 为基础的比较蛋白质组学方法研究了香蕉枯萎病菌 TR4 早期发育过程蛋白质表达谱的变化规律。发现参与麦角甾醇合成代谢的所有差异表达蛋白均表达上调，表明在 TR4 早期发育过程中有作用。农海静（2016）从香蕉枯萎病菌 4 号生理小种的 T-DNA 插入突变体库中筛选到一株致病力显著下降突变体（*ΔFoHFI*1），表型分析和致病力试验发现 *FoHFI*1 与香蕉枯萎病菌生理学和致病性密切相关：*FoHFI*1 缺失突变体糖苷水解酶基因、内切葡聚糖酶基因、外切葡聚糖酶 1 抑制子基因、琥珀酸半醛脱氢酶基因与木聚糖酶基因等多个与产孢和菌丝生长相关基因表达下调，无法侵入香蕉根组织，进而降低了对香蕉苗的致病力。

有研究表明，*smy*1 突变体致病力下降是因为镰刀菌中 *smy*1 基因对毒素合成表现为正调控，毒素下降是突变体致病力下降的主要原因。何壮等（2019）研究发现，与尖孢镰刀菌野生型菌株相比，香蕉枯萎病菌 *smy*1 突变体菌丝生长缓慢，产孢增加，菌丝畸形，且致病力减弱，推测 *smy*1 基因在香蕉枯萎病菌的生长发育及致病力等方面发挥着重要功能。

milRNAs（microRNA-like RNAs）是真菌中产生的一类小 RNA，在病原真菌与植物互作过程中发挥重要的调控作用。Argonaute（AGO）蛋白是真菌 milRNA 生物合成中的重要蛋白。林漪莲等（2018）采用基因敲除与互补技术在香蕉枯萎病菌中获得了编码 AGO 蛋白的 *QDE*2 基因敲除突变体及其互补转化子，与野生型菌株相比，*QDE*2 基因敲除突变体的气生菌丝、产孢量及致病力均明显减弱，互补转化子则有所恢复；*QDE*2 基因敲除突变体中目标 milRNA 表达量明显下降，而互补转化子则能恢复到野生型水平。这一研究发现这为深入研究 AGO 蛋白的功能奠定基础的同时也为香蕉枯萎病菌的致病机理研究提供新的解析。

第四章

香蕉抗枯萎病机制

抗病性是植物与病原物在长期进化和相互作用的过程中，逐渐形成的抵御有害病原物的特征和能力。病原物发展出不同类别、不同程度的寄生性和致病性，植物也相应地形成了不同类型、不同程度的抗病性。植物抗病机制包括形态结构、生理生化及与生态等方面抗性。形态结构抗性是以物理屏障阻止病原菌的入侵和在植物体内的扩展。生理生化抗性是以植物体内所固有的或受到病原菌侵染后新合成的化学物质对病原菌的抑制作用。生态抗性是指香蕉植株根系所在土壤环境中微生物和香蕉根系分泌物对枯萎病菌侵染的影响。这三种类型的抗性综合起来就决定了香蕉植株是抗病、耐病或是感病。

一、香蕉形态结构抗性

植株的根系结构、体内导管分布、中央导管数、木质部结构及细胞壁的厚度和细胞壁中木质素含量等不同造成了植株抗病性的差异。研究发现，香蕉品种的抗病性与维管束形态结构有直接关系。Beckman（1961）研究枯萎病菌入侵香蕉根部过程发现，香蕉根导管纵向相连的地方不是畅通的，而是存在有穿孔板，该穿孔板将纵向连接的部分隔开，阻止分生孢子随液流在导管中向上扩展，使孢子被阻截在这里形成堆积现象，这些截留的分生孢子需要再萌发长出菌丝，穿过穿孔板后再形成分生孢子继续向上扩展，这就形成跳跃式的上升模式，且每一级需要2～3 d时间，从而使病原菌的侵染出现延迟，为抗病反应留出时间。赵振有（2004）横切香蕉根系发现，高抗品种‘1282’和中抗品种（‘1442’和‘1443’）根部中柱内导管数目较感病品种‘威廉斯’稍少，且导管腔口径也较感病品种小很多；纵切香蕉根系发现，高抗、中抗品种的导管穿孔板间的距离较感病品种短。高抗品种导管的穿孔板间距较短，在相同距离内就会有更多的穿孔板，这样对病原菌分生孢子在寄主体内的扩展会造成较大阻力，使病原菌在高抗品种体内不易扩展；高抗、中抗品种导管腔口径较感病品种小，可导致病原菌分生孢子在导管腔内的运输不畅，在一定程度上阻止了孢子随液流上升，降低了病原菌的侵染速度，而感病品种则反之。胡玉林等（2008）比较发现‘威廉斯8818’及其抗枯萎病突变体‘8818-1’在细胞学和组织解剖学上存在的差异，并对这2种香蕉的体细胞染色体数目、气孔保卫细胞的形态特征和根系细胞结构等进行了相关研究。结果表明，‘8818-1’的根系中导管直径和两穿空板间的距离均显著比‘8818’小，而单位面积上的导管数和薄壁细胞数目比‘8818’多，初步认为根系导管直径及穿孔板间距显著变小等根系维管束结构的变化可能与‘威廉斯 8818’及其抗枯萎病突变体‘8818-1’抗病性存在差异具有直接相关性。

谢江辉（2008）通过组织观察发现，在根部组织中柱内，‘威廉斯 8818-1’比‘威廉斯 8818’导管数和单位面积薄壁细胞数显著偏多、导管管腔直径和导管的穿孔板间距明显较短，导管被侵染率明显减少。香蕉枯萎病菌在香蕉根系以菌丝体的状态存在，在菌丝体生长处，薄壁组织多坏死，菌丝穿过薄壁组织进入维管组织，木质部导管中相继出现褐色物质、胶状物以及侵填体并发生管壁加厚现象。进一步的电子透射显微镜观察发现，病原菌侵染后‘威廉斯 8818-1’细胞的解体、死亡比‘威廉斯 8818’快。在入侵细胞内，‘威廉斯 8818-1’细胞能迅速形成电子致密物质对病原物其包裹，阻止病菌扩展；在尚未受侵染、毗邻侵染细胞的细胞，细胞壁快速折叠、加厚，这些结构特点均有利于抗病性。苏钻贤（2012）观察了香蕉根系横切面，发现抗病品种‘1282’中柱内导管腔小，且导管腔较为分散，中柱其他部分充满小而密的薄壁细胞；而感病品种‘威廉斯’和‘巴西蕉’中柱内导管口径大且集中，几乎充满整个导管。在供试材料纵切面中也发现，所有供试品种的导管间并非直接畅通的，而是存在一个穿孔板，且抗病品种‘1282’穿孔板间距较小，而感病品种‘威廉斯’和‘巴西蕉’两穿孔板间距均较大（图 4-1）。以上研究结果与 Beckman 报道的一致。

Aguilar 等（2000）研究发现高抗与易感香蕉枯萎病品种根部通气组织大小不同，高抗品种‘金手指’（AAAB）老的根系中通气组织占总体积的 5%，远小于感病品种‘香牙蕉’（AAA）的 10%。较多的通气组织不但为病原菌纵向侵入根部中柱鞘提供了更多的渠道，而且能提供更多的氧气利于病原菌的生存。由此感病品种组织缺氧条件下，病原菌仍能继续向上扩展，最终导致全株系统感染。抗病品种却能通过其自身的物理阻碍机制有效抑制病原菌在根系维管束中的移动，从而表现抗病。

植物受到病原菌侵染后可能被诱导发生组织结构上的变化，如细胞壁加厚、覆盖物、侵填体、褐色物质、皮层薄壁细胞木栓化和胼胝体等以遏制病原物的接触、侵入或抑制病原物的繁殖和输导，使植物表现出一定的抗病性（刁毅，2006）。研究发现，在寄主被病原菌感染的早期，寄主维管束能产生凝胶和侵填体堵塞导管，阻止病原菌在维管束导管中的前进；同时会伴随寄主细胞壁木质化加快，从而阻止病原菌的进一步扩展。这些反映在感病品种和抗病品种中出现的种类及速度不同。用香蕉枯萎病菌细胞壁的激发子处理香蕉根系会诱发根系细胞壁木质化，发现耐病品种中这些酶活均高于感病品种

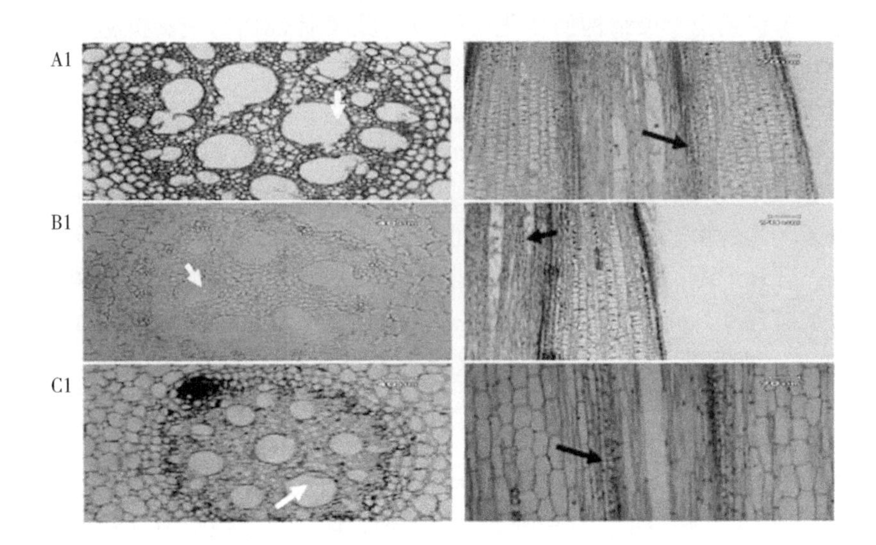

图 4-1　处理后 42 d 香蕉苗根系横切面和纵切面（苏钻贤和陈厚彬，2012）

注：A1.‘威廉斯’根横切；A2.‘威廉斯’根纵切；B1.‘1282’根横切；B2.‘1282’根纵切；C1.‘巴西蕉’根横切；C2.‘巴西蕉’根纵切；白色箭头所指为导管，黑色箭头所指为穿孔板。

(cv. Williams)，表明木质素引起细胞壁加厚是防卫香蕉枯萎病菌 4 号生理小种的重要途径。香蕉枯萎病菌孢子在香蕉抗、感品种间移动的速度也是不一样的，当病原菌侵入寄主维管束后，分生孢子会随液流在导管内移动。研究发现，相同时间内孢子移动距离在幼根中比老根中的短，在老根中，抗病品种中孢子移动距离也明显小于感病品种。植物病原菌的侵染能够诱导植物在侵染部位快速的木质化，增强了细胞抗病原菌入侵的能力；同时木质素作为一种机械屏障，使病原菌释放出来的降解的酶类不容易穿过细胞壁，抑制病原菌的扩展。杨秀娟等（2006）用组织切片法观察发现枯萎病菌能使香蕉苗球茎组织产生褐变，引起细胞壁木质素增加及淀粉颗粒减少。邝瑞彬（2013）等报道，不同香蕉品种根系接种香蕉枯萎病菌 TR4 后，抗病香蕉品种维管细胞壁加厚，皮层出现如乳突、木质化、产生侵填体等结构抗性，这些结构变化可能阻碍了病原菌的进一步入侵及输导。

二、香蕉生理生化抗性

植物本身存在许多与抗病性有关的物质，在受到病原菌刺激时，相应的防御性酶活性发生变化，促使植物快速产生如多酚类物质、饱和内脂、木质素等抗菌物质，抵抗病原菌的侵入。而且植物体各组织中一些固有的生化物质种类及含量的不同，同样也能造成植株对病原菌的抗性差异。香蕉生化抗性研究主要集中在病原菌入侵引起的寄主体内防御系统的变化。

（一）酶　类

多酚氧化酶（PPO）、过氧化物酶（POD）、苯丙氨酸解氨酶（PAL）、超氧化物歧化酶（SOD）和过氧化氢酶（CAT）是植物体内重要的防御酶，几丁质酶、β-1, 3 葡聚糖酶等酶活性也与植物的抗性有一定的相关性。

PPO 具有保护寄主，使寄主免于病原菌为害的功能，与植物抗病性的关系主要体现在以下几点：①PPO 活性在不相容反应中增加；PPO 诱导抗营养防御反应。②PPO 氧化可产生能杀死病原菌的醌类（咖啡酸、绿原酸等），或是形成木质素合成前体-预苯酸，修复伤口、抑制病原菌繁殖。POD 是重要的内源活性清除剂，在木质素生物合成过程中需要 POD 的催化，提高 POD 活性就能引发植物受侵组织的木质化。③POD 还与植保素的合成及酚类物质的氧化有关。PAL 是莽草酸途径的关键酶和限速酶，植物抗性品种受病原菌侵染时，莽草酸途径或乙酸途径合成的酚类物质会大量积累，因些 PAL 是酚代谢的主要酶之一。此外，PAL 还参与了木质素的合成与积累。SOD 的主要功能是将 O^{2-} 歧化为 H_2O_2。在植物-病原互作中，SOD 活性随不同互作类型和不同病害系统而发生变化。SOD 活性变化主要有以下 2 种类型：①亲和互作中活性升高；②非亲和互作中活性升高或无明显变化，甚至下降。CAT 是过氧化物酶体的标志酶，约占过氧化物酶体酶总量的 40%，是一种酶类清除剂，又称为触酶，是正常细胞内消除氧自由基和生物防御系统的关键酶之一，其生物学功能是促使 H_2O_2 分解为分子氧和水，清除体内的过氧化氢，从而使细胞免于遭受 H_2O_2 的毒害，是生物防御体系的关键酶之一。研究发现，几丁质酶和 β-1, 3 葡聚糖酶活性与植物抗真菌病害呈正相关性。几丁质酶的作用底物是几丁质，几丁质是大多数真菌细胞的主要组分，而植物组织细胞却没有。由此几丁质酶对防御病原真菌侵害有重要作用：①催化真菌菌丝生长点细胞壁中的几丁质水解，破坏细胞新物质积累，致使真菌死亡；②产生的真菌细胞壁碎片具有诱导作用，刺激寄主植物的抗病反应。β-1, 3 葡聚糖酶是一种可将 β-1, 3 葡聚糖催化成葡萄糖等小分子化合物的水解酶，参与植物的多种生长发育过程，在植物抗病过程中扮演重要角色。受病原物侵染时，植物组织细胞

中的 β-1,3 葡聚糖酶会发生快速累积，直接攻击真菌真丝上的葡聚糖，抑制真菌生长，是植物抵抗病原真菌侵染的主要防卫反应之一。

Ascensao（2000）等用病原菌细胞壁激发子处理香蕉根系，发现植株体内 POD、PPO、PAL 等相关酶系异常增加，同时细胞壁木质化，认为这些酶系参与了寄主细胞壁的木质化过程。Thangavelu 等（2003）用枯萎病菌和假单胞菌 fluorescens（pf10 株系）侵染‘香牙蕉’，发现一些与植物抗病相关的酶类活性也出现了明显的变化，PAL、几丁质酶、β-1,3 葡聚糖酶的活性在第 6 d 后达到高峰，而 POD 活性在则在接菌 6 d 后才发生显著地增加。曾蕊（2014）等研究了香蕉苗与枯萎病菌互作，认为 PAL、POD、PPO、SOD 积极参与了香蕉苗体内的抗病反应。吴超等（2015）研究了香蕉防御酶与抗枯萎病之间的关系，结果表明 CAT、POD 和 PPO 在内的防御酶系活性的高低可以作为判断香蕉品种对枯萎病菌抗性的一个重要生理指标。

不同抗感香蕉品种在接种香蕉枯萎病菌前后相关酶类活性变化不一样。胡莉莉（2006）研究了接枯萎病菌前后不同抗感香蕉品种（系）假茎部位生理生化变化，接菌后，抗病品种（系）中抗性相关的防御酶类如 PPO、PAL、POD 及 β-1,3 葡聚糖酶等酶活性上升，且与香蕉品种（系）对枯萎病的抗性呈极显著正相关。谢江辉（2008）报道，受枯萎病菌侵染后，抗病品种‘威廉斯 8818-1’的 SOD、POD、PAL、β-1,3-葡聚糖酶和几丁质酶活性显著高于耐病与易感基因型；‘威廉斯 8818-1’虽与‘威廉斯 8818’和耐病基因型‘GCTCV-119’的 CAT 活性相当，但其的增幅显著高于其他三个基因型；说明抗病性强的‘威廉斯 8818-1’具有强有力的抗氧化防御酶系统。这与‘威廉斯 8818-1’的 MDA 含量最低是相符。李赤等（2010）研究了不同香蕉品种在接种香蕉枯萎病菌后防御酶系的变化，结果表明，抗病品种的 PAL 酶、β-1,3 葡聚糖酶活性一直处于增长状态；抗病品种几丁质酶的活性明显高于感病品种，且几丁质酶活性的大小与香蕉品种的抗、感病之间呈正相关，PAL、几丁质酶、β-1,3 葡聚糖酶可以作为香蕉品种抗枯萎病一个重要的生物化学指标。王卓等（2013）发现，香蕉植株体内与活性氧清除相关的酶如 CAT、抗坏血酸过氧化物酶（APX）、SOD、POD、PAL，其酶活性或含量在接菌 2～4 d 天后形成明显的峰值，表明在接种后香蕉已经对病原菌的侵染做出的生理上反应。受枯萎病菌侵染后，抗病品种 PAL 活性升高的幅度大于感病品种。高抗和中抗品种 POD 活性均上升，高抗品种‘金手指’的酶活显著高于感病品种（韩树全，2014）。张曼（2016）、剧虹伶等（2017）报道，接菌后，抗病香蕉品种‘宝岛蕉’和‘南天黄’抗性与 POD、PPO、PAL 几丁质

酶和 β-1,3 葡聚糖酶的活性呈正相关，其中‘宝岛蕉’和‘南天黄’体内的PAL 活性与‘巴西蕉’有显著差异（表 4-1～表 4-5），说明香蕉对枯萎病的抗性与体内这些防御酶的活性密切相关。雷忠华（2018）报道，一些编码如病程相关蛋白（PRs）、几丁质酶、转录因子（TFs）等的基因在‘巴西蕉’染病后（B8/B0）显著上调，而在‘南天蕉’（N8/N0）中并无明显变化。抗病品种‘南天蕉’中编码 POD 的相关基因在染病后显著上调，该酶参与苯丙素生物合成促进木质素的生成，而木质素可以强化植物细胞壁阻止病原菌入侵。

李春强（2017）报道，受香蕉枯萎病菌侵染后，植物凝集素和一些与活性氧（ROS）产生有关的过氧化物酶类均上调；参与泛素途径的 PUB13 只在 1 号生理小种感染后上调。推测 PUB13 这些蛋白只在‘巴西蕉’抗香蕉枯萎病菌 1 号生理小种过程中起作用。

表 4-1 香蕉抗、感枯萎病品种接菌后 POD 活性比较

品种	0 d	3 d	6 d	9 d	12 d	15 d
巴西蕉（感病）	4. 34±0. 30 a	2. 79±0. 36 a	4. 15±0. 34 b	3. 98±0. 46 a	11. 74±0. 41 a	11. 79±0. 54 b
宝岛 218（抗病）	5. 20±1. 16 a	4. 37±0. 61 a	4. 48±0. 28 ba	5. 07±0. 39 a	12. 78±0. 15 a	13. 16±0. 58 ab
南天黄（抗病）	5. 46±1. 10 a	2. 78±0. 62 a	5. 63±0. 21 a	4. 60±0. 10 a	12. 64±0. 41 a	13. 45±0. 32 a

注：同列数据后不同小写字母表示差异达 5%显著水平。

表 4-2 香蕉抗、感枯萎病品种接菌后 PPO 活性比较

品种	0 d	3 d	6 d	9 d	12 d	15 d
巴西蕉（感病）	1. 50±0. 05 a	1. 39±0. 01 b	8. 64±0. 48 a	6. 6±0. 24 c	5. 06±0. 41 b	4. 66±0. 30 b
宝岛 218（抗病）	0. 7±0. 00 b	2. 08±0. 23 a	10. 42±0. 64 a	8. 19±0. 34 b	10. 95±0. 05 a	6. 16±0. 06 a
南天黄（抗病）	0. 3±0. 00 c	0. 6±0. 00 c	10. 3±0. 62 a	9. 54±0. 06 a	10. 37±0. 12 a	6. 85±0. 45 a

注：同列数据后不同小写字母表示差异达 5%显著水平。

表 4-3 香蕉抗、感枯萎病品种接菌后 PAL 活性比较

品种	0 d	3 d	6 d	9 d	12 d	15 d
巴西蕉（感病）	135. 4±2. 5 a	75. 8±2. 2 a	86. 2±3. 6 c	82. 2±4. 4 b	85. 0±4. 8 c	92. 2±1. 4 b
宝岛 218（抗病）	81. 8±5. 8 b	73. 6±2. 7 a	112. 6±2. 6 b	124. 4±1. 2 a	123. 2±2. 4 b	108. 6±3. 0 a
南天黄（抗病）	89. 0±2. 4 c	75. 8±1. 4 a	120. 2±3. 1 a	125. 6±0. 4 a	131. 8±1. 0 a	108. 8±3. 6 a

注：同列数据后不同小写字母表示差异达 5%显著水平。

表 4-4 香蕉抗、感枯萎病品种接菌后几丁质酶活性比较

品种	0 d	3 d	6 d	9 d	12 d	15 d
巴西蕉（感病）	14.86±0.01 ab	14.24±0.89 c	25.46±1.63 b	34.18±0.80 a	20.93±1.58 c	24.96±0.56 c
宝岛 218（抗病）	15.6±0.11 a	18.8±0.07 b	35.34±1.17 a	37.76±1.20 a	32.14±1.32 b	36.67±1.47 b
南天黄（抗病）	13.81±0.46 b	24.19±0.39 a	35.58±0.22 a	34.46±2.29 a	42.77±0.70 a	42.87±0.44 a

注：同列数据后不同小写字母表示差异达 5%显著水平。

表 4-5 香蕉抗、感枯萎病品种接菌后 β-1, 3 葡聚糖酶活性比较

品种	0 d	3 d	6 d	9 d	12 d	15 d
巴西蕉（感病）	35.44±0.00 b	33.53±6.92 b	56.52±6.72 b	60.36±5.38 b	63.04±6.07 b	62.28±3.83 b
宝岛 218（抗病）	56.52±1.92 a	52.69±2.65 a	108.28±3.83 a	138.94±3.83 a	165.78±0.00 a	158.11±7.67 a
南天黄（抗病）	54.61±3.83 a	46.94±3.38 a	104.44±0.00 a	146.61±3.69 a	167.69±7.91 a	167.69±8.13 a

注：同列数据后不同小写字母表示差异达 5%显著水平。

（二）酚与酚酸

酚是植物重要的次生代谢产物，参与氧化还原反应、木质化及对病原菌毒素的反应，受病原菌侵染后，植物体内可溶性酚类物质会大量积累，以延缓入侵病原物的生长而在植物抗病性中起作用。酚类化合物的作物主要有以下几点：①植物特别是抗病品种（系）在受到病原菌侵染时会积累大量酚类化合物，其中具有抗菌素性质的酚类既能杀死寄主细胞，引起过敏反应，也可直接杀死病原物；②酚类代谢物质被证实是潜在的抗病因子，酚能被氧化成对病原菌毒性很强的醌，而酚和醌是氧化磷酸化的强烈解偶联剂；③酚类物质能有效地抑制病原菌细胞降解酶的活性；④此外，酚类物质还是合成木质素、植保素等抗病物质的前体。

研究发现，高抗品种‘金手指’根部被香蕉枯萎病菌 4 号生理小种侵染后，酚类化合物的合成迅速增加，16 h 左右能达到最高峰值；同时木质素也加速聚合，并于 24 h 左右达峰值（Ascensao *et al*，2003）。接种枯萎病菌和假单胞菌 fluorescens（pf10 株系）后，‘香牙蕉’叶片中总酚类物质的含量在处理后的 3～6 d 增加了约 2 倍（Thangavelu *et al*，2003）。胡莉莉（2006）报道，接种枯萎病菌后，供试香蕉植株假茎内总酚的含量迅速增加，其中抗病品种

（系）总酚含量增加更快，且于第 12 d 达到峰值后仍保持一定的稳定性逐渐上升。感病品种（系）总酚含量增加较缓慢，且与抗病品种（系）总酚含量呈极显著差异（表 4-6）。

表 4-6　香蕉、抗感枯萎病品种（系）假茎总酚含量比较

品种	总酚（OD280）								显著性差异	
	0 d	1 d	2 d	4 d	6 d	8 d	12 d	24 d	0.05	0.01
金手指（抗病）	0.11	0.11	0.13	0.21	0.23	0.3	0.35	0.69	a	A
威廉斯芽变（抗病）	0.11	0.12	0.13	0.15	0.17	0.21	0.25	0.34	a	A
1282（抗病）	0.02	0.03	0.03	0.03	0.04	0.04	0.07	0.11	b	B
天宝（感病）	0.03	0.04	0.04	0.05	0.05	0.05	0.06	0.1	b	B
威廉斯（感病）	0.02	0.03	0.03	0.03	0.03	0.03	0.04	0.06	b	B

注：同列数据后不同小、大写字母分别表示差异达 5%和 1%显著水平。

谢江辉（2008）报道，受枯萎病菌侵染后，抗病品种‘威廉斯 8818-1’的总酚和水杨酸含量均显著高于其他耐病和易感基因型，增幅也大于其他三个基因型，且‘威廉斯 8818-1’比耐病和易感基因型上升的更早、更快；‘威廉斯 8818-1’绿原酸含量也显著高于‘威廉斯 8818’。二者的阿魏酸含量没有明显差异，但抗病突变体‘威廉斯 8818-1’阿魏酸含量上升的更快，第一天就达到了峰值，其第一天增幅是感病品种‘威廉斯 8818’的 5.8 倍，说明抗性品种受枯萎病菌侵染后具有高水平的总酚、水杨酸、绿原酸含量，阿魏酸含量快速的增加。

木质素是植物体中一种较为重要的酚类物质，不但对外来病原微生物有物理屏障作用，保护细胞免受病原菌侵害，且对病原物有直接毒害作用，在植物抗病过程中起重要作用。在植物—病原互作过程中，木质素的增加是植物抵御病原、增强抗病性的重要机制之一。研究发现，接菌前后，抗病品种（系）假茎中的木质素含量高于感病品种（系），但接菌后抗病品种（系）木质素含量上升较快，增幅更明显（表 4-7）；抗感品种（系）木质素含量呈极显著差异，且与枯萎病抗性有明显相关性（胡莉莉，2006）。受枯萎病菌侵染后，抗病品种‘威廉斯 8818-1’的 HRGP 和木质素含量都显著高于其他耐病和易感基因型，‘威廉斯 8818-1’的 HRGP 增加量是‘威廉斯 8818’的 4 倍；木质素增幅也是‘威廉斯 8818-1’最大。说明抗枯萎病香蕉基因型木质化作用程度显著高于耐病和易感基因型（谢江辉，2008）。

表 4-7　香蕉抗、感枯萎病品种（系）假茎木质素含量比较

品种	木质素/%								显著性差异	
	0 d	1 d	2 d	4 d	6 d	8 d	12 d	24 d	0.05	0.01
金手指（抗病）	1.98	2.33	2.53	1.50	2.92	2.65	2.37	2.04	a	A
威廉斯芽变（抗病）	1.45	1.76	1.82	2.58	2.16	1.94	1.84	1.80	b	AB
1282（抗病）	1.29	1.60	1.62	1.65	2.06	1.88	1.82	1.70	b	B
天宝（感病）	0.71	0.76	0.80	0.81	1.07	0.97	0.90	0.86	c	C
威廉斯（感病）	0.52	0.40	0.45	0.49	0.69	0.61	0.58	0.52	d	C

注：同列数据后不同小、大写字母分别表示差异达 5%和 1%显著水平。

罹病香蕉体内高水平的酚类物质含量与香蕉枯萎病菌的侵染有关。此外，香蕉体内的总酚和阿魏酸含量可能与香蕉对枯萎病菌的敏感程度有关，即植株在受致病力较弱的菌株（即寄主的抗病性较强）侵染后体内总酚和阿魏酸含量的积累比受致病力较强的菌株侵染后的要多（唐倩菲等，2006）。董鲜等（2015）研究发现，香蕉受枯萎病菌侵染后，植株叶片和根中酚酸含量都显著升高。叶片中阿魏酸、肉桂酸和水杨酸含量分别是未侵染叶片的 2.9 倍、1.7 倍和 2.9 倍；而根中对羟基苯甲酸和丁香酸含量分别是未侵染根的 4.3 和 1.5 倍。

香蕉的总酚和总酚酸与香蕉枯萎病抗性关系密切，且呈正相关。胡玉林等（2011）研究发现，接种香蕉枯萎病菌 4 号生理小种后，抗病和感病香蕉品种根系内的水杨酸、阿魏酸及绿原酸含量升高，但抗病品种的增加量比感病品种的大，且净增加量达到峰值的时间快；抗病品种内源水杨酸和绿原酸含量明显比感病品种的高。韩树全（2014）发现香蕉受到枯萎病菌侵染后，抗病品种的总酚含量峰值出现时间要远早于感病品种，并且含量高峰维持时间也大于感病品种。接菌后抗、感品种的总酚酸变化也有差别，高抗品种‘金手指’的含量上升的幅度最大，维持时间长。在细胞质游离态的酚类中，高抗病品种‘金手指’的绿原酸含量在整个感病期高于其他品种；细胞质酯结合的酚类物质中，抗病品种的绿原酸、对羟基苯甲酸的含量在峰值时都要高于感病品种。在细胞壁结合的酚类物质中，接菌前，抗病品种的对羟基苯甲酸含量高于感病品种。

（三）内源激素

植物内源激素共有五大类，即生长素类（auxins）、细胞分裂素类

(CTK)、赤霉素类（GA)、脱落酸（ABA）及乙烯（ETH)。它们参与细胞分裂与伸长、组织分化、开花结果、成熟衰老、休眠萌发及离体组织培养等，在植物整个生命活动中起重要的调控作用，与植物的生化抗性也有一定的相关性。唐倩菲等（2006)、步佳佳（2012）报道，接菌后，香蕉内生长素(IAA)、赤霉素（GA3）和脱落酸（ABA）发生积累现象，认为3种植物内源激素与香蕉受枯萎病菌感染的病程相关。在茉莉酸甲酯诱导下，步佳佳(2012）采用高效液相色谱法测定了IAA、GA3和ABA的含量变化，发现如同接菌条件，香蕉组织中的IAA、GA3和ABA均出现累积，进一步说明IAA、GA3和ABA均有可能参与了香蕉枯萎病抗病反应。

(四) 氨基酸与有机酸

植物根系分泌的氨基酸、有机酸含量与种类和植物的抗病性密切有关。氨基酸是病原菌赖以生存的重要营养来源，寄主植物体内氨基酸含量丰富，一些氨基酸经过脱氢后的骨架直接进入病原菌的代谢系统，合成病原菌需要的蛋白质，而一些氨基酸却能抑制病原菌生长与产孢。根据氨基酸对病原菌生长的不同作用，将其分为促菌氨基酸和抑菌氨基酸。促菌氨基酸包括：天冬氨酸、谷氨酸、甘氨酸、丙氨酸、缬氨酸、异亮氨酸、亮氨酸、苯丙氨酸、组氨酸、半胱氨酸、苏氨酸、酪氨酸、蛋氨酸；抑菌氨基酸包括：丝氨酸、赖氨酸、精氨酸。董鲜等（2015）采用浸根接法，研究了香蕉叶与根系中氨基酸与有机羧酸种类与含量变化，发现枯萎病菌侵染感病品种‘巴西蕉’后，香蕉叶片中氨基酸总量显著升高，其中丝氨酸、缬氨酸、组氨酸、异亮氨酸和亮氨酸增幅较大，病原菌侵染16 d，其含量分别为侵染前的7.1倍、6.2倍、4.4倍、3.5倍和2.3倍；而根系中氨基酸总量显著降低，且差异逐渐变小。由于感病香蕉品种接菌后植株中促菌氨基酸的种类及含量均高于抑菌氨基酸种类，以致病害逐渐加重。另外，侵染香蕉植株叶片中草酸、柠檬酸、苹果酸、琥珀酸和延胡索酸含量分别是未侵染植株叶片的2.6倍、1.6倍、1.9倍、1.8倍和2.3倍；根中草酸、柠檬酸、苹果酸、琥珀酸和延胡索酸含量分别是未侵染植株的81%、42%、44%、28%和59%，且随着病原菌侵染时间的延长，根系中的5种主要有机羧酸含量均显著下降。胡莉莉（2006）报道，接菌后，感病品种（系）假茎中的游离氨基酸含量明显高于抗病品种（系），且呈极显著差异，为枯萎病菌的生长提供较多的氮源，这表明氨基酸含量与香蕉对枯萎病抗性有一定相关性（表4-8)。

表 4-8　香蕉抗、感枯萎病品种（系）假茎游离氨基酸含量比较

品种	游离氨基酸/μg · 100 g · FW^{-1}								显著性差异	
	0 d	1 d	2 d	4 d	6 d	8 d	12 d	24 d	0.05	0.01
金手指（抗病）	656	1 356	2 873	2 934	1 637	1 477	1 416	1 406	b	B
威廉斯芽变（抗病）	1 376	2 170	2 182	2 250	2 491	1 808	1 567	633	b	B
1282（抗病）	1 117	3 091	3 426	4 587	2 557	2 767	1 752	1 520	ab	AB
天宝（感病）	2 535	3 051	4 252	3 968	3 552	3 357	3 292	3 138	a	A
威廉斯（感病）	2 508	4 990	4 063	3 737	3 208	3 137	3 127	1 870	a	A

注：同列数据后不同小、大写字母分别表示差异达 5%和 1%显著水平。

（五）活性氧及膜脂过氧化

活性氧的积累及膜脂过氧化的发生直接与植物的过敏性抗病反应相关，被认为是植物抗病防卫反应的组分之一。丙二醛（MDA）是脂质过氧化作用的最终产物，是膜系统受害的重要标志之一。活性氧及膜脂过氧化的产物在抗病防卫反应中的主要作用是：①对入侵病菌的抵制；②诱导植保素合成、细胞壁木质化及富含羟基脯氨酸糖蛋白质的沉积；③与信号传送有关启动植物防卫相关基因的表达。在未接种条件下，各供试香蕉品种（系）假茎内 MDA 含量变化缓慢且相互之间差异不大。表 4-9 显示，接菌后，供试各香蕉品种（系）假茎内 MDA 含量快速升高，呈单峰曲线变化，但峰值出的现时间不同，且抗病品种‘金手指’及‘威廉斯’芽变 MDA 含量均低于感病品种（系）‘1282’‘天宝’及‘威廉斯’，表明抗病品种（系）细胞受伤害程度低于感病品种（系）（胡莉莉，2006）。上述结果说明，在枯萎病菌胁迫下，香蕉体内 MDA 的含量高低可作为衡量品种（系）抗病性的一个参考指标。

表 4-9　香蕉抗、感枯萎病品种（系）假茎 MDA 含量比较

品种	游离氨基酸/μmol · g^{-1} · FW^{-1}								显著性差异	
	0 d	1 d	2 d	4 d	6 d	8 d	12 d	24 d	0.05	0.01
金手指（抗病）	2.74	3.21	3.32	3.55	4.67	4.86	3.92	3.97	c	B
威廉斯芽变（抗病）	4.26	5.06	5.64	3.89	3.94	4.56	4.88	4.96	b	B
1282（抗病）	4.68	5.32	5.44	6.79	4.87	3.72	4.12	2.81	b	B
天宝（感病）	3.73	4.41	4.45	4.73	6.82	5.31	5.08	4.81	b	B
威廉斯（感病）	6.09	6.14	6.79	6.95	6.87	7.64	7.17	5.73	a	A

注：同列数据后不同小、大写字母分别表示差异达 5%和 1%显著水平。

谢江辉（2008）报道，受枯萎病菌侵染后，‘威廉斯 8818-1’与‘威廉斯 8818’超氧阴离子自由基 O^{2-} 产生速率没有差异，但‘威廉斯 8818-1’的 O^{2-} 产生速率增加时间更早、速度更快，其第一天 O^{2-} 产生速率增加量是‘威廉斯 8818’的 6 倍。抗性强的‘威廉斯 8818-1’的 H_2O_2 含量低于‘威廉斯 8818’，但其增幅显著高于‘威廉斯 8818’。说明及时、快速的氧化爆发和 H_2O_2 含量快速增加可能与香蕉抗枯萎病有关。

三、香蕉生态抗性

大量研究结果表明，根际微生物种群和根际分泌物等生态因素与植物抗病性有密切相关性。

（一）根际分泌物

根系分泌物是由植物根系在生命活动过程中向外界环境释放的化学物质统称，种类繁多，包括低相对分子质量的有机物质、根细胞脱落物及其分解产物，高相对分子质量的黏胶物质、气体、质子和养分离子等，其中以有机酸、糖类、酚类、氨基酸、黏胶和外酶为主。根系分泌物是植物与外界环境进行物质交流的重要媒介，是构成植物不同根系微生态环境特征的主要物质之一。

植物根系分泌物与根际微生态环境关系密切，根际微生物的存在大大影响了根系分泌物的数量和种类。徐婉明等（2010）用气相色谱-质谱联用技术测定了香蕉根系分泌物中可溶性总糖、蛋白质和总酚酸的含量。结果表明 3 种处理（对照 CK：灭菌生物有机肥；T1：生物有机肥；T2：生物有机肥+病原菌）根系分泌物中可溶性总糖、蛋白质和总酚酸的含量都比较低，其中可溶性总糖含量最高，蛋白质次之，总酚酸最低。此外，徐婉明等（2010）还鉴定了不同处理香蕉根系分泌物的成分，结果表明，用 CH_2Cl_2 提取的 3 种处理的香蕉根系分泌物分别为 41、30 和 32 种，且均含有烃类、萜类、醇类、酸类、酯类和醛类等化合物，其中烃类和酸类化合物的相对含量较高。

赵兰凤等（2013）测定了香蕉根系分泌物中有机酸和氨基酸的组分及其含量。结果表明香蕉根系分泌物中低分子量有机酸包括草酸、苹果酸和反丁烯二酸，其中以草酸为主，ρ（草酸）占 ρ（有机酸总量）的百分比为 83.6%。香蕉根系分泌物中氨基酸有磷酸丝氨酸、牛磺酸、丝氨酸、甘氨酸、β-丙氨酸、瓜氨酸、缬氨酸、胱氨酸、β-氨基丁酸、γ-氨基丁酸、乙醇胺、羟赖氨酸、鸟氨酸、1-甲基-组氨酸、组氨酸、3-甲基-组氨酸、鹅肌肽和肌肽等 18 种，其中以草酸为主，鹅肌肽最高，占氨基酸总量的百分比为 25.4%，其次为磷酸丝氨酸，占氨基酸总量的百分比为 16.5%，β-氨基丁酸最低，占氨基酸总量的百分比仅为 0.4%。香蕉枯萎病病情指数与磷酸丝氨酸和丝氨酸呈显著负相关，相关系数分别为-0.99 和-0.98，与鹅肌肽呈极显著正相关，相关系数为 1.00。与牛磺酸、瓜氨酸、胱氨酸、羟赖氨酸、1-甲基-组氨酸、组氨酸、3-甲基-组氨酸、肌肽质量浓度呈正相关，与甘氨酸、丙氨酸、缬氨酸、β-氨基丁酸、γ-氨基丁酸、乙醇胺和鸟氨酸质量浓度呈负相关，但均未达到显著水平（表 4-10）。

表 4-10　香蕉根系分泌物中氨基酸种类及其质量浓度

编号	种类	ρ（氨基酸）	ρ（氨基酸）与病情指数的相关系数
1	磷酸丝氨酸	63.61±9.46	-0.99*
2	牛磺酸	10.98±0.75	0.87
3	丝氨酸	3.08±0.50	-0.98*
4	甘氨酸	7.49±0.33	-0.85
5	丙氨酸	8.90±2.42	-0.18
6	瓜氨酸	12.62±1.99	0.77
7	缬氨酸	18.95±3.86	-0.53
8	胱氨酸	7.97±2.44	0.93
9	β-氨基丁酸	1.54±0.32	-0.04
10	γ-氨基丁酸	5.95±2.48	-0.85
11	乙醇胺	26.14±3.71	-0.13
12	羟赖氨酸	25.74±4.21	0.87
13	鸟氨酸	3.48±0.87	-0.83
14	1-甲基-组氨酸	16.04±5.63	0.74
15	组氨酸	7.81±2.61	0.24
16	3-甲基-组氨酸	15.19±3.74	0.94
17	鹅肌肽	98.00±12.93	1.00*
18	肌肽	51.63±17.38	0.47

香蕉根系分泌物如有机酸能活化土壤中矿物态钾，促进土壤钾的有效化，

以提高植物对钾胁迫环境的适应能力。如吴宇佳等（2017）报道，钾低效基因型香蕉品种根系分泌物中仅有3种有机酸：草酸、酒石酸和柠檬酸，钾高效基因型香蕉品种根系分泌物中有4种有机酸：草酸、酒石酸、柠檬酸和琥珀酸。钾高效基因型香蕉品种根系有机酸、蛋白质和可溶性糖的分泌能力显著高于低效基因型，且含量变化与鲜质量变化趋势一致，与总酚酸变化趋势相反。不同基因型香蕉根系分泌物对土壤钾素均有活化作用，其中‘广粉’活化能力最强，各基因型间差异达极显著水平。低钾胁迫下，香蕉分泌大量有机物质，基因型间差异较明显，钾高效基因型香蕉根系有机酸的分泌能力和活化土壤钾的能力远高于低效基因型。

植物根系分泌物作为寄主自身抗病的第一阶段，与植物抗性有密切关系。根系分泌物与抗性的关系主要体现在根系分泌物对根际微生物，特别是枯萎病菌的影响。抗、感病品种生化性质的差异在抗病品种中发挥作用，也可以通过根系分泌物反映出来。左存武等（2010）研究了香蕉抗、感枯萎病品种根系分泌物对枯萎菌孢子萌发及菌丝生长的影响。发现高抗枯萎病的品种根系分泌物的有机成分对病原菌孢子有致死作用，中抗品种对病原菌孢子萌发、菌丝生长有显著抑制作用，相反感病品种的根系分泌物有促进作用（表4-11、表4-12）。

表4-11　香蕉抗、感枯萎病品种根系分泌物对gfp标记病菌孢子萌发率的影响

品种	有机相		水相	
	原液	10倍稀释液	原液	10倍稀释液
大丰2号（感病）	25.40 A	8.90 B	16.10 B	1.00 DE
巴西蕉（感病）	22.67 B	10.57 A	18.03 A	10.10 A
广粉1号（感病）	22.23 B	11.17 A	16.07 B	6.07 B
广粉2号（抗病）	3.00 C	3.17 C	12.07 C	2.97 CDE
抗枯1号（抗病）	1.97 C	2.77 CD	10.97 D	5.03 BC
中山大蕉（抗病）	0 D	0 E	0 E	0 E
东莞大蕉（抗病）	0 D	0 E	0 E	0 E
抗枯5号（抗病）	0 D	0 E	0 E	0 E
无菌水	0 D	0 E	0 E	0 E

注：同列数据后不同大写字母表示差异达1%显著水平。

表 4-12　香蕉抗、感枯萎病品种根系分泌物对 gfp 标记病菌菌丝生长的影响

品种	抗性	菌落平均直径/cm	抑制率/%
巴西蕉（感病）	感病	9.0	—
中山大蕉（抗病）	中抗	2.4	54
海贡蕉（抗病）	高抗	0.0	100
无菌水	—	5.2	0

田丹丹等（2017）采用离位溶液培养法收集香蕉枯萎病抗（耐）性不同的 3 个香蕉品种‘GCTCV-119’‘桂蕉 9 号’和‘桂蕉 1 号’的根系分泌物，测定了其根系分泌物对香蕉枯萎病菌的菌落生长和孢子萌发的影响，并对根系分泌物中游离氨基酸、可溶性总糖、有机酸的含量进行了分析。结果表明，抗（耐）病品种‘GCTCV-119’和‘桂蕉 9 号’根系分泌物能抑制香蕉枯萎病菌的菌丝生长和孢子萌发，对香蕉枯萎病菌 4 号生理小种菌丝抑制率分别达 7.53%和 5.28%，孢子萌发率降低 26.56%和 13.28%；而感病品种‘桂蕉 1 号’根系分泌物则明显促进香蕉枯萎病菌的菌丝生长和孢子萌发，使香蕉枯萎病菌 4 号生理小种菌落直径增加 27.59%，孢子萌发率提高了 21.49%。3 个香蕉品种根系分泌物中游离氨基酸、可溶性总糖及有机酸的含量均相对较低，且抗（耐）病品种根系分泌物中可溶性总糖及游离氨基酸含量明显低于感病品种，而有机酸含量则比感病品种高（表 4-13）。作为碳氮比营养需要较高的异养病原微生物，糖类物质对枯萎病菌生长的促进作用显而易见，这说明植物根系分泌物中总糖含量对品种抗病性有着重要影响。3 个香蕉品种中，共检测到 13 种氨基酸，其中，抗（耐）病品种‘GCTCV-119’和‘桂蕉 9 号’各 6 种，感病品种‘桂蕉 1 号’10 种。另外，仅在感病品种‘桂蕉 1 号’中检测到甘氨酸、谷氨酸、胱氨酸、丙氨酸、丝氨酸和酪氨酸，仅在抗（耐）病品种‘GCTCV-119’和‘桂蕉 9 号’中检测到苯丙氨酸和脯氨酸（表 4-14）。Marschner（1986）的研究表明，谷氨酸和丙氨酸是病原菌的最适氮源，这 2 种氨基酸含量高时极易感病。

表 4-13　香蕉抗、感枯萎病品种根系分泌物中游离氨基酸、有机酸及总糖含量

品种	游离氨基酸/ $mg \cdot 100mL^{-1} \cdot DW^{-1}$	有机酸	可溶性总糖
GCTCV-119（抗病）	0.39±0.01 b	0.28±0.04 a	3.19±0.19 c
桂蕉 9 号（抗病）	0.40±0.01 b	0.19±0.01 ab	4.36±0.09 b
桂蕉 1 号（感病）	0.70±0.01 a	0.01±0.01 b	6.82±0.11 a

注：同列数据后不同小写字母表示差异达 5%显著水平。

表 4-14　香蕉抗、感枯萎病品种根系分泌物中游离氨基酸的组分及其含量

游离氨基酸种类	GCTCV-119（抗病）	桂蕉 9 号（抗病）	桂蕉 1 号（感病）
苏氨酸	0.02	—	0.13
甘氨酸	—	—	0.10
缬氨酸	0.09	0.14	0.31
甲硫氨酸	0.03	0.06	0.04
苯丙氨酸	0.10	0.04	—
赖氨酸	0.03	0.01	0.03
天冬氨酸	—	0.05	—
脯氨酸	0.12	0.1	—
谷氨酸	—	—	0.02
胱氨酸	—	—	0.03
丙氨酸	—	—	0.02
丝氨酸	—	—	0.01
酪氨酸	—	—	0.01

注："—" 表示未检测到。

（二）根际微生物

土壤微生物之间具有群体动态效应，具有复杂的群落结构，与植物的生长发育及抗病性之间存在着十分密切的关系。研究表明，作物土传病害的发生与土壤微生态失衡有关，诱发土传病害的最根本的原因是土壤微生物群落结构失衡，从而引发病原菌的大量繁殖并向根际富集。土壤微生物作为土壤生态系统的重要组成部分，其群落结构的多样性决定了土壤生态功能的稳定性。虽然土壤中存在大量病原菌，但植物土传病害发病基本条件是病原菌大量聚集在根际，并从植物根系损伤处侵入植物体，一般真菌型且土壤微生物多样性比较低的田块更容易发生土传病害。香蕉枯萎病菌主要存活于土壤并从根部入侵，且根际是病原菌入侵根系的必然通道。根际微生物是一个庞大的群体，其区系各成员对病原菌的反应也各不相同，如抑制作用（包括营养竞争、寄生、捕食等）、促进作用（促进萌发、促进生长和协助侵入等）及互不影响等。因此明确根际微生物的组成（种类、数量及优势种等），对于抗病机制的研究及生物防治有重要的理论意义。邓晓等（2011）对海南香蕉枯萎病区香蕉植株根际可培养土壤微生物群落结构的初步调查。表 4-15 显示，香蕉枯萎病为害程度中、重度土壤中可培养细菌和放线菌的种类与无为害土壤相比均明显减少，而真菌种类没有明显的改变。

表 4-15　不同蕉园土壤可培养微生物种类

采样地点	枯萎病为害程度	细菌	放线菌	真菌
LG-7	重度	7	7	10
LD-4	重度	4	6	12
DF-4	重度	6	6	10
LD-3	中度	4	6	8
SY-2	中度	5	9	10
SY-1	轻度	10	13	9
LD-5	轻度	9	8	8
LG-3	轻度	8	12	6
DF-1	轻度	9	10	7
SY-3	无	7	10	9
LG-6	无	14	11	7
DF-5	无	9	13	5
BS-1	无	10	10	9

邓晓等（2012）对海南蕉区 3 个典型香蕉枯萎病患病样地中健康植株和不同感病级别植株根际可培养微生物的数量及其种类分布进行了研究。结果表明（表 4-16、表 4-17），同一患病样地根际土壤中三大类群可培养微生物的数量和种类从感病级别高、感病级别低到健康植株持续增加，病原菌数量从感病级别高、感病级别低到健康植株持续降低。说明患病植株与健康植株根系土壤可培养微生物数量与香蕉植株患病程度存在明显的负相关关系，病原菌数量与香蕉植株患病程度存在明显的正相关关系。

表 4-16　不同感病级别香蕉根际土壤可培养微生物种类

组	微生物	病级				
		0	Ⅰ	Ⅲ	Ⅴ	Ⅶ
1	细菌	17	13	12	12	9
	放线菌	19	16	12	14	11
	真菌	10	8	7	5	9

（续表）

组	微生物	病级				
		0	Ⅰ	Ⅲ	Ⅴ	Ⅶ
2	细菌	8	6	9	8	7
	放线菌	13	11	12	12	9
	真菌	12	8	8	6	4
3	细菌	13	10	11	9	9
	放线菌	14	12	11	9	9
	真菌	13	8	8	6	5

表 4-17　香蕉健康株和枯萎病发病株根际土壤微生物数量

组	土样	病级	细菌/ 10^7 cfu · g^{-1}	放线菌/ 10^6 cfu · g^{-1}	真菌/ 10^4 cfu · g^{-1}	枯萎菌/ cfu · g^{-1}
1	健株	0	24. 9	3. 94	2. 29	0
	病株	Ⅰ～Ⅶ	7. 42～10. 3	3. 83～3. 05	2. 00～1. 38	139～630
2	健株	0	7. 69	3. 89	4. 31	0
	病株	Ⅰ～Ⅶ	6. 60～3. 95	4. 14～1. 42	2. 83～2. 43	0～103
3	健株	0	8. 28	8. 28	2. 30	197
	病株	Ⅰ～Ⅶ	8. 38～7. 05	8. 38～7. 05	1. 73～0. 65	208～927

陈波等（2013）对不同香蕉枯萎病区土壤细菌群落多样性进行了分析，结果表明，患病蕉园土壤的细菌多样性比健康蕉园土壤丰富，其细菌优势菌群可能属于枯草芽孢杆菌、葡萄球菌、反刍真杆菌。邓晓等（2015）采用 16S rRNA 基因克隆文库技术对香蕉枯萎病患病植株和健康植株根区土壤中的细菌多样性进行比较研究。结果表明，患病植株根区土壤细菌的基因型数（OTUs）比健康植株减少了 8 个，香农指数（H'）比健康植株降低了 0. 66，物种多样性指数（Schao1）比健康植株减少了 26。健康植株根区文库 63 个 OTUs 分属于 9 个细菌类群和 4 个尚未确定分类地位基因型，患病植株根区文库 45 个 OTUs 分属于 8 个细菌类群和 2 个尚未确定分类地位的基因型。其中厚壁菌（Firmicutes）、变形菌（Proteobacteria）、放线菌（Actinobacteria）、酸杆菌（Acidobacteria）、芽单胞菌（Gemmatimonadetes）和浮霉菌（Planctomycetes）6 个门为健康和患病香蕉植株根区土壤中共有的细菌类群。此外，蓝细菌和 Bacteria intertae sedis 仅存在于健康植株土中，而硝化螺旋菌仅存在于患病植株

土中。香蕉植株根区土壤细菌遗传基因多样性降低及其群落结构改变是香蕉枯萎病患病的重要特征，其中芽孢杆菌（*Bacillus*）数量增加是香蕉枯萎病患病的最主要特征。

土壤微生物区系在土壤养分和物质循环、形成和发育、肥力维持与提高的过程中有重要作用。细菌群落的丰富度和多样性是土壤有机物分解、物质循环和生态调控等功能的重要指标，90%的植物病原菌为真菌，因此土壤中细菌和真菌群落是影响植物发病的重要因素。张曼（2016）研究了香蕉抗、感病品种对土壤真菌和细菌的影响。结果表明，抗病品种真菌丰富度低于感病品种‘巴西蕉’，‘巴西蕉’辛普森指数S、条带数和香浓-威纳指数H′均显著高于4个抗枯萎病品种；‘巴西蕉’均匀度指数E显著低于‘宝岛218’‘粤科’和‘南天黄’（表4-18）。抗病品种细菌丰富度和多样性高于感病品种‘巴西蕉’。‘粤科’和‘宝岛218’辛普森指数S和香浓-威纳指数H′均显著高于‘巴西蕉’；‘粤科’条带数最多，且显著多于‘南天黄’和‘巴西蕉’；‘宝岛218’‘粤科’和‘南天黄’均匀度指数E显著高于‘巴西蕉’（表4-19）。

表4-18　香蕉抗、感枯萎病品种根际土壤真菌DGGE条带多样性指数分析

品种	丰富度	稳定性指数S	香浓-威纳指数H′	均匀度指数E
巴西蕉（感病）	34.0±1.0 a	2.745±0.10 a	3.51±0.03 a	0.99±0.01 a
宝岛190（抗病）	21.5±0.5 c	1.54±0.05 c	3.04±0.03 c	0.99±0.00 a
宝岛218（抗病）	22.0±0.0 c	1.73±0.01 c	3.06±0.00 c	0.98±0.00 b
南天黄（抗病）	25.5±0.5 b	2.12±0.08 b	3.22±0.02 b	0.99±0.00 a
粤科（抗病）	22.0±0.0 c	1.69±0.09 c	3.07±0.00 c	0.99±0.00 a

注：同列数据后不同小写字母表示差异达5%显著水平。

表4-19　香蕉抗、感枯萎病品种根际土壤细菌DGGE条带多样性指数分析

品种	丰富度	稳定性指数S	香浓-威纳指数H′	均匀度指数E
巴西蕉（感病）	33.0±0.0 c	2.69±0.04 b	3.71±0.02 c	0.96±0.01 b
宝岛190（抗病）	34.0±1.0 b	2.70±0.01 b	3.79±0.07 b	0.98±0.00 ab
宝岛218（抗病）	34.0±0.5 b	2.74±0.01 b	3.81±0.02 b	0.98±0.00 ab
南天黄（抗病）	36.0±0.0 ab	2.76±0.02 b	3.91±0.02 ab	0.99±0.00 a
粤科（抗病）	37.5±0.5 a	2.90±0.09 a	3.95±0.01 a	0.99±0.00 a

注：同列数据后不同小写字母表示差异达5%显著水平。

高通量数据显示，在真菌门水平上，与感病品种相比较，抗病品种根际和土体土壤环境中担子菌门（Basidiomycota）和接合菌门（Zygomycota）的相对丰度较高，子囊菌门（Ascomycota）的相对丰度较低。在细菌门水平上，与感病品种相比较，抗病品种根际和土体土壤环境中拟杆菌门（Bacteroidetes）、放线菌门（Actinobacteria）和厚壁菌门（Firmicuted）的相对丰度较高，纤维杆菌门（Fibrobacteres）绿弯菌门（Chloroflexi）相对丰度较低。抗病品种土体和根际 *Fusarium* 均和感病品种‘巴西蕉’没有显著差异。说明抗枯萎病香蕉的抗性与土壤微生物群落结构有关，其发病情况并不直接取决于土壤中 *Fusarium* 的数量（张曼，2016）。

漆艳香等（2019）对香蕉抗、感枯萎病种质抽蕾期根际微生物数量进行了研究。表 4-20 显示，在相同的外界环境条件下，抗性不同的香蕉种质抽蕾期根际细菌、放线菌、真菌和枯萎病菌的数量有差异，抗病种质根际细菌、放线菌数量明显高于感病种质，而根际真菌和枯萎病菌数量明显低于感病种质。香蕉种质抗性与根际土壤微生物特征的相关性分析表明，根际可培养细菌、放线菌数量和微生物总量皆与香蕉种质抗性呈极显著正相关，而真菌、枯萎病菌数量与香蕉种质抗性呈极显著负相关（表 4-21）。

表 4-20　香蕉抗、感枯萎病种质枯萎病发病率及其根际土壤微生物数量

种质	发病率/%	细菌/10^6 cfu · g^{-1}	放线菌/10^5 cfu · g^{-1}	真菌/10^4 cfu · g^{-1}	枯萎菌/10^3 cfu · g^{-1}	微生物总量/10^6 cfu · g^{-1}
宝岛蕉（抗病）	3.18 h	4.57 d	7.63 c	5.85 c	3.38 c	5.39 d
农科 1 号（抗病）	11.58 fg	4.51 d	6.86 d	5.96 c	3.37 c	5.26 de
FZ（抗病）	0 i	6.89 b	9.08 ab	5.92 c	3.14 e	7.86 bc
DJ（抗病）	0 i	11.1 a	8.73 b	5.5 c	3.23 e	12.03 a
R1（抗病）	8.33 g	3.87 e	6.79 d	6.33 bc	3.36 c	4.61 ef
R2（抗病）	12.56 fg	3.83 e	5.67 e	6.37 bc	3.35 c	4.46 ef
R3（抗病）	0 i	5.79 c	7.86 c	5.6 4c	3.24 e	6.63 c
R4（抗病）	11.36 fg	3.534 e	6.75 d	6.24 bc	3.34 c	4.27 ef
38（抗病）	2.5 hi	5.56 cd	6.87 d	5.78 c	3.31 c	6.3 cd
39（抗病）	7.5 g	3.79 e	7.52 cd	6.13 bc	3.29 d	4.6 ef
Rose（抗病）	7.14 g	3.76 e	4.87 f	5.91 c	3.41 b	4.3 ef
T2S（抗病）	16.67 f	3.57 e	5.64 ef	6.49 b	3.39 c	4.19 ef
DG（抗病）	20 ef	4.32d	4.04fg	6.81b	3.45b	4.79e
K2-67（抗病）	25 e	2.79 f	4.68 f	6.29 bc	3.46 ab	3.32 fg

（续表）

种质	发病率/%	细菌/10^6 cfu·g^{-1}	放线菌/10^5 cfu·g^{-1}	真菌/10^4 cfu·g^{-1}	枯萎菌/10^3 cfu·g^{-1}	微生物总量/10^6 cfu·g^{-1}
L1M1-2（抗病）	27.27 e	3.52 e	3.24 g	6.68 b	3.48 ab	3.91 f
XW-2（抗病）	28.57 e	2.41 fg	4.39 f	6.63 b	3.47 ab	2.92 g
DGN1（抗病）	33.33 de	3.42 ef	3.01 gh	6.87 b	3.49 ab	3.79 fg
119（抗病）	35 d	2.65 f	3.26 g	6.02 bc	3.52 a	3.04 fg
T2L（感病）	42.11 c	1.79 g	2.11 h	7.04 ab	3.58 a	2.07 gh
BXM5-1（感病）	50 b	1.66 g	2.23 h	7.24 ab	3.59 a	1.96 h
XW1（感病）	53.85 b	1.49 g	1.73 i	7.37 ab	3.64 a	1.74 h
巴西蕉（感病）	76.32 a	1.19 g	1.08 i	7.69 a	3.87 a	1.37 h

注：同列数据后不同小写字母表示差异达5%显著水平。

表 4-21　香蕉种质抗、感枯萎病性与土壤微生物特征的相关关系

项目	发病率/%	枯萎菌/cfu·g^{-1}	真菌/cfu·g^{-1}	细菌/cfu·g^{-1}	放线菌/cfu·g^{-1}	微生物总量/cfu·g^{-1}
发病率/%	1					
枯萎菌/（cfu·g^{-1}）	0.764**	1				
真菌/（cfu·g^{-1}）	0.907**	0.728**	1			
细菌/（cfu·g^{-1}）	-0.736**	-0.891**	-0.751**	1		
放线菌/（cfu·g^{-1}）	-0.921**	-0.840**	-0.871**	0.791**	1	
微生物总量/（cfu·g^{-1}）	-0.769**	-0.902**	-0.777**	0.998**	0.827	1

注：** 表示相关性达1%极显著水平。

植物病原菌侵染香蕉植株根部，引起碳水化合物、氨基酸、蛋白质、脂尖或核酸物质代谢的改变，使根的分泌作物增强，根际土壤微生物数量和种类相应发生变化。由于香蕉长期连作，植株根际分泌同一种物质会影响土壤中微生物的数量和种类，破坏土壤微生物的平衡，导致土传病害的严重发生。香蕉抗、感枯萎病品种在相同条件下根际微生物种类和数量明显不同，这很有可能是因抗、抗品种根系分泌物和脱落物的不同而导致的。当根际微生物数量与种类较多时，对枯萎病菌的入侵会产生较大的抑制作用，使病原菌难以成功入侵，从而使香蕉表现为抗病。

四、香蕉抗枯萎病的分子机制

随着分子生物学技术的飞速发展及其在植物病理学领域的广泛应用，尤其是高通量测序技术的应用，包括香蕉在内的植物抗病分子机制这一复杂问题的研究也越来越深入。植物抗病性与其他性状相比有其特殊性，即它不仅取决于植物本身的基因型，且还取决于病原菌的基因型。因此，植物与病原菌互作的遗传基础则构成了植物抗病的遗传基础。近年来，科研人员在香蕉枯萎病抗性相关基因的挖掘上开展了大量的工作。

香蕉感染枯萎病后，体内基因表达水平发生了显著变化，这些差异表达基因为香蕉转基因抗病育种提供了宝贵的基因源。郑雯（2010）利用半定量RT-PCR 技术对‘巴西蕉’枯萎病病程相关基因进行初步鉴定，筛选获得下调基因 22 个，上调基因 4 个。Wang 等（2012）使用数字基因表达谱技术（DGE）研究香蕉感染香蕉枯萎病菌 TR4 后 0 d、2 d、4 d、6 d 的转录组变化，发现苯丙氨酸代谢、苯丙素生物合成和 α-亚麻酸代谢途径相关基因受香蕉枯萎病菌 TR4 感染影响显著。Swarupa 等（2013）利用抑制性差减杂交（SSH）技术对香蕉枯萎病菌 1 号生理小种应答基因进行筛选鉴定，并研究了编码过氧化物酶、谷氧还蛋白、多酚氧化酶等 8 个防御相关基因的表达模式，发现染病初期这些基因在耐病品种‘*Musa acuminata* ssp’. Burmannicoides Calcutta-4 中的表达比易感品种‘kadali’更高。王卓等（2013）报道，接种香蕉枯萎病菌 4 号生理小种后，耐病和感病品种中的过氧化物酶基因 *MaPOD*1 均上调表达，但在耐病品种中 *MaPOD*1 在所有时间点相对于对照增加的倍数均高于感病品种，表明在该基因在香蕉的抗病性中起着重要作用。

Wang 等（2015）根据转录组提供的信息克隆了香蕉水杨酸代谢途径的关键基因，它们分别是 3-脱氧-D-阿拉伯-庚酮糖酸-7-磷酸合酶基因（*MaDAHPS*1）、5-烯醇丙酮酰莽草酸-3-磷酸合成酶基因（*MaEP-SPS*-1）、异分支酸合酶基因（*MaICS*）、肉桂醇脱氢酶基因（*MaCAD*1）、肉桂酸 4-羟基裂解酶基因（*MaC4H2*），并对它们在香蕉枯萎病菌 TR4 侵染感病品种和抗病品种后的响应进行表达分析。结果显示，在接种香蕉枯萎病菌 TR4 后，感病品种水杨酸生物合成途径和下游信号传导相关基因被抑制，而抗病品种‘农科 1 号’中的相关基因表达则显著上调。表明在耐病品种响应 TR4 侵染过程中这两个途径均被激活。此外，Sun 等（2009）从枯萎病抗病品种

'Goldfinger' DNA 中分离到了抗病基因序列。Li 等（2015）采用抑制缩减杂交的方法从感病株系根部分离了 258 个病程相关的基因。

Li 等（2013）发现，'Cavendish' 香蕉感染香蕉枯萎病菌 1 号生理小种和 TR4 前 2 d 的转录组变化类似，编码 ACC 氧化酶和乙烯应答转录因子（ERF）的基因受香蕉枯萎病菌 1 号生理小种和 TR4 的诱导强烈。Li 等（2013）通过研究感染香蕉枯萎病菌 TR4 的 3 个抗性不同的香蕉品种的蛋白质组变化，发现 PR 蛋白、次生代谢物、信号传导蛋白、细胞壁多糖合成蛋白、细胞极化防御蛋白和氧化平衡蛋白差异表达显著；其中，PR 蛋白在不同抗性品种中均被诱导，而抗真菌化合物合成蛋白主要在中抗和高抗品种中被诱导，暗示它们的合成可能是造成品种抗性不同的主要原因；除此之外，木质素合成相关蛋白在感病品种中下调，而在中抗品种中上调，由此推断因细胞壁增厚和木质化的物理结构阻碍了香蕉枯萎病菌 TR4 的扩展。Bai 等（2013）分别对香蕉枯萎病高抗品种 'Yueyoukang 1' 和易感品种 'Brazilian' 接种香蕉枯萎病菌 4 号生理小种后 0.5 d、1 d、3 d、5 d 和 10 d 的根系基因表达情况进行对比分析，发现高抗品种有更快的防御响应，且相对于易感品种，编码 CEBiP、BAK1、NB-LRR 蛋白、PR 蛋白、转录因子和细胞壁木质化有关蛋白的基因有更高的表达，此外还发现过敏反应和衰老相关基因可能对香蕉枯萎病菌 4 号生理小种的侵染起促进作用。Deng 等（2015）采用 RNA-Seq 和定量蛋白质组学技术（TMT）研究了香蕉感、抗品种（'TB' 和 'R5'）染病前后的转录组和蛋白质组变化，通过对差异表达蛋白和差异表达基因进行关联分析发现，涉及代谢过程、胁迫刺激响应、细胞过程和发育过程的 267 个差异蛋白和差异基因的表达受枯萎病菌调节。Wang 等（2016）从香蕉中克隆了 4 个 *PAL* 基因（*MaPAL*1、*MaPAL*2、*MaPAL*3 和 *MaPAL*4），并运用半定量 RT-PCR 分析了其在感染香蕉枯萎病菌 TR4 的抗病品种 '农科 1 号' 和感病品种 'Cavendish' 中的表达情况，发现香蕉枯萎病菌 TR4 感染对不同抗性品种中 *PAL* 活性和 *PAL* 基因的表达均起诱导作用，表明 *MaPAL* 参与响应尖孢镰刀菌的侵染。此外，Wei 等（2017）报道，*MaATG8s* 在高过敏性细胞死亡、免疫反应以及其自噬功能对抗香蕉枯萎病中起重要作用。窦同心（2016）对香蕉枯萎病菌早期发育蛋白质组学和 24 种 VCGs 类型病原菌基因组的分析，从其基因组保守核心区域鉴定到了两个关键的发育调控基因 *FoERG*6 和 *FoERG*11，并将这两个关键基因作物靶标基因，运用寄主植物诱导基因沉默技术（HIGS）对感病香蕉品种进行遗传转化，干扰香蕉枯萎病病原菌生物膜功能，成功培育出了对香蕉枯萎病有一定广谱耐性的香蕉新种质，从理论到实践验证了 HIGS 在香蕉抗枯萎病应用的可行性和有效性。

王贵花等（2017）以香蕉枯萎病感病品种‘巴西蕉’和抗病品种‘宝岛蕉’花芽分化期根部组织为材料，采用实时荧光定量 PCR（qPCR）方法测定了 10 个与特定抗病机制相关基因的表达变化。结果表明：10 个基因在‘巴西蕉’和‘宝岛蕉’花芽分化过程中均有表达，但其表达量存在差异。与对照‘巴西蕉’相比，除漆酶 4（A）基因在‘宝岛蕉’中的表达量明显下调外，漆酶-4（B）、周质空间 β-葡萄糖苷酶前体合成酶、谷胱甘肽硫转移酶、Class III 型过氧化物酶、过氧化物酶、类似烟草叶片表面抗性蛋白、抗菌肽、类几丁质酶及纤维素合成酶催化亚基等 9 个基因的表达量均上调，其中 peroxidase N 基因的表达量呈极显著上调，相对表达量约为‘巴西蕉’的 1 682 倍。10 个差异表达基因可能参与‘宝岛蕉’花芽分化期对病原菌的防卫反应。王贵花等（2018）利用实时荧光定量 PCR 对香蕉枯萎病感病品种‘巴西蕉’和抗病品种‘宝岛蕉’受香蕉枯萎病菌 4 号生理小种侵染后不同时间内的 10 个防卫或潜在防御相关基因进行表达分析。结果表明，接种香蕉枯萎病菌 4 号生理小种后，10 个基因在抗病品种‘宝岛蕉’和感病品种‘巴西蕉’中均有表达，但其表达模式有差异。接菌后 1～192 h，漆酶 4B、谷胱甘肽硫转移酶（9 h 和 120 h 除外）、ClassIII 型过氧化物酶、类几丁质酶（putative chitinase）和纤维素合成酶催化亚基等 5 个基因在抗病品种‘宝岛蕉’中的表达水平均高于感病品种‘巴西蕉’。此外，接菌后除个别时间点外，漆酶 4A、周质空间 β-葡萄糖苷酶前体合成酶、过氧化物酶、类似烟草叶片表面抗性蛋白和抗菌肽等 5 个基因在‘宝岛蕉’中的相对表达量却均低于‘巴西蕉’。

植物内源 sRNA（smallRNA，小 RNA）在植物-病原菌互作过程中发挥着重要作用。福建农林大学赖钟雄研究员课题组研究了水培的‘天宝蕉’在接种香蕉枯萎病菌 TR4 后 0 h、5 h、10 h 和 25 h miRNA 的表达情况，在 3 个染病时间点分别鉴定获得 84 个、77 个和 74 个差异表达 miRNA，对这些差异表达 miRNA 的靶基因进行归类发现，这些靶基因主要涉及过氧化物酶体代谢、异喹啉生物碱合成、脂肪酸代谢、硫代谢等途径，暗示 miRNA 在香蕉响应枯萎病菌侵染过程中发挥着重要的调节作用（未发表数据）。宋顺等（2015）通过对 3 个不同抗性品种的感病、正常叶和根系的 3 个保守 miRNA（miRNA159a、miRNA165a 和 miRNA399a）进行表达分析发现，这些 miRNA 参与响应枯萎病菌侵染且具有品种特异性和组织特异性，暗示香蕉对枯萎病的抗性程度可能与 miRNA 直接相关。

雷忠华（2018）通过对香蕉—香蕉枯萎病菌 4 号生理小种互作转录组数

据分析，表明抗病‘南天蕉’和易感病‘巴西蕉’对香蕉枯萎病菌 4 号生理小种的宿主—病原菌互作机制不同。‘南天蕉’主要通过强化细胞壁、调控气孔闭合来阻止病原菌的入侵；而‘巴西蕉’可能通过分泌水解酶如几丁质酶来阻止香蕉枯萎病菌 4 号生理小种的寄生。面对入侵‘南天蕉’的强大阻力，病原菌试图通过增加自身黏附能力、分泌水解酶破坏宿主细胞壁以及合成毒素物质来达到入侵的目的。

香蕉抗枯萎病的抗病机制是一个复杂问题，涉及的因素众多。以目前的知识、技术与方法，从香蕉植株与病原菌的识别到形态结构抗性、生理生化抗性及生态抗性都仍不能完全解释香蕉的抗性机制。目前大多数学者较为接受的观点是多种机制相互作用和协调的结果。抗病、耐病和感病品种不仅在受到病原菌入侵前就存在差异，更重要的是在染病后抗性与产生抗性机制的速度和程度的差异。只有将有关联的作用机制有机地联系起来，才可能更有助于进一步深入认识香蕉对枯萎病的抗病机制。

第五章

香蕉枯萎病抗性鉴定方法

香蕉枯萎病抗性鉴定是病原菌致病力分化、寄主抗性遗传、抗病机制、抗病种质筛选与评价、抗病品种（系）选育等研究工作的重要基础，而抗病性鉴定方法又是抗病性鉴定的关键所在，因此，建立一套快速、准确、规范的鉴定方法对于开展香蕉抗枯萎病育种和提高枯萎病综合防控成效等具有重要的理论与实践意义。

目前香蕉枯萎病抗性鉴定方法很多，较常用的方法有大田鉴定和室内苗期鉴定两大类。大田鉴定是抗性鉴定中最传统也是比较准确的方法，具有简单、经济、能较真实反映抗性强弱等优点，但鉴定周期较长，适于香蕉成株期抗性鉴定。室内苗期鉴定方法根据香蕉生长基质的不同，分为无菌土培育法和水培法（水培苗伤根浸菌液法）；根据接种菌物不同，分为分生孢子悬浮液接种法和枯萎病菌毒素接种法；接菌部位主要为根部（伤根淋/灌菌液法及伤根浸菌液法）。

一、大田自然病圃鉴定

在重病蕉园自然发病条件下鉴定香蕉对枯萎病的抗性具有成本低、操作简便、鉴定条件接近生产实际等优点，可揭示香蕉各发育阶段的抗病性变化，能较全面、客观地反映待测香蕉品种（系）对枯萎病的抗性类型和水平。选择地势平坦、肥力均匀、排灌方便、病原菌生理小种明确、发病均匀且枯萎病发病率达50%以上的蕉园。最好第一年仍种植感病品种，以检测病圃的均匀性。若对照感病品种发病率达不到标准，必须再增加菌量，一般采取将病株剁碎翻入耕作层或撒施本地强致病力菌株米饭培养物的方法进行土壤接菌，并多次犁耙以使病原菌均匀分布，以保证病圃鉴定的准确性。

采用随机小区排列，设 5 个重复，每重复每份参鉴种质双行种植叶龄为 6～8 叶期的假植组培苗，以中间株为调查对象，边界 2 株为保护株；以不抗病的主栽品种（1 号生理小种用‘粉蕉’或‘过山香’，4 号生理小种用‘威廉斯’或‘巴西蕉’）为对照品种；株行距及田间肥水管理与常规生产相同，但参鉴品种在全生育期内不使用枯萎病菌杀菌剂，杀虫剂的使用根据鉴定圃内虫害发生种类和程度而定。定植 30 d 后逐月记录枯萎病外部症状的发展。当植株出现典型黄叶或假茎纵向开裂等外部症状及切开球茎发现有黑褐病斑的内部症状为发病株，收获时统计发病株数。

自然发病条件下的田间鉴定是评价新品种（系）抗病性的最基本方法，其结果对反映该品种（系）在自然情况下的抗病性具有很好的代表性。但因所需周期和占据空间多，以及受季节限制等，不适于大批量种质材料的抗病性鉴定。因此，有必要建立快速、高效的初步鉴定和筛选方法以满足香蕉枯萎病抗病性鉴定的需要。

二、苗期室内鉴定

苗期室内鉴定是目前香蕉新品种（系）枯萎病抗性鉴定最常用的方法，其优点是比较灵活、易搬动，可人为控制发病条件。按一定量接种，根据接种对象抗性表现和发病程度可确定供试材料的抗性强弱，适合于大量种质资源材料和大批新品种（系）枯萎病抗性初步筛选与鉴定。

（一）盆栽苗伤根灌菌液法

将无病原菌椰糠、土和河沙混匀后装入塑料育苗盆，置于温室中备用。将组培的香蕉瓶苗种植于 12 cm×12 cm 塑料育苗杯中，杯内基质为无病原菌椰糠。待香蕉苗长出 3～4 片叶（约 30 d）时，移植于育苗盆（口径×高：17 mm×15 mm）中，每盆种植 1 株，称栽后及时喷水保湿，待香蕉苗长至 5 叶 1 心至 6 叶 1 心时接菌。病原菌分子孢子悬浮液浓度可视试验需要而定，一般浓度在 10^6 个/mL 以上。接种时，先用小铲在盆栽苗近根部一侧的位置垂直下切伤根，将 5 mL 孢子悬液缓慢淋灌于铲口处。每个香蕉品种处理 15 株，重复 3 次，以清水接种蕉苗为对照。按照常规方法浇施水肥，接菌后每隔 7 d 调查各处理的发病情况，35 d 时纵切球茎调查球茎受害状况。

为验证该方法的可行性，谢子四等（2009）采用本方法对引进的 10 份香蕉种质进行苗期抗病性评价，同年在海南省昌江县红田农场三队进行成株期抗枯萎病性鉴定，并对两种鉴定结果进行比较分析（表 5-1）。

表 5-1　盆栽苗伤根灌菌液法与田间成株期鉴定法

种质	盆栽苗伤根灌菌液法						田间成株期鉴定	
	病害内部症状		病害外部症状		评价结果		发病率/%	抗病类型
	严重度	级别	严重度	级别	抗性级别	抗病类型		
台蕉 1 号	2.9	2	1.7	2	2	中抗	13.3	抗病
台蕉 3 号	2.3	2	1.5	2	2	中抗	13.3	中抗

（续表）

种质	盆栽苗伤根灌菌液法						田间成株期鉴定	
	病害内部症状		病害外部症状		评价结果		发病率/%	抗病类型
	严重度	级别	严重度	级别	抗性级别	抗病类型		
台蕉4号	3.4	3	2.0	2	3	感病	16.7	抗病
台蕉7号	2.6	2	1.7	2	2	中抗	23.3	中抗
GCTCV-106	4.4	3	3.3	4	4	高感	33.3	中抗
GCTCV-119	2.0	2	1.7	2	2	中抗	6.7	高抗
GCTCV-247	2.5	2	2.4	3	3	感病	13.3	抗病
FHIA-03	3.5	3	2.7	3	3	感病	13.3	抗病
FHIA-18	2.1	2	1.9	2	2	中抗	6.7	高抗
FHIA-25	3.0	2	1.5	2	2	中抗	0.0	高抗

表5-1结果表明，两种方法的鉴定结果不完全一致，苗期接种表现为感病的种质在田间抗性评价中均表现为抗或中抗，这可能与苗期抗性鉴定时间短有关。田间调查发现，有些品系在田间出现假茎开裂、叶片黄化等枯萎病典型症状后，生长后期仍能抽蕾，且抽蕾时叶片数正常，产量虽有降低，但仍有收成。因此，在开展香蕉种质抗枯萎病评价工作时，需要投入充足经费保障开展田间抗性评价试验，并以田间抗性鉴定结果为准。

（二）盆栽苗伤根浸菌液法

接种前，将4～5叶期香蕉组培苗自苗床拨出，用自来水冲洗干净，剪除1 cm根尖，然后浸泡于病原菌分生孢子悬浮液中，以浸渍无菌蒸馏水为空白对照，浸泡30 min后植移栽至装有无病原菌细沙的营养杯，每杯种植1株，置于温室。病原菌分子孢子悬浮液制备方法同盆栽苗伤根淋菌法。接菌后每隔7 d调查各处理的发病情况，35 d时纵切球茎调查球茎受害状况。

（三）水培苗伤根浸菌液法

将组培的香蕉瓶苗种植于12 cm×12 cm塑料育苗杯中，杯内基质为无病原菌椰糠。待香蕉苗长至4叶1心至5叶1心时接菌，病原菌分子孢子悬浮液浓度可视试验需要而定，一般浓度在 10^6 个/mL 以上。将香蕉组培苗自育苗杯中拔出，用自来水冲洗干净，剪除部分根系，保留根长 2～3 cm，然后浸于孢子悬浮液中 30 min，将接种后的香蕉苗放置于培养杯内并进行固定，最后移到盛有香蕉苗水培营养液的水培箱中。每个香蕉品种至少接种 15 株，重复 3 次，以浸渍无菌蒸馏水为空白对照。塑料水培箱（长×宽×高：40 cm×30 cm×20 cm）上面放置厚为 2～3 cm 的定植板，定植板上开有 3 行、每行 5 个直径为 5.5 cm 的开孔，开孔内放置装有多孔洞培养杯，培养杯接触香蕉苗水培营养液深度为 0.5～2.0 cm。将接种后的香蕉苗置于温度 25～30℃，有光照的环境中进行观察，光照提供方式可为自然光或人工补光，保持水培箱内的香蕉苗水培营养液每小时通电加氧 10～20 min，并定期补充香蕉苗水培营养液，接种 6 d 后，开始记录植株发病情况，显症后每隔 3 d 观察并调查一次发病率及叶片病情指数，共调查 8～10 次，最后一次调查时切开球茎调查球茎受害状况。为验证该方法的可行性，曾莉莎等（2015）采用该方法鉴定了‘巴西蕉’‘农科 1 号’和‘抗枯 5 号’3 个不同抗性香蕉品种的抗枯萎病性，结果表明，3 个已知抗性的香蕉品种通过水培接种法鉴定的结果与抗感品种本身的抗病性程度相吻合。

（四）毒素鉴定法

镰刀菌酸（Fusarium Acid，FA）是尖孢镰刀菌（*Fusarium oxysporum*）在代谢过程中产生的一种非专化性毒素，该毒素能够抑制植物防御酶系统的活性并降低植物细胞的活力，还能快速引起寄主其他生理反应。自 1952 年高又曼从尖孢镰刀菌番茄专化型（*F. oxysporum* f. sp. *lycopersice*）、尖孢镰刀菌棉花专化型（*F. oxysporum* f. sp. *vasinfectum*）和赤霉菌（*Gibberela fujikuroae*）首次分离并作为致萎毒素报道以来，先后发现镰刀菌酸可以诱发棉花、番茄、豌豆、亚麻、西瓜等植物萎蔫（Mace *et al*，1981）。Drysdale（1984）证实香蕉枯萎病菌也分泌镰刀菌酸。香蕉枯萎病菌培养滤液的粗提物对香蕉具有明显的致萎作用（Morpurgo *et al*，1994；许文耀等，2004；Companioni *et al*，2005；李赤等，2010）。Morpurgo 等（1994）研究表明，香蕉枯萎病菌粗毒素培养滤液或纯毒素对离体培养的香蕉抗病和感病品种的致病性虽有差异但不显著，单用毒素无法区分抗病和感病香蕉品种。李梅婷（2010）也认为香蕉枯萎病菌毒素对不同抗性的香蕉品种均具有明显的致病性，但不同香蕉品种对毒素的敏感程度与其田间真实的抗病性无显著相关性；进一步实验也证明，田间表现较抗病的‘抗枯1号’和‘抗枯5号’品种，对病原菌孢子侵染表现发病较轻而对粗毒素则更敏感，从而说明香蕉的枯萎病抗性是能抵抗病菌的侵染和扩展，而不是抗毒素作用。Matsumoto等（1999）采用病原菌-毒素共培法，用获得的毒素培养滤液处理茎尖分生组织，在一定浓度下可以区分抗病和感病品种。李赤等（2011）用香蕉枯萎病菌4号生理小种粗毒素和纯品镰刀菌酸分别处理‘新北蕉’（抗病品种）和‘巴西蕉’（感病品种）幼苗叶片，并通过观察叶片超微结构变化研究了毒素与香蕉抗枯萎病性的关系，结果发现耐病品种对粗毒素和纯品镰刀菌酸均表现出较强的抗性，叶片超微结构遭到破坏程度相对较轻。由此可见，在一定条件下，不同抗病品种对镰刀菌酸的致萎性反应有一定差异，但与品种抗枯萎病性没有显著相关性，仅用香蕉枯萎病菌非寄主专化性毒素检测香蕉的抗病性可行性不高。

三、香蕉枯萎病抗病性的划分标准

香蕉种质资源的抗病性鉴定主要依据香蕉植株受病原菌侵染后不同发病程度的表现，通过病害严重度及发病率的调查进行评价。

（一）病情调查

苗期鉴定在香蕉苗接菌7 d后开始调查外部症状，35 d时纵切球茎调查球茎受害状况。

成株期鉴定枯萎病一般是定植1个月后，逐月记录各植株出现外部症状及死亡时间，收获时统计死亡或全黄叶植株数。

（二）病株的分级标准

依据接菌香蕉苗的外部症状其划分为1～5级，共5级，其中1级为健株，2级发病最轻，5级发病最重，病级分级标准见表5-2（刘以道等，2008）。

依据接菌香蕉苗的球茎症状其划分为1～8级，共8级，其中1级为健株，2级发病最轻，8级发病最重，病级分级标准见表5-2（Mohamed，2001）。

表 5-2　香蕉苗期枯萎病病株的分级标准

<table>
<tr><th colspan="2">外部症状</th><th colspan="2">球茎症状</th></tr>
<tr><th>病级</th><th>分级标准</th><th>病级</th><th>分级标准</th></tr>
<tr><td>1</td><td>叶片尚未变黄，健康有光泽</td><td>1</td><td>球茎不变色</td></tr>
<tr><td rowspan="2">2</td><td rowspan="2">下部叶片轻微褪绿、变黄</td><td>2</td><td>球茎不变色，但根与球茎交接处变色</td></tr>
<tr><td>3</td><td>球茎变色面积占球茎的 0～5%</td></tr>
<tr><td rowspan="2">3</td><td rowspan="2">下部叶片大部分褪绿、变黄，上部嫩叶开始褪绿、变黄</td><td>4</td><td>球茎变色面积占球茎的 6%～20%</td></tr>
<tr><td>5</td><td>球茎变色面积占球茎的 21%～50%</td></tr>
<tr><td rowspan="2">4</td><td rowspan="2">大部分或全部叶片褪绿、变黄</td><td>6</td><td>球茎变色面积占球茎的 50%以上</td></tr>
<tr><td>7</td><td>全部球茎变色、坏死</td></tr>
<tr><td>5</td><td>植株死亡</td><td>8</td><td>植株死亡</td></tr>
</table>

（三）抗性指标

根据调查结果计算各品种的发病率和病害严重度。

1. 病害严重度

将植株叶片或球茎的发病级别换算成严重度（Disease sevetiry index，DSI），以表示发病的平均水平。外部症状病情指数记为 DSI_L，球茎症状病情指数记为 DSI_R，计算公式为：

$$DSI = \frac{\sum (s_i \times n_i)}{N}$$

式中：

s_i——某一发病级别；

n_i——相应发病级别的病株数；

N——调查总株数。

计算结果精确到小数点后 1 位。

2. 发病率

统计黄叶、裂茎及球茎变色的植株数，计算发病率（RI），数值以“%”表示，计算公式为：

$$RI = \frac{n_i}{N} \times 100\%$$

式中：

n_i——发病总株数；

N——调查总株数。

计算结果保留整数。

(四) 香蕉抗枯萎病分级标准

以 DSI_L 和 DSI_R 为指标，将香蕉苗期的抗病性分为高抗（HR）、中抗（MR）、感病（S）和高感（HS）4 级（表 5-3）。

表 5-3　香蕉种质苗期对枯萎病的抗性分级标准

病害严重度（DSI）		抗性级别
外部症状（DSI_L）	内部症状（DSI_R）	
$DSI_L \leq 1.0$	$DSI_R \leq 1.0$	高抗（HR）
$1 < DSI_L \leq 2.0$	$1 < DSI_R \leq 3.0$	中抗（MR）
$2 < DSI_L \leq 3.0$	$3 < DSI_R \leq 4.0$	感病（S）
$3 < DSI_L \leq 4.0$	$5 < DSI_R \leq 8.0$	高感（HS）

由外部症状和内部症状分别确定该品系的抗性级别，2 种抗性级别不一致时，以“高”等级（抗性差者）作为该品系的抗性级别。

以田间株发病率（RI）为指标，将香蕉成株期的抗病性分为高抗（HR）、抗病（R）、中抗（MR）、感病（S）和高感（HS）5 级（表 5-4）。

表 5-4　香蕉种质成株期对枯萎病的抗性分级标准

株发病率（RI）/%	抗病性级别
RI<10	高抗（HR）
10≤RI<20	抗病（R）
20≤RI<40	中抗（MR）
40≤RI<60	感病（S）
60≤RI	高感（HS）

(五) 香蕉抗枯萎病鉴定结果评价（谢艺贤等，2009，2012）

将鉴定材料 3 次重复的病害严重度（DSI）加和平均，得到的病害严重度平均值用 ADSI 表示，用 ASDI 的大小判定品种的抗性级别，苗期人工接种鉴定调查表见表5-5。

表5-5　鉴定结果调查表（苗期人工接种鉴定，样表）

编号	种质名称	重复	调查总株数	病情级别					鉴定结果		
				1	2	3	4	5	病害严重度	病害严重度平均值	抗性水平
		Ⅰ									
		Ⅱ									
		Ⅲ									
		Ⅰ									
		Ⅱ									
		Ⅲ									
……………											
1. 接种日期： 2. 调查日期： 3. 记录人：											

鉴定技术负责人（签字）：

由外部症状和内部症状分别确定该品系的抗性级别，2种抗性级别不一致时，以“高”等级（抗性差者）作为该品系的抗性级别。

将鉴定材料3次重复的发病率（RI）加和平均，得到的发病率平均值用ARI表示，用ARI的大小判定品种的抗性级别。大田自然病圃鉴定调查表见表5-6。

表5-6　鉴定结果调查表（大田自然病圃鉴定，样表）

编号	种质名称	重复	调查总株数	发病总株数	鉴定结果		
					发病率/%	发病率平均值/%	抗性水平
		Ⅰ					
		Ⅱ					
		Ⅲ					
		Ⅰ					
		Ⅱ					
		Ⅲ					
……………							
1. 调查日期： 2. 记录人：							

鉴定技术负责人（签字）：

第六章

香蕉抗枯萎病育种概述

生产实践已证明，应用抗病品种是香蕉枯萎病综合防控技术体系中的核心技术，也是防控枯萎病最经济、有效的技术途径。而抗枯萎病育种的成效取决于对病原菌与寄主（香蕉）的互作关系和枯萎病抗性遗传规律的认识、抗源的获取及科学的育种方法。

一、抗病品种在枯萎病综合防控技术体系中的作用和地位

香蕉在整个生育期间遭受多种病害的为害，严重影响其产量与质量，香蕉种植能否获得成功，病害防治至关重要。香蕉病害的发生、传播、流行为害是由寄主、病原菌、环境的互作而形成的，缺少某一环节病害就不会发生。当然，在传播与流行环节中，人为因素也不容忽视。寄主植物有抗病、感病等不同类型及遗传属性。病原菌也有形态、世代的变化。自然环境更是复杂多变(土壤质地、生物及气象多变等)。针对这些复杂变化的不稳定性因素，综合防控技术更适合控制病害的为害。对综合防控的概念有了新的理解：即充分利用香蕉本身的抗逆性能与耐害补偿能力、拮抗生物的控害能力和其他自然因素的调控作用，采用经济、有效、安全、简易的手段与措施，并加以协调和组合，促使蕉园生态系统有利于香蕉生长而不利于病害的发生与为害。可见香蕉本身的抗病及罹病以后的补偿恢复能力，是抵御病害发生的重要前提条件。利用抗性品种是香蕉病害综合防治的基本环节和有效措施。

香蕉枯萎病是一种通过根系维管束形成系统侵染的土传病害。病原菌由地下根系入侵，危及地上部全株的生长，黄化、萎蔫症状是其集中的反映。在防治技术上，化学防治如土壤消毒，国际上通用的溴甲烷、氯化苦等熏蒸剂对于刚发生的蕉园确实可以达到消灭病点的目的，但大面积应用后控害效果及经济效益不太理想；农业防治如轮作，香蕉病田改种水稻、甘蔗3年后，特别是种水稻后，再种香蕉，尽管香蕉枯萎病仍会发生，但严重病田却已被改造成了零星病田，控病效果明显。但此技术不易推广，特别旱改水的限制，若不是稻区，改种水稻则有困难。因此，若种植的香蕉品种有较强的枯萎病抗性，能抵御病原入侵，或限制其发展，这就给综合防治病害奠定了基础。

香蕉枯萎病基本上遍布世界香蕉产区，是公认的毁灭性病害。零星发病蕉园，产量和品质都明显下降，大面积发生重病蕉园，毁株绝产。但在重病田种植抗性较高品种后，原绝产的蕉园同样能获得较好的产量。种植抗病品种，生

态效益也是显著的。当病田种植感病品种时，其根际土壤有利于病原菌的繁殖，残体上的病原菌是翌年的主要侵染源。种植抗病品种后，其根际土壤不利于病原菌的生存，不利于病田内病原菌的扩散与传播。

因此，单一的化学防治、农业防治等途径均难以从根本上解决该病的危害，而且还存在防治成本高、环境污染严重、生态负面影响大等缺点，是传统香蕉产区面积逐步萎缩的主因。由‘香芽蕉’品系成功取代被香蕉枯萎病菌1号生理小种严重危害的‘大蜜哈’品系，是香蕉枯萎病防控中最成功的范例，因此，培育抗枯萎病香蕉品种和生产无病组培苗是当前公认最有效的防控香蕉枯萎病的措施。

二、病原菌与寄主（香蕉）的交互作用

明确病原物与寄主（香蕉）之间的交互作用，是选育抗香蕉枯萎病品种的重要理论依据之一。这里包括以下两方面内容：一是垂直抗性与水平抗性；二是基因对基因假说。

（一）垂直抗性与水平抗性

这一理论观点由南非植物病理学家范德普兰克（J. E. Ven Der Plank）（1963）在《植病：流行和防治》著作中最早提出。

1. 垂直抗性（Vertical resistance）

寄主品种对病原菌某个或少数生理小种具有免疫或高抗性，而对另一些生理小种则是高度感染，这表明同一寄主对同一病原菌不同生理小种具有“特异”或“专化”反应，寄主品种的抗病力与病原菌生理小种的致病力之间存在特异的互作关系。垂直抗性通常由单个或少数几个主效基因控制，其杂交后代一般按孟德尔遗传定律分离，在遗传上属于质量遗传。这类抗性的遗传行为简单，抗、感差别明显，一般情况下，抗病对感病为显性，易于识别，常被育种专家所重视。垂直抗性大多表现为过敏性坏死反应，表现为免疫或高抗。它能把病原菌局限在侵染点和抗定殖的作用；同时由于它能抵抗某些对它不能致病的生理小种，因而在发病初期，它有减少病原物接种体数量的作用。由于这种抗病性是小种或生物型专化的，如果生产上大面积单一地推广具有该类抗性

的品种时，容易导致侵染它的生理小种上升为优势小种而被感染、淘汰。这在小麦条锈病和稻瘟病抗病品种大面积连年推广种植上已有惨重教训。假若要保持品种的抗病性稳定，必须使寄主是异质群体，或者寄主群体在时、空分布上呈不连续性，否则，这种抗性难以稳定和持久。在遗传方面，生理小种专一化抗病性通常表现为单基因性状，一个单基因能抵抗病原菌的一个或多个生理小种，这种抗病性对感病性往往是显性的。在垂直体系中，寄主抗病性差别是垂直抗性差异，病原菌致病性的差别则是毒性差异。

2. 水平抗性（Horizontal resistance）

水平抗性又称非小种特异性抗病性和非专化性抗性，即寄主的某个品种对各个病原菌生理小种的抗病反应是一致的，对病原菌的不同小种没有“特异”反应或“专化”反应。若把具有这类抗性的品种对某一病原菌不同小种的抗性反应绘成柱形图时，各柱顶端几乎在同一水平线上，所以称水平抗性。这种抗性通常由多个微效基因控制，具有这种抗性的品种能抗多个或所有小种，一般表现为中度抗病，它的作用主要表现在能阻止病原菌侵入寄主后的进一步扩展和定殖，表现为潜育期较长，病斑少且小，形成的病原菌繁殖体的数量相对较少，在病害流行过程中能减缓病害的发展速率，使寄主群体受害较轻。在农业生产中，因水平抗性抗、感症状表现不如垂直抗明显，鉴别较难，过去在抗病育种中往往忽视了具有水平抗病性品种。由于它对病原菌生理小种不形成定向选择压力，不致引起生理小种的变化，因而也不会导致品种抗性的丧失，抗性是稳定和持久的，有人也将这种抗性称为持久抗性。因此在抗病育种中，人们越来越重视一定水平抗性品种的选育。

自 Ven Der Plank（1963）提出垂直抗性与水平抗性概念以后，业界也有不少看法和观点。如 Wolfe（1972）认为寄主的抗病性从感病到免疫是一个连续的统一体，病原菌的致病性，从无致病力到强致病力，也是一个连续地统一体。寄主与病原物的互作，可有各种各样的表现形式。Arnold（1968）认为垂直抗性与水平抗性根本没有区别，它们仅是总的抗病性系统中的特殊情况。Zadoks（1977）则认为在垂直抗性和水平抗性的情况下，寄主的抗病力和病原菌的致病力之间均有相互的特异作用。据统计，约有 80%以上的农作物病害是靠抗病品种或主要靠抗病品种来控制或减轻其为害的。但实践反复证明，抗病品种在生产上应用若干年后，就会丧失抗病性。为了克服品种抗病性过早丧失，有学者提出持久抗病性或稳定抗病性概念。持久抗性是指适合于某些病害发生流行的环境条件下，某一个抗病品种在生产上大面积推广应用多年后，抗病性仍能保持较长时间而不“丧失”。

（二）基因对基因假说（Gene for gene theory）

这一理论观点由 Flor（1947）在对亚麻和亚麻锈菌互作的遗传规律研究中提出。

病原菌与寄主植物之间的关系，即现在所提的互作关系，就是在一定条件下，植物发病过程中寄主和病原物的相互作用，从而决定发病表型的由一系列的生理、生化和遗传调控过程。Flor（1947）曾以亚麻锈病（*Melampsora lini*）为代表进行研究寄主和病原物之间的互作关系，认为寄主中如有一个调节抗病性的基因，病原菌中也有一个相应的调节致病性的基因。假若寄主中有 2 个或 3 个决定抗病性的基因，于是病原菌中也会有 2 个或 3 个相应的决定无毒性的基因。基因组合表示寄主的抗病性表达需要寄主中决定抗病性的基因和病原菌中决定无毒性的基因互作，可以说寄主植物的抗病性不亲和性是由病菌和寄主特异性互作的结果。因此抗病性被认为是主动过程，而感病性则是由于寄主植物缺乏抗病基因或病原菌缺乏无毒性基因而表现的被动显症。该论点指出，寄主植物与病原菌能长期共存于自然界，主要是因为二者之间在进化过程中不断进行着相互选择和相互适应。因此，物种间的抗性（致病性）或不同程度的抗性（致病性），是长期自然选择和人工选择的结果。

三、种质资源

种质资源或称遗传资源，是指决定各种遗传性状的基因资源。香蕉种质资源包括野生种、突变体材料、引进品种和推广品种。种质资源是进行香蕉品种遗传改良的物质基础，也是研究香蕉属起源、遗传、进化和分类的基本材料。因此，广泛、持续收集、保存、研究与利用种质资源，是香蕉遗传育种研究领域的一项长期性基础工作。

抗源是抗病育种的决定因素，种质资源则是香蕉抗枯萎病育种中抗源的原始材料。中国从 20 世纪 90 年代就开始对收集的香蕉种质材料进行抗枯萎病性鉴定。1992—1994 年，曾惜冰等对国家果树种质广州香蕉圃保存种植的 45 份材料，其中 AAB 类 9 份、ABB 类 11 份、AAA 类 19 份、野生蕉 3 份、食用二倍体 2 份、食用四倍体 1 份，进行了抗枯萎病菌 1 号生理小种鉴定。结果表明，AAA 类品种‘香芽蕉’、ABB 类‘大蕉’、ABB 类‘芭蕉’和‘云南孟加拉’、AA

类‘贡蕉’和‘SH3362’‘野生蕉AB37’‘四倍体BB×ABB’及‘粉大蕉’同类的‘孟引82-9’表现抗病，AAB类型和ABB类型的‘粉蕉’和‘粉大蕉’、奥地利引进的香蕉品种‘Highgate’‘野生蕉’（AA）和‘龙门’（AB）表现感病。2002—2004年，陈厚彬等在广州番禺区对15个引进品系及1个主栽品种进行了抗枯萎病菌4号生理小种评估和筛选。结果表明，供试品种（系）可分为3类：抗病——‘FHIA-02’‘FHIA-03’‘cv. Williams’‘FHIA-23’‘GCTCV-119’‘FHIA-21’；中抗——‘CBRP39’‘TMB×5295-1’‘FHIA-18’‘SH-3640’‘SH3436-9’；感病——‘Williams’‘FHIA-17’‘Gros Michel’和‘巴西蕉’。2003—2004年，黄秉智等对引进的32份香蕉种质材料和国内28份种质材料，采用枯萎病重病园田间种植全生长期鉴定的方法进行了田间抗枯萎病菌1号和4号生理小种测试。结果表明，在32份引进的种质材料中，只有‘Gros Michel’‘Ney pooven’‘Bita-2’‘Pome 4’份高感香蕉枯萎病菌1号生理小种，1份疑似感病，其他均表现抗枯萎病；在60份香蕉种质资源中，对香蕉枯萎病菌4号生理小种表现为高抗的有‘FHIA-01’‘FHIA-02’‘FHIA-25’‘HIA-18’‘中山大蕉’‘番禺大蕉’‘东莞大蕉’‘美大蕉’‘海南酸大蕉’‘AAcv Rose’‘P. J. Buaya’‘Morong Princesa’‘Ney pooven’‘GCTCV-119’‘FHIA-03’‘金指蕉’等16份材料，‘CRBP39’表现为抗；‘Prata’‘FHIA-21’和‘新北蕉’表现为中抗。刘以道（2008）采用伤根灌菌液的接种方法，评价了36份香蕉种质苗期对枯萎病菌4号生理小种的室内抗病性。结果表明：在供试36份种质中，13份种质为中抗，22份种质为感病，1份种质为高感，无高抗种质。谢子四等（2009）采用苗期、田间抗性评价方法，对引进的10份香蕉种质进行枯萎病菌4号生理小种的抗性评价。结果表明：10份香蕉种质中，‘GCTCV-119’‘FHIA-18’‘FHIA-25’抗性为高抗；‘台蕉1号’‘台蕉4号’‘GCTCV-247’‘FHIA-03’抗性为抗；‘台蕉3号’‘台蕉7号’‘GCTCV-106’抗性为中抗。李朝生（2012）等采用苗期和田间抗性评价方法，分别测试两份‘粉蕉’品种（‘粉杂1号’和‘海南KKF’）对香蕉枯萎病菌1号生理小种、3份香焦品种（‘海南KK1’‘海南KK2’和‘新北蕉’）对香蕉枯萎病菌4号生理小种的抗性。结果发现，两份‘粉蕉’品种对香蕉枯萎病菌1号生理小种均表现为高抗，抗性较广西当家品种‘金粉1号’（中抗）好；3份香蕉品种中，‘海南KK2’对香蕉枯萎病菌4号生理小种表现为高抗、‘海南KK1’和‘新北蕉’表现为抗，3份香蕉品种对香蕉枯萎病菌4号生理小种的抗性均优于广西当家品种‘威廉斯B6’（感）。黄穗平等（2013）对11份香蕉品种进行了抗枯萎病专化型香蕉枯萎病菌4号生理小种的评价。结果表明，除‘金粉1号’病情指数为50.00，为感病品种（S）外，

‘广粉1号’‘红巴’‘抗5’‘碧盛’‘大丰’‘威廉斯’‘马来西亚’‘旱巴’‘巴西’‘粉杂’等10个品种病情指数在70.00～100.00，为高感品种（HS）。张俊（2013）对41份香蕉种质进行枯萎病菌1号生理小种的抗性鉴定，结果显示22份种质为中抗，14份为感病，5份为高感；在对55份香蕉种质进行枯萎病菌4号生理小种的抗性鉴定实验中，6份种质为中抗，18份为感病，31份为高感，无高抗种质。冯慧敏等（2014）采用伤根侵染法对42份香蕉幼苗进行处理。结果表明：接种1号生理小种时，7份材料表现高感，13份感病，22份中抗，无高抗；在接种4号生理小种时，25份材料表现高感，12份感病，5份中抗，无高抗。综合分析显示，M11和M25对枯萎病1号和4号生理小种均表现中抗。宋晓兵等（2016）研究了18份香蕉种质对香蕉枯萎病菌4号生理小种的抗性水平。结果表明，供试的18份香蕉种质中，2份（‘东莞大蕉’‘抗枯5号’）高抗，2份（‘碧盛’‘大丰’）抗病，3份（‘抗枯1号’‘粉杂’‘农科1号’）中抗，7份（‘粤优抗1号’‘广东-741’‘泰国B9’‘大蕉’‘台湾8号’‘海贡蕉’‘威廉斯8818’）感病，3份（‘巴西蕉’‘广东2号’‘广粉1号’）高感。1996—2016年我国香蕉品种种质资源抗枯萎病鉴定结果如表6-1和表6-2。

表6-1　1996—2016年我国香蕉品种种质资源抗枯萎病鉴定结果

鉴定者	份数	1号生理小种									
		高抗		抗病		中抗		感病		高感	
		份数	%	份数	%	份数	%	份数	%	份数	%
曾惜冰等（1996）	45			31	66.89			14	31.11		
黄秉智等（2005）	32			27	84.38			1	3.12	4	12.50
李朝生等（2012）	2	2	100.00								
张俊（2013）	41					22	53.66	14	34.15	5	12.19
冯慧敏等（2014）	42					22	52.38	13	30.95	7	16.67

表6-2　1996—2016年我国香蕉品种种质资源抗枯萎病鉴定结果

鉴定者	份数	4号生理小种									
		高抗		抗病		中抗		感病		高感	
		份数	%	份数	%	份数	%	份数	%	份数	%
黄秉智等（2005）	60	16	26.67	1	1.67	3	5.00	4	6.66	36	60.00
陈厚彬等（2006）	16			6	37.5	5	31.25	5	31.25		

（续表）

鉴定者	份数	4 号生理小种									
		高抗		抗病		中抗		感病		高感	
		份数	%	份数	%	份数	%	份数	%	份数	%
刘以道等（2008）	36					13	36. 11	22	61. 11	1	2. 78
谢子四等（2009）	10	3	30. 00	4	40. 00	3	30. 00				
李朝生等（2012）	3	1	33. 33	2	66. 67						
黄穗平等（2013）	11							1	9. 09	10	90. 91
张俊（2013）	55					6	10. 91	18	32. 73	31	56. 36
冯慧敏等（2014）	42					5	11. 91	12	28. 57	25	59. 52
宋晓兵等（2016）	18	2	11. 11	2	11. 11	3	16. 67	7	38. 89	4	22. 22

四、常规选育种方法

食用香蕉多属三倍体植物，具高度不育性，果实无种子，为无性繁殖作物。香蕉育种在 1922 年于特立尼达和多巴哥开始，其后为牙买加及洪都拉斯，以传统杂交方法进行品种改良研究。然而，由于香蕉的多倍性，以致香蕉的常规杂交育种相当困难。可利用种原有限，加上不育性造成育种技术上的困难，虽经多年努力，成果有限。因此，绝大多数香蕉栽培品种都是经过自然变异和选择获得的。近年来，虽在煮食蕉及具 B 基因型鲜食蕉的改良上获得一些进展，但在国际香蕉贸易中占重要地位的华蕉类品种仍未所突破。目前，香蕉抗病品种的选育主要有引种、芽变和组培苗变异、人工诱变与杂交等方法。在我国，通常是从境外引种后再进行芽变等筛选工作，利用本地原种开展香蕉育种的不多。芽变和组培苗变异选择育种，基本上都是对原有引进品种的变异株进行筛选，且世界上约有一半的香蕉栽培品种是经芽变而获得。

（一）引种对香蕉品种改良的贡献

引种因具有简单易行、立竿见影等特点，深受广大育种工作者青睐。如早在 1976 年，中国农业科学院品种资源研究所就从墨西哥引入 4 个香蕉品种，并于20世纪80年代在厦门郊区及漳州市各县推广。1985年，华南植物研究所从澳大利亚引进香蕉品种‘威廉斯’（AAA），并在1993年成为试管苗种植面积最大的品种。1987年湛江市农业生物技术研究中心从澳大利亚昆士兰原产局园艺所引入‘威廉斯’及其他香蕉品种共13个，此后，该所不断从其他国家引入了不少香蕉新品种。引进的优良品种，经适应性试种成功后，通过组织培养技术工厂化育苗，能够在短时间内大面积替换淘汰原有品种，对促进我国香蕉产业的发展及良种普及起着举足轻重的作用。

‘巴西蕉’系广东省湛江市农业生物技术研究中心于1989年通过澳大利亚昆士兰园艺所引自南美洲的‘巴西’。经两年的品比观察，发现该品种早生快发十分明显，苗期比同龄‘威廉斯’高出10 cm以上，抗香蕉枯萎病菌1号生理小种，且其综合性状都很理想，经过试种对比，最后确定选择‘西1’这个无性系加以推广，并以‘巴西蕉’为推广用名。引种成功后，‘巴西蕉’推广面积最大，覆盖广东、广西、海南、福建和云南5省（区），其中海南占95%以上，广东省番禺占80%以上，广东省徐闻县占70%以上，从根本上杜绝了香蕉枯萎病菌1号生理小种对中国香蕉的为害。该品种于2012年通过海南省农作物品种审定委员会认定，并获得品种认定证书（编号：琼认香蕉2012001）。由于香蕉枯萎病菌4号生理小种的肆虐，‘巴西蕉’的种植面积逐渐萎缩，目前香蕉产区特别是海南与广东已少见连片‘巴西蕉’。

1996年，自香蕉枯萎病菌4号生理小种在中国大陆香蕉产区发生以来，广东省及海南省就开展了抗香蕉枯萎病菌4号生理小种香蕉品种资源引进和适应性试种工作，经多年引种和比较试验，获得了以‘抗枯5号’‘金手指’‘宝岛蕉’及‘海贡蕉’等为代表的抗枯品种（表6-3），目前在海南与广东枯萎病蕉区已有大面积种植。

表6-3　我国大陆引进的抗枯萎病品种及其特性

年份（登记、认定）	品种来源	品种	抗病性	特性
2006	GCTCV-119（AAA）	抗枯5号	高	植株中高、抗寒抗风力弱、生育期长
2006	Goldfinger（AAAB）	金手指香蕉	中	植株高大、叶片较开张、丰产、生育期长
2012	宝岛蕉（GCTCV-218、新北蕉，AAA）	宝岛蕉	中	植株粗壮、叶片直立、丰产
2012	Inarnibal（AA）	海贡蕉	高	植株较纤细、叶片直立狭长、生育期短

2003年，广东省农业科学院果树研究所从国际香大蕉改良网络种质交换中心（ITC）引进香蕉品系‘GCTCV119’，经组培苗大田试验，该品系高抗香蕉枯萎病，因有多个‘香牙蕉’品系参与抗香蕉枯萎病试验筛选，‘GCTCV119’香蕉品系排号第五，故取名‘抗枯5号’，并于2006年通过广东省农作物品种审定委员会登记为香蕉新品种（粤登果2006001）。

‘Goldfinger’系广东省农业科学院果树研究所从国际香大蕉改良网络种质交换中心（ITC）引进的香蕉品种，经组培苗大田比较试种，发现该品种具有抗枯萎病、叶斑病、根线虫病及耐风、耐寒和高产等优点，以‘金手指’香蕉为推广用名进行应用，并于2006年通过广东省农作物品种审定委员会登记为香蕉新品种（粤登果2006002）。

‘宝岛蕉’（GCTCV-2018，俗称‘新北蕉’）是从我国台湾传统品种‘北蕉’的组织培养后代植株中选育获得，兼具有抗黄叶病和丰产优良特性的变异株。中国热带农业科学院热带作物品种资源研究所、环境与植物保护研究所和海南蓝祥联农科技开发有限公司于2002年先后从我国台湾引进‘宝岛蕉’，并将其与海南主栽品种‘巴西蕉’进行了品比试验，发现宝岛蕉的产量、果实品质、抗逆性等多个性状均优于‘巴西蕉’，随后开展组培快繁‘宝岛蕉’。于2006年开始在海南进行适应性试种和筛选，淘汰变异株，挖取优选株吸芽进一步组培驯化，从中挑选抗性及农艺经济性状良好的单株在海南省各香蕉产区进行多点试种。‘宝岛蕉’从引进、品比试验、区域试验、生产性试验再到配套栽培技术的研究推广，历经十余年，从多点试种、多造香蕉的试验结果表明，‘宝岛蕉’是兼具丰产和抗枯萎病的优良品种，2012年通过海南省农作物品种审定委员会认定，并获得品种认定证书（编号：琼认香蕉2012003），系海南首个引进并认定的抗（耐）香蕉枯萎病香牙蕉新品种，目前已成功在海南、广东、广西及云南蕉区进行了大面积推广和应用。

海南绿晨香蕉研究所、广东省农业科学院果树研究所从菲律宾引进‘Inarnibal’，经组培繁殖后在海南、广东省进行品种比较试验，再经过组培繁殖、试验和大面积推广种植证明，该品种组培苗后代天然高抗香蕉枯萎病菌4号生理小种，对香蕉枯萎病菌1号生理小种免疫。以‘海贡蕉’为推广用名，于2012年通过海南省农作物品种审定委员会认定，并获得品种认定证书（编号：琼认香蕉2012002），该品种已成功在海南、广东蕉区进行了大面积推广和应用。

(二) 芽变和组培苗变异选种对香蕉品种改良的贡献

食用香蕉虽为无性繁殖作物，但经多年培植，在各地蕉园中出现不少自发性变异。Stover 和 Simmonds 列出了 54 种不同的香蕉体细胞变异。突变类型包括株型、叶型、色泽、果房及果实等。其中以矮性突变对香蕉产业贡献最大。如中南美洲为全球重要的香蕉输出地区，在 20 世纪 60 年代前均种植高大的‘Gros Michel’或者‘Valery’为主，其后，中矮性植株管理方便，同时可减轻风害损失，渐渐被中矮性突变种‘Grand Nain’所代替。台湾地区的栽培品种‘北蕉’（AAA）乃从华南地区引进，已有 250 年栽培历史，至今仍是该省最重要栽培种。到 20 世纪 10 年代，台湾香蕉枯萎病流行，‘北蕉’发病最重。1919 年，在台中附近竹子坑发现‘北蕉’芽变种对枯萎病有免疫性，命名为‘仙人蕉’。‘仙人蕉’的抗病性虽未被证明，但因该突变种的种植，挽救了当时的香蕉产业。

突变育种在改良单一性状的选育上是较为有效的方法。香蕉组培繁殖过程中易出现体细胞无性系变异，即组培苗植株出现与母株性状不同的变异株，包括株型、叶型、色素、果型等的变异，出现频率通常在 5%～10%，有时高达 69%。变异率高低与组培繁殖品种的遗传稳定性、外植体类型及培养过程中的物理、化学条件密切相关。组培过程出现的变异绝大多数能稳定遗传，其中极少数变异如矮性、早生等优良性状可选择利用，成为育种所需的变异来源。

近年来，奥地利、南非、巴西、马来西亚、我国台湾省和大陆地区都开展了香蕉育种研究，并取得了一定进展。特别是自 20 世纪 80 年代以来，我国台湾香蕉研究所利用体细胞变异进行有关抗香蕉枯萎病菌 4 号生理小种的选育研究，采取农户举报在田间具有一定抗性的株系和组培苗的大量繁殖筛选相结合的方法，从中选择抗性株系，并对其后代断筛选，成效显著（邓澄欣等，2000）。先后选育出不少对香蕉枯萎病菌 4 号生理小种具有较好抗（耐）性的‘GCTCV105’‘GCTCV119’‘GCTCV215’‘GCTCV-217’‘GCTCV218’和‘TCI-229’等 GCTCV 系列香蕉品种（系）（表 6-4）。其中耐病系‘GCTCV215’便是从‘北蕉’突变株中经一再选育而成具经济栽培价值的品种，于 1992 年命名为‘台蕉一号’予以推广。‘台蕉一号’株型较高，易受风害，而后于 1992 年在‘台蕉一号’组织培养苗蕉园中发现矮型植株（TC1-229）具有抗风特点，命名为‘台蕉 3 号’并予以推广。‘台蕉 7 号’（GCTCV-215-1）已于 1992 年投入商业生产，属高型中抗类型；1996 年，从

‘台蕉3号’组培苗蕉园中选育出‘台蕉5号’。1996年，研究者们从‘北蕉’众多变异株中选育出植株粗壮、叶片直立、丰产的‘GCTCV218’，高抗香蕉枯萎病，发病损失可降低至10%以下，2000年开始较大规模推广，2001年命名为‘宝岛蕉’（俗称‘新北蕉’）（表6-4）。‘宝岛蕉’（Formosana）与‘北蕉’的综合性状比较见表6-5（Hwang，2003）。

表6-4　我国台湾香蕉研究所采用体细胞变异选育的抗枯萎病品系及其特性

选育年份	品系	抗病性	特性
1984	GCTCV-40	高	假茎细长、叶长狭长、果房异常
1984	GCTCV-44	高	植株矮化、叶片下垂、果轴稍短
1984	GCTCV-104	高	植株黄绿、果指较少、生育期长
1984	GCTCV-105	高	植株矮化、果蒂短且结实、果指短且直
1984	GCTCV-119	高	植株高大、叶缘波浪型、果肉甜、生育期长
1984	GCTCV-46	中	植株具黑色斑块、叶片直立、果疏少且果指短小
1984	GCTCV-53	中	植株矮化、叶片下垂、果疏少且果指短小
1984	GCTCV-62	中	叶片暗绿、生长缓慢、果疏少且果指短小
1987	GCTCV-201	中	植株粗壮、果柄短小
1988	GCTCV-215①	中	假茎细长、叶尖分裂卷曲、果房正常、生育期长
1990	GCTCV-216	中	植株非常高大、果房硕大、丰产、生育期长
1991	GCTCV-217	高	叶片直立、果穗紧密、丰产
1992	TC1-229②	中	植株中矮、叶片卷曲、果房正常
1996	GCTCV-218③	高	植株粗壮、叶片直立、丰产

注：①1992年命名为“台蕉一号”；②2000年命名为“台蕉3号”；③2001年命名为“宝岛蕉”。

表6-5　宝岛蕉（Formosana）与北蕉的综合性状比较

品种	假茎高度/cm	假茎周长/cm	叶形比	果梳数	果指数	果穗重/kg	生育期
北蕉	274	73	2.50	8.5	147	21.3	12
宝岛蕉	281	82	2.33	11.5	191	30.2	13

自1996年香蕉枯萎病在大陆香蕉产区发生以来，广东省及海南省就开展了抗香蕉枯萎病菌4号生理小种香蕉品种筛选、鉴定与选育工作，经多年体细胞变异选育，自主育成‘农科1号’‘南天黄’‘桂蕉9号’‘粉杂1号’和

‘热科 2 号’等抗性较好的抗枯萎病香蕉品种（系）（表 6-6）。

表 6-6　中国大陆采用体细胞变异选育的抗枯萎病品种（系）及其特性

年份（审定或新品种权）	品种来源	品种（系）	抗病性	特性
2008	巴西蕉（AAA）	农科 1 号	中	植株中秆、丰产
2011	广粉 1 号（ABB）	粉杂 1 号	中	植株中秆、叶片开张、较短窄、果指短而粗
2015	新北蕉（AAA）	南天黄	中高	植株黄绿、内茎淡绿或浅粉红色、春夏吸芽为青笋、耐寒、丰产
2015	巴西蕉（AAA）	桂蕉 9 号	中	植株中秆、绿色
2015	巴西蕉（AAA）	东蕉 1 号	中	植株中秆，丰产
2018	巴西蕉（AAA）	热科 2 号	中	植株高大、果指极长、果指中到宽、果柄中长

‘农科 1 号’由广州市农业科学研究所从‘巴西蕉’芽变异株系中选育而成。该品种中抗香蕉枯萎病菌 4 号生理小种，已于 2008 年通过广东省农作物品种审定委员会审定（粤审果 2008002）。

‘粉杂 1 号’由广东省农业科学院果树研究所、中山市农业局从‘广粉 1 号’的偶然实生苗变异株系中选育而成（粤审果 2011007），中抗香蕉枯萎病菌 4 号生理小种，主要分布在广东番禺、中山枯萎病区，广西、福建、海南枯萎病区也有一定的种植面积。

‘南天黄’由广东省农业科学院果树研究所从台湾香蕉研究所引进的‘宝岛蕉’（‘新北蕉’，‘Formosana’‘GCTCV-218’）经过多代选育而成。该品种已于 2015 年通过海南省农作物品种审定委员会认定，获 2016 年广州市及农业部主推品种，2016 年获农业部植物新品种权授权。该品种高产、优质、耐寒、中高抗香蕉枯萎病菌 4 号生理小种，中抗香蕉叶片病害。截至 2016 年春，在海南、广东、云南等地累计推广超过 1 000 万株。

‘桂蕉 9 号’由广西壮族自治区农业科学院生物技术研究所、广西植物组培苗有限公司、广西美泉新农业科技有限公司从‘巴西蕉’芽变异株系中选育而成，该品种中抗香蕉枯萎病菌 4 号生理小种，并已于 2015 年通过广西农作物品种审定委员会审定（桂审果 2015008 号）。系广西首个自主育成的抗（耐）香蕉枯萎病新品种，目前在广西、云南、海南等香蕉主产区有一定的种植面积。

‘东蕉 1 号’是东莞市香蕉蔬菜研究所、东莞市生物技术研究所、东莞市麻涌镇漳澎香蕉专业合作社利用‘巴西蕉’种植群体，通过芽变选种选育而成的香蕉品种，中抗枯香蕉枯萎病菌4号生理小种，已于2015年通过广东省农作物品种审定委员会审定（粤审果2015002）。

‘热科2号’是中国热带农业科学院环境与植物保护研究所从‘巴西蕉’突变单株中选育而成的中抗香蕉枯萎病菌4号生理小种的香蕉新品种，为海南省首个自主选育并获得新品种权保护权（品种权号：CNA20160401.3）的抗枯萎病香牙蕉新品种。经连续9年的香蕉枯萎病重病区试种观测，‘热科2号’综合农艺性状优良，长势、整齐度等指标优异，具有较强推广性。目前该品种在海南、广东、广西、云南进行区域性比较试验。

（三）诱变育种对香蕉品种改良的贡献

变异株选育种简单方便，但其主要特点在于变异小，仅对其母株的生物学性状进行了部分修饰。而人工诱变能在基因组水平引起较大遗传变异，可导致香蕉中某一生物性状的完全改变，从而获得能够高度抗病的新品种。利用人工诱变进行香蕉育种的构想，早在20世纪60年代便有所讨论，Broertjes和van Harten对早期香蕉诱变研究也作了很好的回顾。诱变因素能诱发植物基因突变、扩大遗传变异，是创造新种质、选育新品种的有效途径。常用的诱变剂有物理诱变剂和化学诱变剂两大类。

早期研究多为诱变效果的初步探讨，多以野生种子或栽培种的块茎辐射诱变处理，比较不同辐射剂量对成活率及变异率的影响。台湾在20世纪70年代曾积极进行香蕉诱变。1972—1975年，台湾香蕉研究所与中兴大学合作进行诱变良种，以组织培养诱导不定芽进行辐射线及化学诱变处理，其中以钴60的γ射线（25Gy）效果最佳，诱导出包括矮性、早生吸芽、不同色素等外型特异的突变株，并获得一株矮性丰产株，具有实用价值，可惜未曾继续研究。台湾香蕉研究所继续探讨化学诱变效果，以EMS、azide等诱变剂诱导出矮性或叶型突变株。类似试验在国外也有报道。这些早期的诱变试验，虽未有育成商品价值的新品种，但证明诱变育种在香蕉应用上的可行性，是日后研究的重要根据。

奥地利原子能委员会（IAEA）利用钴60以不同剂量照射7个香蕉栽培种的茎端分生组织，探讨各品种对辐射的敏感度。结果显示，随着各品种染色体数的增加，照射剂量随之增加，所产生的突变率为3%～40%。突变类型包括矮性、窄叶、假茎分裂、色素改变等。其中，从‘Grand Nain’（AAA）选出的早生突变系‘GN-60A’在各国试种，均有良好表现。其后，该突变系在马来西亚命名为‘Nov aria’，并予以推广，为香蕉第一个以诱变育种育成的商品化品种。Tulmann 等（1995）采用钴 60 的 γ 射线（30～35Gy）照射‘Maca’（AAB）茎端组织结合病圃观察，选育出抗香蕉枯萎病菌 1 号生理小种突变系。1998 年，Bhagwat & Duncan（1998）采用钴 60（20～40Gy）照射或 EMS 等处理‘Highgate’（AAA）的茎端组织结合苗圃接种病原菌分生孢子，从 3 257 株成活植株中，初步筛选出 20 株耐香蕉枯萎病菌 1 号生理小种特性植株。Matsumoto 等（1999）用 EMS 处理 Maca（AAB）从生芽结合试管中添加病原菌萃取液，初步获得 12 株抗香蕉枯萎病菌 1 号生理小种突变系。虽然没有报道显示这些品系在田间抗病能力的表现，但其结果还是显示诱变育种进行抗病选种的可行性。

广东省农业科学院果树研究所用^{60}Co-γ 射线辐射诱变‘巴西蕉’结合田间病圃单株筛选，成功选育出中抗枯萎病、生育期适中、果穗紧凑、丰产的‘中蕉 3 号’，于 2013 年通过广东省农作物品种审定委员会审定（粤审果 2013006）。随后该所以‘巴西蕉’胚性细胞系为材料，通过物理辐射诱变后，从其后代单株中选育出高抗枯萎病、植株绿色、叶姿较直立、叶片较厚、生育期长的‘中蕉 4 号’，于 2016 年通过广东省农作物品种审定委员会审定（粤审果 2016006）。

（四）杂交育种对香蕉品种改良的贡献

绝大多数香蕉栽培品种为三倍体，不能通过传统的杂交育种方式获得品质好、抗性强的优良新品种，但这种情况并不是绝对的。有些三倍体如‘*Gros Michel*’（AAA）、‘Silk’（AAB）、‘Maã’（AAB）、‘Mysore’（AAB）、‘Pome’（AAB）和‘Bluggoe’（ABB）等在减数分裂过程中也能产生不减数的三倍体配子，如果用野生二倍体香蕉的花粉进行授粉可获得少量四倍体种子。如洪都拉斯农业研究所经过多年努力，采用杂交育种方式获得了包括‘FHIA-01’（AAAB）在内的一系列具有优良农艺性状、抗病、抗寒等性能的优良新品种，并在生产中得到推广应用。但由于绝大多数香蕉栽培品种为三倍体，而优质的二倍体、四倍体种质资源非常有限，致使香蕉的杂交育种研究难以广泛开展。

南非以‘大密哈’（Gros Michel）或其突变体或‘Dwarf prata’为母本（AAB），以 AA 群品种（如‘Pisang Lilin’）或野生类群为父本，获得抗香蕉枯萎病菌 4 号生理小种的杂交品种‘Bodle Altfor’（AAAA）和‘Goldfinger’（FHIA-01AAAB）（Rowe & Rosales，1993），1962 年推广应用获得较好的防治效果。广东省农业科学院果树研究所以‘金手指’（AAAB）为母本，‘SH-3142’（AA）为父本，利用杂交技术结合田间病圃筛选，从杂交后代单株中选育出高抗枯萎病、叶姿开张、果穗较紧凑、丰产的‘中蕉 9 号’，并 2017 年通过广东省农作物品种审定委员会审定（粤审果 20170001）。目前该品种已在广东、云南有较大面积推广应用。

五、分子育种方法

近年来，随着分子生物学、植物病理学及基因工程技术的迅猛发展，运用基因工程手段提高植物的抗病性，为香蕉抗枯萎病育种提供了一个重要的途径。分子育种目前主要包括分子标记辅助育种、转抗病基因育种和分子设计育种三部分内容。

（一）分子标记辅助育种

分子标记辅助选择（molecular marker-assisted selection，MAS）主要是指基于分子标记和作图技术，利用与目标性状紧密连锁的 DNA 分子标记对目标性状进行间接选择，以在更短代数内就能够对目标基因的转移进行准确而稳定的选择，聚合多种目标性状特别是对选择隐性基因控制的优良农艺性状十分有利，结合加代技术就可以缩短育种年限，缩小育种群体，提高育种效率，聚合选育出抗病、优质、高产的品种。目前通常采用的分子标记技术主要有 RFLP、RAPD、AFLP 和 SSR 等。

在人类基因组研究的推动下，分子标记研究和利用得到了迅速发展，并已用于作物种质资源和育种的研究，特别是在构建分子遗传图谱、标记目的性状基因方面取得了很大的进展。不同于传统遗传标记，分子标记突破了生物体的性状形式（即检测时几乎离不开生物体的活体形式）和表达基因的遗传多态性范围，大大加快了各生物体遗传图谱的建立与发展，提高了基因定位的精度和速度。寻找与重要农艺性状及抗性相关基因紧密连锁的分子标记是进行分子标记辅助育种的关键。

国内外一些学者正致力于香蕉抗性基因分子标记的研究，一方面通过寻找与抗病基因紧密连锁的分子标记，能够直接或间接地定位抗病基因，另一方面利用与抗病基因紧密连锁的分子标记，把多个基因聚合在同一个品种中，从而实现抗源积累，提高抗病品种使用年限，并能把抗性与香蕉的其他重要农艺性状结合起来，为分子标记辅助育种提供有力的工具，从而大大缩短育种年限。DNA 标记为香蕉种质的多样性、起源、关联性和始祖特性的研究提供了新的见解，将辅助有性杂交育种中的亲本的选择。DNA 标记辅助育种（marker-aided breeding，MAB）为加速现有缓慢和土地密集型的香蕉遗传改良提供了新技术。但在国内外的研究中，能够直接有效地用于香蕉育种中分子手段还比较少。Wang 等（2012）利用抗病的‘Williams 8818-1’和‘Goldfinger’筛选到了两对与抗病相关的 RAPD 引物，并开发成两个 SCAR 标记。Cristiane 等（2015）针对巴西南部的香蕉枯萎病病菌，开发了一个特定序列扩增（sequence characterized amplified regions，SCAR）标记，用于鉴定不同基因型香蕉对该病害的抗感病性。王芳等（2018）从 100 对 SRAP 分子标记中筛选出一对引物 me9/em5，仅在感病‘香牙蕉’扩增出一条约 400 bp 的特异条带，而抗病‘香牙蕉’没有该条带。经回收测序，设计并获得引物 SC11/SC12，将 SRAP 分子标记成功转化为可以鉴定‘香牙蕉’对枯萎病的抗感病性的 SCAR 标记。该标记可以鉴定研究中涉及的‘香牙蕉’的枯萎病抗感病性，且准确率达到 96.875%。研究结果在香蕉抗枯萎病育种中具有较高的应用价值。

（二）转抗病基因育种

香蕉转基因受体系统和转基因方法是开展外源基因导入香蕉研究的基础，农杆菌介导的香蕉遗传转化研究最早的报道是在 1995 年，May 等（1995）首先以香蕉无菌苗的茎尖分生组织及假茎薄片为外植体，成功将 β-葡萄糖苷酸酶基因（β-glucuronidase，*GUS*）转入香蕉的受体细胞并获得了转基因植株，经 Southern 杂交分析，外源基因稳定整合到了转化植株的基因组中。这个报道有力地证明了农杆菌可以侵染香蕉，但这种方法转化效率低，以茎尖为受体获得的转基因植株多为嵌合体。Chakrabarti 等（2003）成功将 msi-99 Magainin 抗性基因导入香蕉体细胞胚中，并获得转基因植株，且转基因植株在苗期表现出对香蕉叶斑病和枯萎病菌 2 号生理小种的显著抗性。裴新梧等（2005）利用农杆菌侵染香蕉试管苗假茎薄片辅助基因枪轰击的遗传转化方法，将从黑曲霉中克隆的葡萄糖氧化酶（GO）基因转入香蕉品种‘粉蕉’（AAB）和‘泰蕉’（AAB）。PCR 分析表明有 61 株整合有 GO 基因，经大田病圃伤根浇菌筛选，获得2株具枯萎病抗性的转基因蕉株。但这些香蕉的基因型为AAB，没有中国主栽品种基因型AAA的报道。胡春华等（2009）建立了高效的香蕉遗传转化体系并将几丁质酶基因转到香蕉主栽品种‘巴西蕉’中。以香蕉主栽品种‘巴西蕉’球茎横切薄片为受体，采用固体—液体—固体培养基进行共培，选取G-418为抗性筛选用抗生素，经过3次转化试验，多次抗性筛选和PCR检测，获得5个抗性转基因株系。Dale等（2017）从一种野生蕉中克隆出一个*RGA*2的抗病基因，并将其转入栽培种香蕉，创建了6个具有该基因不同拷贝数的抗香蕉枯萎病品系。胡春华等（2017）成功建立香蕉CRISPR/Cas9基因编辑技术，并获得基因定点敲除的突变体体系，这也为香蕉遗传改良转基因育种开辟了新的途径。

植物利用基因沉默机制提高抗性已经有很多成功的报道。寄主获得抗性其本质是来源于病原菌自身的基因序列获得的抗性，这是由于内源表达产生dsRNA诱导植物的转录后基因沉默（PTGS）从而产生RNA介导的抗性，目前这一原理在病原真菌中也广泛应用并获得成功，被称之为寄主诱导的基因沉默（Host-induced gene silencing，HIGS）。利用HIGS原理通过转基因提高香蕉抗性已经有很多成功的报道，主要可以分为两种类型：一种是病原菌侵染前通过转化抗菌多肽的预防措施（Epple *et al*，1997；Abdallah *et al*，2010；Ghag *et al*，2014a；Mohandas *et al*，2013）。例如，繁缕（*Stellaria media*）的防御素基因*Sm-AMP-D*1等。另外一种是侵染后通过靶向病原真菌的重要致病基因或者发育相关基因从而获得的抗性。Paul等（2011）首先报道转基因细胞凋亡相关的基因可以赋予香蕉植株对香蕉枯萎病菌1号生理小种的抗性。同样，铁氧化还原蛋白类似基因（ferredoxin-like protein，*Pflp*）（Vishnevetsky *et al*，2011）、病原菌内源重要基因*Velvet*和*FTF*1（Ghag *et al*，2014b）以及其他细胞凋亡等基因（Ghag *et al*，2014c；Mahdavi *et al*，2012）为靶标HIGS转基因后，香蕉植株获得了对香蕉枯萎病的抗性。表6-7列出了1997—2015年报道的用于转基因抗枯靶标相关基因。

表6-7　用于转基因抗枯的候选基因一览表

抗枯靶标基因	基因来源	研究国家	参考文献
Thionin	拟南芥	瑞士	Epple *et al*，1997
Antimicrobial peptide	辣椒	朝鲜	Lee *et al*，2008
Glycosyl transferase	亚麻	波兰	Lorenc-Kukula *et al*，2009

（续表）

抗枯靶标基因	基因来源	研究国家	参考文献
Defensin	番茄	日本	Abdallah *et al*，2010
B cell lymphoma-2 3'-UTR	香蕉	澳大利亚、美国	Paul *et al*，2011
Xylem sap protein	番茄	荷兰	Krasikov *et al*，2011
Defensin	香蕉	印度	Ghag *et al*，2012
Thaumatin-like protein	香蕉	马来西亚	Mahdavi *et al*，2012
Antimicrobial peptide	香蕉	印度	Mohandas *et al*，2013
Sm-AMP-D1	繁缕（*Stellaria media*）	印度	Ghag *et al*，2014a
Velvet & FTF1	香蕉枯萎病菌	印度	Ghag *et al*，2014b
Cell-death genes	香蕉	印度	Ghal *et al*，2014c
FOW2，FRP1& OPR	香蕉枯萎病菌	澳大利亚、中国	Hu *et al*，2015

（三）分子设计育种

作物分子设计育种最初由荷兰科学家 Peleman（2003）提出，其目的是通过各种技术的集成与整合，在育种家的田间试验之前，对育种程序上的各种因素进行模拟、筛选和优化，确立目标基因型、提出最佳的亲本选配和后代选择策略、提高育种过程中的预见性。分子育种一般包括以下步骤：①找到育种目标性状的基因/QTL 或其紧密连锁标记；②利用 QTL 位置、遗传效应、QTL 之间的互作、QTL 与环境之间的互作等信息；③进行目标基因型的途径分析，制定育种方案；④根据制订的育种方案进行育种，在此过程中合理应用分子标记育种、转基因育种和传统育种技术，实现预期目标。由此看来，可把分子设计育种看成是分子育种的高级形式。全基因组选择技术也可认为是分子设计育种的组成部分。

近年来，随着分子生物学和基因组学等新兴学科的飞速发展，使育种家对基因型进行直接选择成为可能，作物分子育种因此应运而生。分子育种是把表现型和基因型选择结合起来的一种作物遗传改良理论和方法体系，可实现基因的直接选择和有效聚合，大幅度提高育种效率，缩短育种年限，在提高产量、改善品质、增强抗性等方面已显示出巨大潜力，成为现代作物育种的主要方向。

小 RNA 在介导病原物-寄主相互作用过程中发挥着重要的作用，具有提升植物抗病害能力的巨大潜力。植物内源 miRNA 是一类 21～24 nt 长度的小分子非编码 RNA，通过转录后水平以 mRNA 剪切或翻译抑制的方式沉默序列同源的 mRNA 靶标基因，已经有大量的报道证实植物内源 miRNAs 参与植物对病原菌的 PTI 和 ETI 免疫，过量表达植物内源免疫相关，miRNA 具有显著提高植物的抗病能力的巨大潜力（Navarro *et al*，2006；Li *et al*，2014）。中国热带农业科学院环境与植物保护研究所彭军研究团队通过转录组和差异 miRNA 测序分析后推测宝岛蕉存在一种依赖香蕉内源 miRNA 的防卫应答机制（Ouyang *et al*，2014；Shivaprasad *et al*，2012）。

病原物和寄主之间存在跨界的小 RNA 对话，病毒、真菌、细菌等能够依靠自身编码的小 RNA 抑制寄主防卫相关基因的表达从而促进侵染。在寄主中构建 RNAi 沉默载体抑制病原菌侵染过程中产生的致病性小 RNA 表达可以达到阻止病原物侵染从而培育抗性品系的目的，作为一种新的抗性培育和种质创新策略已经有成功的报道。目前已经证实，病毒、细菌等在侵染过程中产生大量的 miRNA 或 microRNA-likes（milRNAs）促进通过调节自身结构基因的复制水平或调控寄主的防卫相关基因从而促进早期侵染。同样，病原真菌编码的 siRNA 不仅可以靶标寄主 mRNA，而且利用小分子 RNA 作为 effector 进入植物细胞内部抑制植物免疫防卫反应（Weiberg *et al*，2013）。香蕉枯萎病菌在侵染过程中也产生自身编码的小 RNA 促进病原菌的侵染。彭军研究团队通过 PDA 培养香蕉枯萎病菌 1 号生理小种和 4 号生理小种后测序已证实香蕉枯萎病菌编码自身来源的小 RNA，并且与植物和动物一样存在保守的 miRNAs。

病原物和寄主之间存在跨界的小 RNA 对话，香蕉枯萎病菌产生自身编码的小 RNA 调控寄主基因表达促进侵染。此外，病原真菌进化及致病机理上相对保守，在 RNA 水平表达靶向这些致病性小 RNA 的沉默载体，为获得相对持久、环境友好的抗枯香蕉品系提供了可能。

第七章

香蕉枯萎病的农业防治

农业防治也称栽培防治，是农作物病虫草害综合防控的一项基础措施。利用农业生产过程中各种耕作、栽培及田间管理措施，创造有利于农作物生长和天敌发育、不利于病虫草害为害和大量繁殖的生态环境条件，从而避免或减轻病虫草害的为害。主要农业防治措施有以下两方面：选用抗病虫草品种和采用防治病虫草害的栽培技术。这些基本技术不仅对作物本身的生长发育起到促进作用，同时也是除虫防草不可或缺的措施。

一、枯萎病的侵染循环

侵染过程是指病原物与寄主接触和侵入后，在寄主体内生长发育，而后引起病害发生的过程。但侵染性病害的发生，必须有侵染源，且病原物须经一定途径传播到寄主植物上，才能引起侵染。同时病原物还要以一定的方式越夏和越冬渡过寄主的休眠期，才有可能引起下一季的发病。侵染循环是指病害从前一生长季节开始发病，至下一生长季节再度发病的过程。侵染循环是植物病理学上的中心问题，因为植物病害的防治措施主要是根据侵染循环的特征拟定的，香蕉枯萎病也不例外。

香蕉枯萎病为土传、系统性维管束病害，初侵染来源主要是带菌的球茎、吸芽、病株残体及带菌土壤和水源。随病株残体、带菌土壤、耕作工具、病区灌溉水、雨水、线虫等近距离传播蔓延，而带菌吸芽、土壤、二级种苗及地表水则成为远距离传播方式。病原菌能侵染一些杂草，但不表现症状，在没有种植香蕉时营腐生生活，待日后侵染。杂草中的病原菌也可以通过农事操作进行传染。在土壤中定殖的枯萎病菌，在合适的温度、湿度条件下，从病原菌厚垣孢子萌发出菌丝体，接触到香蕉的根系，菌丝体即可从幼嫩的根尖、近根冠或伸和茈表皮细胞、或伤口处（机械伤、虫伤）侵入根系内部。菌丝先穿过根系的表皮细胞，在细胞间隙中生长，继而穿过细胞壁再向根系原生木质部导管扩展，并在导管内以两种方式进行迅速繁殖：一是横向扩展，菌丝体随机分支，逐步形成网状分布；二是纵向生长，倾向于呈束状沿维管束单侧纵向生长繁殖，形成大量菌丝体，同时产生大量小孢子，这些小孢子随着输导系统的液流向上运行，依次扩散到球茎、假茎、下层叶片、上层叶片、果穗轴等部位。感病香蕉植株枯死后，枯萎病菌能以腐殖质为生或在病残体中营腐生生活，连作蕉园土壤不断积累病原菌，就形成所谓的“病土”。枯萎病菌在土壤中的适应性很强，遇到高温、干燥等不利环境条件时，还能产生厚垣孢子等休眠体以抵抗恶劣环境。因此，病原菌为兼性寄生菌，腐生能力很强，在土壤中一般能存活 8～10 年，蕉园一旦传入枯萎病菌，又不及时采取防治措施，将会以很快的速度蔓延为害。枯萎病病原菌进入寄主以后，采用死体营养方式，先降解寄主组织，杀死寄主细胞，再吸收营养，成为下一生产季节的初侵染源。枯萎病的侵染循环见图 7-1。

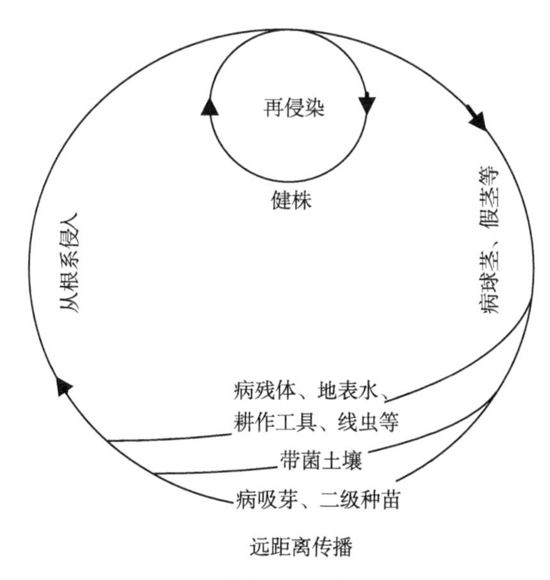

图 7-1　香蕉枯萎病侵染循环示意

二、种苗检疫与管理

对用于组培苗生产的吸芽要严格检疫，杜绝在病区及其邻近蕉区选取。二级蕉苗大棚应选在地势高、远离蕉类作物的地方，需用无香蕉枯萎病病菌的土壤培养，用无污染的水灌溉，采用福尔马林、多菌灵、石灰尘等消毒出入大棚的工具，进出口设消毒间，严禁非蕉苗生产人员进入棚内。

种植健康蕉苗：一级、二级蕉苗需进行产地和调运检疫；严禁病区的蕉苗（组培瓶苗和袋苗除外）和病土调到无病区；严禁从病区引进吸芽苗和营养袋中带病土的组培苗种植；种植者应购买经过检疫合格的香蕉种苗。

三、轮作、间作或套作

植物病害的严重为害，有时是由常年连作引起的。连作除消耗地力、影响作物的生长和它的抗病能力外，更重要的是土壤中病原生物休眠孢子和其他休眠体的积累，病株残体的增加和土壤中病原生物的大量繁殖。香蕉长期连作，因同一寄主作物多年种植，相适应的病原生物就不受节制地繁殖、积累，从而增加病原生物的群体数量，使病害逐年加重。

香蕉枯萎病的发生与土壤中尖孢镰刀菌的数量有关，其发病程度高低取决于根际土壤中尖孢镰刀菌数量。降低土壤中病原菌数量，抑制病原菌的繁殖是防治香蕉枯萎病的关键因素（何欣等，2010）。通过与香蕉枯萎病菌非寄主植物的轮作或间作，能够有效改善土壤微生物环境，从而抑制枯萎病菌数量，降低因香蕉连作障碍引发的土传病害的风险。2013—2014 年，赵明等（2015）对广西 5 个香蕉产区约 625 万株香蕉的枯萎病发生情况开展调查与分析。结果表明，与 2013 年相比，2014 年平均发病率达 2. 49%，发病率明显增加，病害年度间增长很快，2014 年平均发病率为 2013 年的 8. 89 倍，病情呈严重蔓延扩散趋势。另外，种植代（造）数越多发病率相对越高。1 代、2 代以及 3 代以上蕉均有不同程度发病，且发病率年份间呈现大幅上升趋势。其中以 3 代以上发病率最高，发病率分别为 1%和 2. 75%，是全部调查点当年平均发病率的 3. 57 倍和 1. 10 倍。这一规律符合香蕉枯萎病的田间发生特点，香蕉枯萎病菌入侵后会经过较长时间的潜伏期，病原菌经累积，数量达到一定量时，其症状表现才更加明显，呈现出入侵生物盛发状态，即蕉园发病率逐代递增。

大量试验证明，蕉园经轮作倒茬，因寄主作物的更替，病原菌的繁殖受到干扰，时间一长数量逐渐减少。另外，轮作还可调整土壤微生物群落结构，改善土壤微生物环境，促使对病原生物有拮抗作用的微生物活动加强，从而抑制病原物的滋生，从而达到减少病害发生的效果。

蕉稻轮作可明显减轻土壤传染病害的发生。辛侃等（2014）报道，蕉稻轮作联合稻秆的添加可有效降低土壤中香蕉枯萎病菌的数量和下茬香蕉枯萎病的发病率。其中轮作水稻处理比未淹水未种植水稻处理枯萎病菌的数量下降了 71. 5%，下茬香蕉枯萎病发病率降低了 81. 7%；与未种植水稻但淹水的处理相比枯萎病菌数量下降了 47. 8%，下茬香蕉枯萎病发病率降低了 71. 2%；种植水稻同时添加水稻秸秆能够显著增强病原菌的杀灭效果和对下茬香蕉枯萎病的防治效果，相比未添加物料轮作水稻处理，尖孢镰刀菌数量下降了 36.2%，下茬香蕉枯萎病发病率降低了 50.0%。另外，水稻种植期间不同处理的可培养真菌与放线菌数量随着时间的增加整体呈下降趋势，而在种植香蕉后随时间的增加呈上升趋势；土壤中可培养细菌的数量在水稻种植与香蕉种植期间随着时间的增加未呈现出规律性。

香蕉与韭菜轮作、间作或套作可减轻香蕉枯萎病的发生，采用种植 3 年韭菜轮作香蕉的种植模式，可在 1～2 年内有效控制香蕉枯萎病的发生。在广东省实际生产中发现，种过韭菜的地块香蕉枯萎病发病率降低。黄永红等（2011）采取与种植户合作的方式进行香蕉—韭菜轮作试验。结果表明，在 2007—2010 年，'巴西蕉'在韭菜地种植一茬的平均发病率为 1.73%，第二茬平均发病率为 10.0%，第三茬平均发病率为 21.5%。随着连作茬数的增加，发病率呈现显著增加趋势（表 7-1）。

表 7-1　田间韭菜—香蕉不同轮作方式下香蕉枯萎病的发病率

轮作模式	连作年限	种植面积/hm^2	发病率/%
韭菜—香蕉	一年	3.73	1.73 c
	二年	9.73	10.30 bc
	三年	8.53	21.90 b
对照	一年	0.33	52.00 a

注：同列数据后不同小写字母表示差异达 5%显著水平。

另外，从 2006—2008 年种植韭菜，于 2009 年 2 月在韭菜地中间作'巴西蕉'，韭菜和香蕉同时生长。在收获季节，2 500 多株'巴西蕉'生长良好，没有一株表现出香蕉枯萎病病症；而相邻的韭菜地（移除韭菜），同时种植'巴西蕉'，多株表现出香蕉枯萎病病症，发病率为 2.68%；在庙贝沙种植韭菜两年，第三年间作'广粉 1 号'，也是 100%收获，而相邻的韭菜地块，发病率为 4.28%。这说明韭菜地间作香蕉可以更好地控制香蕉枯萎病，而且韭菜也可以继续进行生长。研究认为这是因为种植韭菜时，韭菜地土壤中积累了某种"活性物质"，在田间抑制或者杀灭了香蕉枯萎病菌，将香蕉枯萎病病菌的浓度降低到不能使香蕉感病的阈值以下，从而抑制了田间香蕉枯萎病的发生。但是随着时间的延长，一方面，这种田间残留的"活性物质"浓度逐年消耗、分解，浓度降低，而得不到适当的补充；另一方面，田间香蕉枯萎病菌在不断恢复活力，重新繁殖，浓度增高。这两方面的因素造成了香蕉枯萎病发生率的再次升高。因此，间作韭菜与香蕉能源源不断保持“活性物质”浓度，从而较好控制香蕉枯萎病的发生。

Zhang 等（2013）在发现细香葱与香蕉间作和轮作对香蕉枯萎病有较好防效，并确定了其作用机制。细香葱的根和叶所散发出的气味对香蕉枯萎病菌有显著抑制作用，并证明了二甲基三硫（dimethyl trisulfide）和 2-甲基 2-戊烯醛（2-Methyl-2-pentenal）起主要抑制作用。柳影等（2015）报道，香蕉套种韭菜及配施生物有机肥对香蕉枯萎病有显著的防病效果，同时对香蕉生长还有显著的促进作用。有机肥+香蕉与韭菜套作、生物有机肥+香蕉单作和生物有机肥+香蕉与韭菜套作处理的防病效果分别达到 13. 6%、18. 7%和 45. 2%；香蕉与韭菜套作处理对香蕉生长促进效果最佳，香蕉移栽 240 d 后，株高、叶宽、茎围和产量比有机肥+香蕉单作分别提高了 20. 0%、6. 6%、10. 6%和 55. 6%。

赵娜（2014）对与不同作物轮作后茬香蕉枯萎病发生的调查发现，与菠萝和辣椒（*Capsicum annuum*）轮作后茬香蕉枯萎病发病率较低，为 15%和 18%，与西瓜（*Citrullus lanatus*）、玉米、茄子（*Solanum melongena*）、木薯轮作后茬香蕉枯萎病发病率介于 24%～28%，与番茄（*Lycopersicon esculentum*）、向日葵（*Helianthus annuus*）和大豆（*Glycinemax*）轮作后茬香蕉枯萎病发病率 34%～38%，进一步研究表明，蕉地轮作 1 年辣椒、茄子、番茄，后茬香蕉枯萎病发病率为 13. 41%、15. 87% 和 79. 10%，相对防效分别为 84. 65%、81. 84%和 9. 47%。柳红娟等（2016）报道，轮作木薯 1～3 年后，香蕉枯萎病的发病率由 90. 4% 降低到 40. 2%，相对防效分别为 9. 96%、24. 00% 和 55. 53%，木薯需要轮作 3 年以上才能达到较好防效。但因香蕉组培苗在生长前期组织幼嫩，抗逆性差，易染病，不宜在蕉园种植病毒中间寄主和传播病毒的蚜虫寄主作物，如十字花科的蔬菜、茄科的茄子和辣椒以及瓜类等作物。

连作香蕉地随着甘蔗轮作年限的增加，发病率逐年降低。连作蕉地轮作甘蔗 2 年后，4 年内仍能保持较好的抑病效果。结果表明，连作蕉地香蕉枯萎病发病率为 49. 15%，而轮作甘蔗 1 年后茬香蕉枯萎病发病率降至 17. 86%，轮作 2 年和 3 年甘蔗后茬香蕉枯萎病发病率仅为 1. 79%，相对防效高达 96. 36%（曾莉莎等，2019）。但后续 3 年回种香蕉发病率逐年递增，分别为 21. 93%、25. 80%和 28. 81%，后茬香蕉枯萎病发病率仍低于 30%，均低于多年连作蕉地的平均发病率（49. 15%），相对防效为 41. 38%（林威鹏等，2019）。

土壤微生物是土壤生态系统的重要组成成分，对土壤肥力的演变、植物有效养分的持续供给，有害生物的综合防控及土壤生物修复都有举足轻重的作用。国内外研究表明，连作、轮作等种植方式对土壤微生物的种群结构、活性和功能产生显著影响，进而影响土壤和生产力。轮作处理对香蕉根际微生物数量及种群结构也产生了显著影响。韭菜、木薯、甘蔗处理提高了细菌在整个微生物中的比例，改变了真菌及放线菌在整个处理过程中的比例变化，使整个微生物朝着有益菌的方向发展，减缓香蕉根际土壤由“细菌化”向“真菌化”转换，从而维持高质量的根际土壤质量，减少病原的感染，维持了香蕉根际微生物的平衡。另外，韭菜处理使得根际土过氧化氢酶、多酚氧化酶、磷酸酶、转化酶、脲酶及纤维素酶等酶活显著提高，由此可见，韭菜处理能提高香蕉对香蕉枯萎病的抗性，这与香蕉根际土壤酶活性的提高有很大关系，从而达到了防病的目的。

轮作甘蔗及回种香蕉后土壤微生物群落结构均发生了变化。连作香蕉地轮作2年甘蔗后，土壤可培养细菌总数随着轮作甘蔗年限的增加而显著增加，可培养放线菌总数和尖孢镰刀菌则呈逐渐减少的趋势，真菌总数无显著变化。土壤细菌多样性指数随轮作甘蔗年限的增加而降低。假单胞菌目（Pseudomonadales）、浮霉菌目（Planctomycetales）、酸微菌目（Acidimicrobiales）和土壤红杆菌目（Solirubrobacterales）的细菌丰度呈随甘蔗种植年限增加而逐年增加的趋势，并与香蕉枯萎病发病率呈显著负相关关系。酸杆菌目（Acidobacteriales）、红螺菌目（Rhodospirillales）和军团菌目（Legionellales）的细菌丰度则呈随甘蔗种植年限逐年降低趋势，并与香蕉枯萎病发病率呈显著正相关（曾莉莎等，2019）。

连作蕉地轮作甘蔗2年后，回种香蕉不同年限后土壤可培养微生物数量，并通过高通量测序技术分析土壤细菌微生物群落结构和组成的变化。结果表明，土壤放线菌和尖孢镰刀菌总数随香蕉种植年限增加而显著增加。高通量测序结果表明，酸杆菌门（32.86%）、变形菌门（28.85%）和绿弯菌门（12.33%）3个菌门为香蕉—甘蔗轮作系统香蕉根围土细菌的优势菌门。酸杆菌目（Acidobacteriales）细菌相对丰度随回种香蕉逐年增加，并与香蕉枯萎病发病率呈显著正相关的关系；而假单胞菌目（Pseudomonadales）、浮霉菌目（Planctomycetales）、球杆菌目（Sphaerobacterales）、乳酸杆菌目（Lactobacillales）和土壤红杆菌目（Solirubrobacterales）细菌随香蕉回种年限的增加呈下降趋势，并与香蕉枯萎病发病率呈显著负相关的关系（林威鹏等，2019）。

另外，赖朝圆等（2018）研究发现，轮作辣椒、甘蔗和冬瓜可以促进香蕉生长，显著降低再植香蕉的枯萎病发病率（防效达66.62%～75.41%）；而轮作南瓜后，香蕉枯萎病则发病率较高。李华平等（2019）报道，在轮作韭菜、生姜和黄瓜4年后分别再种植感病品种‘巴西蕉’，其枯萎病发病率分别仅为0.1%、5.2%和12.5%；而始终连作‘巴西蕉’，香蕉枯萎病的发病率达56.4%；将先前连作的‘巴西蕉’地改种‘广粉1号’和抗病品种‘南天黄’，其枯萎病发病率分别为48.6%和15.2%。研究结果进一步表明，对于香蕉连作地，即使改种抗病品种枯萎病的发病率也仍然较高。

综合不同轮作作物及轮作模式来看，香蕉与韭菜轮作效果最佳，其次是甘蔗、水稻、生姜、菠萝、木薯等。但采用轮作方式防治控香蕉枯萎病，其防效不仅与轮作的作物种类相关，还与作物的轮作时间有关系。即使是轮作效果最好的韭菜，也需要至少3年以上轮作才有较好的防病效果。因此，不同地区应根据土壤、地形及气候状况选择适合的轮作作物和年限，以此改善土壤理化性质和土壤微生物种群结构，达到减轻枯萎病为害的目的。

四、栽培管理措施

栽培管理措施防病在于调整寄主作物—香蕉与病原物所处的自然环境条件，旨在增强寄主作物的抗病性和补偿能力，削弱病原菌的致病性，抑制病害的发生与发展，减少病害的发生为害，从而达到防治香蕉病害的目的。该防治措施不像药剂等措施立竿有效，但它对病害的制约的持久性和对环境无公害是其他防病措施无可比拟的。

（一）土壤耕作

香蕉病害的病原生物主要分布在蕉园0～30 cm耕作层土壤中，而香蕉的根系属须根系，没有主根，故分布较浅，所有侧根及根毛分布于30 cm以上的土层，形成水平根系，长度最长可达5 m以上，这样就增加了病原菌侵染蕉株的几率。新蕉种植前，宜深翻、暴晒蕉园土壤，促使耕作层中的病残体、病原菌及寄生线虫加速消解，减少耕作层菌量，创造根系发育的良好条件，增强抗病力，能减少发病株率和减轻发病程度。

由于香蕉属浅根性植物，耕作土壤时容易伤根，因此松土或培土应根据根系的生长规律和当地的气候条件来进行。宿根栽培通常是在上茬蕉收获后，全园深翻土壤一次，深度15～20 cm，破除板结，有利于增强土壤通透性和蕉株抗逆力的作用。平地蕉园宜浅些，山坡地蕉园可适当深些，蕉头土壤不能翻松，或只能浅松，由蕉头附近向外逐渐加深，松后施腐熟农家肥及有机肥，这样，下雨后新根生长时即可吸收，效果很好。

（二）肥水管理

香蕉是速生快长、投产早、产量高的大型草本果树，在整个生长发育过程需要大量的肥水才能满足其生长。如果肥水不足或不及时供给，蕉株生长不良，就不可能获得优质高产。合理的施肥和灌溉，有提高土壤养分，调节土壤温、湿度等环境条件的作用，可促进蕉株健壮生长，从而达到提高抗病能力及抑制病原菌生长繁殖和侵染危害的效果。水、肥过多或不足，都会削弱香蕉的抗逆力，诱发多种寄生生物的致病为害。

合理排灌能加速香蕉生长，调节抽穗期，提高产量和品质，香蕉喜湿润、忌干旱、怕涝。若蕉园缺水会延长生长周期，降低产量和效益。尤其是组培苗种植初期，应淋水保湿。香蕉根系为肉质根，好气忌渍水，因此土壤的含水量不能过高，以免香蕉的根系因缺氧而发育不良，甚至出现烂根，因此水分管理对香蕉的生长非常重要。根据研究，蕉园土壤的含水量保持田间最大持水量的60%～80%，地下水位在 45 cm 以下为宜。因此，蕉园周围应深挖排水沟（沟深 60 cm 以上），起畦种植（畦高 30 cm 以上），做到能排能灌，保持畦面不积水，这不仅有利于香蕉正常生长，也能减少感染病害的机会。8 月中旬后雨水量减少时，畦面应覆盖稻草保湿，遇干旱时及时灌水，使园土保持湿润。建议采用低压微喷灌技术，淘汰漫灌或沟灌，减少流水传播途径，从而减轻香蕉黄叶病发病机率。有条件的蕉园最好实行独立排灌。

合理施肥是根据香蕉不同生长发育阶段及时足量施肥，前期施肥不足，生长缓慢，长势差，后期虽施足肥料，产量也很难提高，且采收期也会相应推迟。如果肥料过度集中在早期而后期不足，则果穗发育不良，很难获得优质丰产。由此可见，合理施肥是香蕉获得优质高产的关键。要做到合理施肥，必须根据蕉园的土壤和叶片营养诊断，结合土壤耕作和留芽制度指导施肥，在施肥上要重视各种肥料的配合，这样才能发挥肥料的效应，提高肥料的利用率。

研究发现不同蕉园香蕉植株的根际与非根际土壤表现为健康蕉园的多数理化因子的含量高于患病蕉园。在蕉园施肥过程中增施 P 肥、K 肥、有机肥并增施 Mg、Ca 肥可增强香蕉植株抗病性和耐病性，肥料可按 $N:P_2O_5:K_2O=1:0.5:1.8$ 混配。同时在蕉园中适当的增施 B 肥也可以增强香蕉植株的抗病和耐病能力。与硝态氮（NO_3^--N）相比，铵态氮（NH_4^+-N）对香蕉枯萎病有较好防效。在水培条件下，铵硝混合营养对香蕉生长的效果优于单一营养，尤其是在75%硝态氮±25%铵态氮处理下香蕉生长最好，叶片中氮、磷、钾含量也最高。然而相对于铵硝混合营养，全铵营养会导致香蕉生长受到一定的影响，但是却能够防止香蕉尖孢镰刀菌侵染进植物根系（张茂星等，2013）。然而，董鲜等（2015）却报道，硝态氮（NO_3^--N）处理能显著降低香蕉植株各器官的病原菌数量、发病率和发病严重程度。NO_3^--N处理增加了香蕉植株抗病相关矿质元素的吸收，诱导香蕉苗木质素形成，使其木质化程度增加，从而维持较高的光合作用，保持较高的抗病水平。

土壤酸化是香蕉枯萎病菌肆虐和迅速滋生蔓延的主要原因之一。已有相关研究表明通过调节土壤pH值可以有效地降低香蕉枯萎病的发生率，中性或偏碱性环境能抑制尖孢镰刀菌的萌发和致病。施用碱性肥料能显著降低香蕉枯萎病的发病率和提高香蕉产量。樊小林和李进（2014）报道，碱性肥料+长效肥料+速效肥料、碱性肥料+长效肥料、碱性肥料+速效肥料处理能有效地提高土壤pH值，使土壤pH值维持在7.0～7.4，并且能有效降低香蕉黄叶率、发病率和病情指数，对香蕉枯萎病有显著的防病效果。李进等（2016）报道，碱性肥料不仅可以为香蕉提供氮、磷、钾养分，而且能改良蕉园土壤酸性从而改善土壤微生物群落结构及环境，有效控制香蕉枯萎病的发生。施碱性肥料能显著降低香蕉枯萎病的发病率，常规肥料处理的香蕉发病率为78%，而碱性肥料处理的仅为33%。另外，樊小林和李进（2014）试验还证明，碱性肥料处理的香蕉经济收获率由对照的56%增加到了72%，每公顷增产13 267 kg，单株增产3.43 kg。碱性肥料增产的原因在于一方面提高了土壤pH值而降低了香蕉枯萎病发病率及其病情指数，减少了香蕉的黄叶数量，使香蕉有较多的绿叶进行光合作用而高产；另一方面香蕉生长期土壤处于中性偏碱环境能有效地抑制尖孢镰刀菌的萌发和致病，而有利于其他有益微生物的生长，从而为香蕉健康生长营造良好的土壤环境。由此可见，应用碱性肥料不仅是改良蕉园土壤酸性、均衡土壤养分、平衡香蕉营养的施肥技术，而且是防控香蕉枯萎病的有效措施。

农田土壤退化是农业面临的严峻问题。增施有机肥是农作物稳产高产、培肥地力、增强作物抗逆性的关键。增施腐熟有机肥和含有抗香蕉枯萎病拮抗菌的生物有机肥，构建香蕉根际土壤生物多样性，培育含有抑制香蕉枯萎病病原菌生长的拮抗菌、抑制香蕉根际土壤的病原菌数量和生长。施用有机肥的目的是培肥改土，是结合含有抗香蕉枯萎病拮抗菌的生物有机肥构建防御体系，给有益微生物、拮抗微生物提供营养，让拮抗微生物在香蕉根际土壤中能够充分发挥作用，抑制土壤病原菌数量，从而达到防治香蕉枯萎病的目的。施加秸秆、茶枯、牛粪、猪粪、稻秆、木豆饼、花生饼发酵液、木薯加工废弃物和木薯茎叶等，有助于促进植株生长，降低枯萎病病情指数，改善土壤微生物功能多样性。王瑾（2017）报道，第1年种植香蕉试验区，对照处理香蕉枯萎病发病率为1.3%左右，施用木薯加工废弃物有机肥处理香蕉枯萎病发病率降低0.5%；第3年种植香蕉试验区，对照处理香蕉枯萎病发病率为25.8%，施用木薯加工废弃物有机肥处理香蕉枯萎病发病率降至14.7%。第1年、第3年种植香蕉试验区香蕉产量每亩分别为3 270 kg、3 125 kg，分别比对照处理增产10.7%、10.2%。柳红娟等（2017）报道，木薯茎叶100%粉碎还田在一定程度上有助于土壤微生物种群改善，且有效促进香蕉生长、降低香蕉枯萎病的发病率。木薯茎叶还田可显著增加香蕉株高、茎粗、叶面积和叶绿素含量；显著降低香蕉枯萎病发病率。说明木薯轮作及其茎叶还田可促进香蕉的生长，降低香蕉枯萎病发病率（33.9%），而试验地周围的香蕉枯萎病发病率仍维持在85%。

香蕉枯萎病的发生除与香蕉品种有关外，与施肥方式也有关系，在香蕉枯萎病轻病区，只要措施得力，可有效降低香蕉枯萎病发生。陆少萍等（2016）试验发现，不同施肥方法对香蕉枯萎病抗性、产量及品质的有一定的影响。一次性施肥处理比常规施肥产量增加19.35 t·hm^{-2}，且一次性施肥处理的香蕉枯萎病发病率只有5%，品质也有明显改善，成本较低，经济效益较高（表7-2）。

表7-2 不同施肥处理对香蕉产量、枯萎病发病率及收效的影响

处理	收获时间	发病率/%	株产/kg	产量/ t·hm^{-2}	价格/ 元·kg^{-1}	收益/ 万元·hm^{-2}
一次性施肥	2014年4月	5	35	59.85	2	11.97
常规施肥		25	30	40.50		8.10

研究表明，微生物有机肥比单一拮抗菌株制剂或有机肥产品对香蕉枯萎病的防治效果好。单施拮抗菌制剂能较好地控制香蕉枯萎病，说明功能微生物发挥了作用。单施有机肥也给香蕉枯萎病菌提供了碳源和氮源，因此防病效果低于微生物有机肥。生物有机肥［有机肥+生防细菌混合菌剂，吸附量为10%（体积：质量）］和生物复混肥［生物有机肥+尿素、过磷酸钙和氯化钾（肥料配比为N：4；P_2O_5：0.5；K_2O：3）］不仅能抑制香蕉枯萎病菌（防病效果分别为61.5%和53.8%），也引起土壤微生物群落发生变化，真菌数量明显

下降，放线菌明显升高，细菌变化较小。通过相关分析发现，生物肥料中 3 种生防细菌总数与土壤中枯萎菌和普通真菌呈显著负相关，而与防病效果呈极显著正相关，有机肥中细菌与土壤细菌和放线菌含量也呈显著正相关（张志红等，2008）。微生物有机肥对香蕉枯萎病有较好防效的原因如下。

一是影响香蕉根际土壤和土体土壤微生物群落结构明显，且施用生物有机肥处理对根际土壤细菌数量的影响远高于对土体土壤的影响：与对照处理比较，生物有机肥+混合木霉菌剂处理、生物有机肥+单株木霉菌剂处理和生物有机肥+枯草芽胞杆菌剂处理的根际土壤细菌数量分别增加了 4. 30 倍、2. 75 倍和 3. 20 倍，放线菌数量分别增加了 2. 28 倍、2. 33 倍和 2. 14 倍，真菌数量分别减少了 19. 38%、23. 26%和 19. 07%，病原菌数量分别下降了 80. 27%、2. 18%和 74. 73%（表 7-3）。生物有机肥+混合木霉菌剂处理、生物有机肥+单株木霉菌剂处理和生物有机肥+枯草芽胞杆菌剂处理的土体土壤细菌数量分别增加了 6. 38 倍、6. 37 倍和 4. 80 倍，放线菌数量分别增加了 10. 5 倍、14. 35 倍和 10. 77 倍，真菌数量分别增加了 27. 77%、37. 85%和 11. 61%，病原菌数量分别下降了 79. 82%、2. 75%和 74. 02%（表 7-4）。

表 7-3　生物有机肥不同处理对香蕉根际土壤微生物数量的影响

处理	细菌/ 10^7 cfu · g^{-1}	放线菌/ 10^7 cfu · g^{-1}	真菌/ 10^7 cfu · g^{-1}	尖孢镰刀菌/ 10^7 cfu · g^{-1}
生物有机肥+混合木霉菌剂	95. 75±5. 72 a	4. 80±0. 39 a	3. 12±0. 19 b	8. 75±1. 47 c
生物有机肥+单株木霉菌剂	61. 25±6. 05 b	4. 90±0. 19 a	2. 97±0. 08 b	35. 50±1. 80 b
生物有机肥+枯草芽胞杆菌剂	71. 25±6. 06 b	4. 50±0. 30 a	3. 25±0. 11 b	11. 50±1. 11 c
生物有机肥	65. 75± 3. 40 b	3. 50±0. 27 b	2. 05±0. 20 c	42. 00±2. 54 a
CK	22. 25±2. 86 c	2. 10±0. 35 c	3. 87±0. 21 a	45. 50±2. 95 a

注：同列数据后不同字母表示差异达 5%显著水平。

表 7-4　生物有机肥不同处理对香蕉土体土壤微生物数量的影响

处理	细菌/ 10^7 cfu · g^{-1}	放线菌/ 10^7 cfu · g^{-1}	真菌/ 10^7 cfu · g^{-1}	尖孢镰刀菌/ 10^7 cfu · g^{-1}
生物有机肥+混合木霉菌剂	9. 07 ±0. 33 a	4. 10±0. 52 b	4. 32±0. 08 b	6. 50±1. 11 c
生物有机肥+单株木霉菌剂	9. 05 ±0. 30 a	5. 60±0. 49 a	5. 02±0. 18 a	23. 00±2. 23 b
生物有机肥+枯草芽胞杆菌剂	6. 82 ±0. 19 b	4. 20±0. 60 b	3. 53±0. 23 c	8. 25±2. 16 c
生物有机肥	4. 10 ±0. 27 c	0. 65±0. 11 c	3. 32±0. 22 c	25. 50±2. 95 b
CK	1. 42 ±0. 21 d	0. 39±0. 04 c	3. 12±0. 35 c	31. 75±2. 86 a

注：同列数据后不同小写字母表示差异达 5%显著水平。

二是影响蕉株体内防御性相关酶的活性：β-1,3-葡聚糖酶、过氧化物酶（POD）、苯丙氨酸解氨酶（PAL）和多酚氧化酶（PPO）是形成多种抗菌产物的关键酶，这些酶活性的提高对植物的抗病性很重要，其在植物体内的活性与植物的抗病性密切相关。匡石滋等（2013）报道，生物有机肥处理的香蕉植株根尖β-1,3-葡聚糖酶活性显著高于对照，提高了18.95%～37.13%。周登博等（2013）报道，施用豆饼、花生饼、菜籽饼的香蕉植株PAL、POD、SOD、PPO酶的活性均显著高于其他几个处理。施用生物有机肥能够提高香蕉植株体内相关酶的活性，提高香蕉植株对病原菌的抵抗力，从而提高防治香蕉枯萎病的效果。

三是影响土壤酶活性：土壤酶是一类具有生物化学催化性质的特殊物质，它参与土壤中许多重要生物化学过程。土壤酶与土壤质量密切相关。土壤有机质是土壤中酶促底物的主要来源，也可通过对土壤动物和微生物区系的作用而间接影响到土壤酶活性，土壤有机质的含量显著影响土壤酶的活性。丁文娟等（2014）报道，在基肥期和营养生长期，施用生物有机肥对香蕉生长表现出明显的促进作用，且不同程度地提高了土壤过氧化氢酶、蔗糖酶、脲酶和酸性磷酸酶的活性。

（三）土壤覆盖

蕉园土壤覆盖，对于调节土壤温度，保持土壤湿度，增加腐殖质含量，提高香蕉质量及产量有显著的作用。在高温季节，阳光直射土壤时，土温很高，对浅生的根系不利。而实施土壤覆盖可降低表土温度，减少高温对根系的灼伤。在冬季，进行土壤覆盖可以减少土壤的热辐射，对土壤起保温作用，减少对根系的冷害。同时，土壤覆盖可抑制杂草生长，减少病虫害，多数覆盖物腐烂后可疏松土壤，增加土壤的有机质，土壤覆盖通常于旱季采用。土壤有两种方法：生物覆盖和地膜覆盖。

生物覆盖包括在蕉园种牧草、生杂草、割杂草秸秆、蕉叶、碎假茎覆盖，这种方法可明显地提高表肥力。促进土壤养分循环再利用。如经机械打碎的杂草，秸杆腐烂的时间会更短，效果更佳。

地膜覆盖目前主要用黑色地膜。地膜可以阻止点面蒸发，保湿、防湿、保温、抑制杂草等作用，株间采用生物覆盖，增加土壤吸水力及减少地表径流，还可以增加土壤肥力。覆盖地膜时应注意先松土、耙平园地，畦中间高，两边稍低，减少积水，再覆上地膜，用泥块压实，以免被风刮走。

(四) 其他措施

杜绝病株及其组织残体传播。残留在蕉园内的病株或病残体组织内存有大量的香蕉枯萎病菌，这些组织残留在土壤内，就构成了土壤内的高菌量接菌土。发生香蕉枯萎病的蕉园要及时挖除病株，就地晒干焚烧。有条件的可先用草甘膦溶液注入发病香蕉植株（在植株高 30～50 cm 处注入，大株 10 mL，小苗 3 mL)，待植株枯死后，收集病株集中烧毁或深埋处理。

合理密植，是指香蕉既能有效地利用地力，又能有效地利用光能，降低蕉园湿度和株间的郁闭程度，保持一个通风透光的良好环境条件。提倡人工拔草、覆盖防草、适量使用除草剂，减少对香蕉的伤害。

另外，根结线虫为害造成的伤口利于病害的侵染，植蕉前一定要注意线虫防治。由于抗枯萎病品种较感束顶病、花叶心腐病等病毒类病害，要及时铲除病株和防蚜虫。

第八章

香蕉枯萎病的农药防治

防治香蕉枯萎病的农药包括化学类与生物类。化学类农药是指杀菌剂和特殊的化学物质；生物类农药是具有防病作用的生物制剂。

一、化学类农药

香蕉枯萎病是蕉苗与土壤传播的维管束病害，从苗期至成株期，整个生育阶段皆可侵染发病。其化学防治的关键在于药剂的速效与长效。速效即药剂施用后能迅速被吸收，运转至维管束中，并累积达到能抑制、杀死病原菌的有效浓度；长效药剂指的是具有缓释作用及不易受环境影响而分解、变性的性质。目前尚未有防治香蕉枯萎病的理想药剂，只能在发病初期用药液浇灌，对香蕉枯萎病菌的扩展有一定的抑制作用。多菌灵等苯丙咪唑类是一类具广谱杀菌活性的内吸性杀菌剂，该类杀菌剂在土壤中不易被分解，存留期长达数月之久，目前已广泛应用于多种作物病害。由于蕉株对多菌灵等药剂内吸性利用率低，大田防治效果较差。许文耀和吴刚（2004）报道。45%噁霉灵·溴菌腈的防治效果明显高于噁霉灵单剂和溴菌腈单剂。噁霉灵：溴菌腈=2：1 制成的45%噁霉灵·溴菌腈 WP 处理蕉园土中的孢子和菌丝，300～225 mg·L^{-1}药液对孢子和菌丝的抑制率均达 95%以上；处理香蕉枯萎病菌接种过 10 d 的盆栽香蕉组培苗，20 d 后的防效达 80%，比 25%溴菌腈 WP 625 mg·L^{-1}和 90%噁霉灵 300 mg·L^{-1}的防治效果分别提高 53%和 14%。

保水剂能保持水分供给作物利用，改善土壤结构，且已有研究表明，保水剂能利用表面吸附、离子交换作用、氢键、包裹作用而增加土壤保肥性或做成保水剂肥料。王忠全高等（2007）报道，土壤中混入吸有抗菌药剂的吸水树脂-保水剂（SAP）有减少香蕉枯萎病发病率的效果，同时病情也能得到较好的控制（表 8-1）。

表 8-1　抗菌保水剂对香蕉枯萎病的田间防治效果

处理	发病率/%	相对防效/%
CK	62.5	—
保水剂+五氯硝基苯+多菌灵	35.0	44.0
保水剂+噁霉灵	32.5	48.0

不少化学药剂在室内对香蕉枯萎病菌具有较好的抑制效果，如咪鲜胺·松

脂酸铜（范鸿雁等，2004）、噁霉灵·溴菌腈（许文耀等，2004）、咪鲜胺锰盐（李赤等，2008）和多菌灵·丙环唑（杜宜新等，2008）、咪鲜胺（郭立佳等，2013），但在田间的防治效果却不太理想。常规化学农药剂型施用方法为喷雾或淋灌，只能对植株表面进行处理，很难直接对已侵入植株维管束的病原菌产生抑杀作用。有些药剂具有内吸作用，但是内吸量很微量，控制作用有限。由于香蕉植株体内水分运输较快，现有农药剂型及施药方法很难控制维管束病害。胶囊剂是目前医药上一种口服药剂型，具有生物利用度高和缓释延效作用。蒲小明等（2015）采用香蕉叶鞘内注入胶囊杀菌剂绿茵2号（有效成分为噁霉灵），于2009年和2010年分别在广州市番禺区和东莞市麻涌镇进行了该药剂防治‘粉蕉’和‘巴西蕉’枯萎病的田间药效试验，防治效果分别达到58.00%和63.77%（表8-2），获得利润分别为6 005.0元/亩（1亩≈666.67 m^2，1 hm^2=15亩，全书同）和1 420.0元/亩，取得了较好的防治效果和经济效益。

表8-2　绿茵2号胶囊剂在番禺和麻涌防治香蕉枯萎病的田间试验效果

地点	品种	处理	总株数/株	发病数/株	死亡数/株	发病率/%	死亡率/%	防效/%
番禺	粉蕉1号	绿茵2号	243	97	77	39.92	31.69	58.00
		对照CK	242	230	219	95.04	90.50	—
麻涌	巴西蕉	绿茵2号	241	83	50	34.44	20.75	63.77
		对照CK	243	231	225	95.06	92.59	—

香蕉枯萎病菌可以在土壤中存活多年，常规化学药剂的防治有效期较短，且缺乏对病原菌持续稳定的杀灭效应，对初期防治有一定效果的药剂，却对农具交叉、人员流动携带病土等偶然因素的传播束手无策。土壤前期熏蒸或消毒处理是效果较好和较稳定的措施。林兰稳等（2003）试验发现，绿亨一号+多菌灵、五氯硝基苯+多菌灵、多菌灵+普克、敌克松+普克等混配药剂对香蕉尖孢镰刀菌的抑制效果最佳，持效期达较长，17 d以上（表8-3），可作为防治香蕉枯萎病的土壤消毒剂使用。

表8-3　几种杀菌剂单一、混配对香蕉枯萎病菌的抑制作用

药剂	稀释倍数	6天抑菌率/%	100%抑菌持效天数/d	镜检观察
绿亨一号+多菌灵	1 000	100	>17	分生孢子异常
绿亨一号+普克	1 000	96.7	5	—

（续表）

药剂	稀释倍数	6天抑菌率/%	100%抑菌持效天数/d	镜检观察
绿亨一号+代森锰锌	1 000	90.2	4	—
五氯硝基苯+多菌灵	800	100	>17	分生孢子异常
多菌灵+普克	800	100	>17	分生孢子异常
敌克松+普克	800	100	12	分生孢子异常
代森锰锌	800	73.6	3	—
绿亨一号	2 000	88.8	5	—
多菌灵	500	14.0	0	—
普克（福美双）	800	89.5	4	—
五氯硝基苯	800	80.7	3	—
敌克松	500	24.6	0	—
无菌水（CK）	—	0	0	—

利用改性石灰氮综合调控，清除土壤病原菌的消毒措施、切断灌溉水传播途径的灌溉水消毒措施及防治偶然因素交叉传染的接力消毒措施，不仅可以有效的降低了发病率，而且可以控制病情的危害程度，使发病率降低到13.75%（杜志勇和樊小林，2008）。刘小玉等（2012）报道，土壤消毒剂98%棉隆、50%石灰氮对香蕉枯萎病的防治效果分别为88.0%、74.8%，其防治效果显著优于10%二氧化氯（ClO_2）和99%溴氯海因（表8-4）。

表8-4　供试药剂对罹病香蕉组培苗的防治效果

药剂	病情指数	防治效果/%
棉隆	0.51	88.0 D
石灰氮	1.07	74.8 C
溴氯海因	2.67	37.0 A
二氧化氯	2.07	51.2 B
对照CK	4.24	0

注：同列数据后不同大写字母表示差异达1%显著水平。

二氧化氯（ClO_2）是一种强氧化剂，能有效杀灭细菌、真菌和病毒，一定浓度的ClO_2可有效杀灭土壤病原菌，将病原菌数量降至发病临界点下，且以其高效、光谱、安全的特性在我国农业中细菌、真菌性病害的防治方面日益受到重视。施用拮抗菌饼肥发酵液与使用消毒剂 ClO_2 处理土壤对香蕉枯萎病均有一定的防效，其中以土壤消毒剂与发酵液配合施用的效果最佳，防效可达60.82%（周登博等，2013）。对比强力消毒灵（30%二氯异氰脲酸钠缓释剂）和多菌灵，ClO_2 处理可有效杀灭土壤中的香蕉枯萎病菌，二氧化氯浓度越高，对病菌的杀灭效果越好；当浓度达到400 $mg \cdot L^{-1}$上时，处理土壤24 h就能完全杀灭土壤中高达 10^5 $cfu \cdot cm^{-3}$ 的香蕉枯萎病菌，并且处理浓度低于500 $mg \cdot L^{-1}$时，对香蕉幼苗的生长无不良影响（段雅婕等，2015）。

另外，ClO_2 对水源的消毒效果优于土壤消毒（表8-5），水源污染是土壤病原传播的重要途径，所以做好水源消毒可有效地预防土传病害在非疫区蔓延，降低香蕉种植的风险。大田防治时，高于5 $mg \cdot L^{-1}$的 ClO_2 进行水体消毒可有效预防枯萎病通过水源传播，对发病蕉穴土壤的消毒可以使用1 500 $mg \cdot L^{-1}$以上的 ClO_2 处理以达到清除病原的目的（陈远凤等，2015）。

表8-5　ClO_2 消毒液对水体和土体中gfp标记香蕉枯萎病菌小型分生孢子的杀灭效果

水体			土体		
处理	杀灭对数值	孢子死亡率/%	处理	杀灭对数值	孢子死亡率/%
ClO_2 2.5 $mg \cdot L^{-1}$	4.91±0.34 B	99.998±0.00 B	ClO_2 10 $mg \cdot L^{-1}$	0.51±0.15 B	67.69±11.31 B
ClO_2 3 $mg \cdot L^{-1}$	5.59±0.17 A	100.00±0.00 A	ClO_2 14 $mg \cdot L^{-1}$	0.78±0.10 A	83.39±3.96 A
ClO_2 3.5 $mg \cdot L^{-1}$	5.59±0.17 A	100.00±0.00 A	ClO_2 17 $mg \cdot L^{-1}$	0.82±0.05 A	85.31±1.53 A
ClO_2 4 $mg \cdot L^{-1}$	5.59±0.17 A	100.00±0.00A	ClO_2 20 $mg \cdot L^{-1}$	0.83±0.08 A	85.31±2.70 A

注：同列数据后不同大写字母表示差异达1%显著水平。

液氨本身是氮肥，施于有病地区，又具有杀菌除病作用，能使施肥与防病结合起来，具有工效高，成本低，省工、省时，一举两得等优点。氨水具有良好的杀菌效果，在农业生产上，氨水能够释放氨的高氮无机物，很早就被用来作为土壤熏蒸剂，杀灭土壤中真菌性病原菌和线虫等。沈宗专等（2015）研究了氨水熏蒸对高发枯萎病香蕉园枯萎病的防效和对香蕉产量的影响。结果表明，与熏蒸前相比，高发枯萎病香蕉园土壤每亩施用130 L的氨水熏蒸后，尖孢镰刀菌的数量下降了1个log单位；与对照处理相比，下降了0.5个log单位。与对照相比，氨水熏蒸处理使香蕉枯萎病的发病率降低了20%，每亩增产1.25 t。由于氨水熏蒸土壤时，不仅能杀病原菌，还能灭土壤中有益微生物，降低土壤微生物活性。低微生物活性的土壤生态系统不稳定，易受其他微生物侵染。故在土壤熏蒸后，需及时补施生物菌肥，以充分增加土壤中有益微生物的数量及比例。云南省农业科学院曾莉团队报道，99.5%地乐尔乳油、35%威百亩颗粒剂和石灰氮颗粒剂处理蕉园土壤对枯萎病的防效较好，且持续稳定，至移栽后 180 d 防效达 70%～80%，但至抽蕾期，其防效降到 60%左右，到后期，则基本无防效。说明目前的土壤消毒剂及处理技术效果有限（曾莉等，2016）。

土壤消毒后部分优势菌同时被杀灭，微生物群体结构发生变化，部分土壤微生物的生态位被调节，土壤微生物种群丰富度下降，由此造成土壤微生物生态结构不稳定，容易引起新的病害侵入或旧的病害复发。建议在完成土壤消毒后及时施用微生物活菌肥料，在降低土壤病原菌的基础上，增加土壤拮抗微生物的种类，提高土壤微生物多样性，改善土壤微生物生态结构，最终达到提高香蕉枯萎病防病效果的目的。

香蕉枯萎病菌灭菌处理的研究多集中于室内化学和土壤消毒，对香蕉枯萎病大田病株灭菌处理的研究不多。田间传统灭菌方法，如砍倒病株弃置于田间暴晒、生石灰消毒、喷施除草剂、喷施或灌注杀菌剂、深埋或焚毁病株等，均难以有效控制该病害的发生蔓延。陈福如等（2009）进行了注射草甘膦和咪鲜胺来防治枯萎病病株的试验。刘磊等（2015）比较了最佳混配液与生石灰、草甘膦、咪鲜胺的平板抑菌和大田灭菌效果。结果表明，咪鲜胺与多菌灵体积比为 10∶1 时得最佳混配液，可显著提高对香蕉枯萎病菌的抑制效果，增效系数为 1.53，EC50 值最小，为 0.025 $mg \cdot L^{-1}$；4 种药剂的 EC50 值由大到小为草甘膦>生石灰>咪鲜胺>最佳混配液。1 000 mg /L 最佳混配液喷施于大田病株 5 d 后根际土壤病菌含量下降了 95.93%，10 d 后球茎病菌含量减少了 71.88%，综合灭菌效果显著优于其他处理。此外，应用打孔灌药法可显著提高最佳混配液对大田病株的灭菌效果，施用 5 d 后球茎病菌含量减少了 95.95%。

长期以来，香蕉枯萎病化学防治技术的研究均未获得理想的效果。大量研究表明，致病毒素是植物病原菌在活体内和活体外均可产生的非酶类化合物，能在较低浓度下具有很强的生理活性，对寄主具有很强的损伤和破坏作用，而毒素本身并不会被植物代谢破坏，是一类重要的致病因子。一些化合物能直接作用于病原菌产生的毒素使其钝化或可直接毒素，从而减轻病害。采用对病原菌没有抑制作用但对其毒素有抑制作用的化合物处理植株，既可以降低病菌侵染对作物的危害，控制病情的进一步扩展，又避免了病原菌产生抗药性，因而钝化植物病原菌毒素可以为开发新型杀菌剂提供新的研究思路。漆艳香等（2007）从 10 种供试化合物中筛选出 3 种对香蕉枯萎病菌 4 号生理小种菌丝生长和分生孢子萌发抑制作用较弱，而对香蕉枯萎病菌4号生理小种毒素钝化效果则较强的钝化物，其中碘化钾（KI）的钝化作用最强，在15 g·L^{-1}的高质量浓度下离体香蕉苗均出现中毒现象，质量浓度为0.5 g·L^{-1}时钝化效果仍达67.05%；其次为乙二胺四乙酸二钠（EDTA·Na_2）和硫酸锌（$ZnSO_4\cdot 7H_2O$），质量浓度为5 g·L^{-1}时钝化效果分别为100%和98%（表8-6）。

表8-6　10化合物对香蕉枯萎病菌4号生理小种毒素的钝化效果

化合物	质量浓度/g·L^{-1}							
	5		2		1		0.5	
	病指	钝化效果	病指	钝化效果	病指	钝化效果	病指	钝化效果
硫酸铜	—	药害	—	药害	—	药害	13.89 a	75.00
碘化钾	—	药害	—	药害	—	药害	18.31 a	67.04
乙二胺四乙酸二钠	0.00 a	100.00	5.00 a	91.00	36.67 bc	33.99	40.00 b	27.99
硫酸锌	1.11 a	98.00	10.00 a	82.00	33.89 ab	38.99	41.11 b	25.99
硫酸亚铁铵	3.34 ab	93.99	27.78 b	49.99	32.22 a	42.00	45.56 c	17.98
高锰酸钾	15.56 b	71.99	26.11 b	53.00	37.78 bc	31.99	41.11 b	25.99
硫酸亚铁	22.22 bc	60.00	43.33 cd	22.00	48.89 de	11.99	54.45 de	1.98
氢氧化钠	25.56 c	53.99	35.56 c	35.99	40.00 c	27.99	43.34 bc	21.98
硫酸锰	26.51 cd	52.28	31.56 bc	43.19	33.45 ab	39.78	39.13 b	29.56
硝酸铵	35.35 d	36.37	44.19 de	20.46	47.34 de	14.78	50.5 de	9.09
粗毒素	55.55 e	—	55.55 e	—	55.55 e	—	55.55 e	—

注：同列数据后不同小写字母表示差异达5%显著水平。

杨媚等（2012）从15种候选解毒剂中筛选出对香蕉枯萎病菌4号生理小种毒素解毒效果最好的两种解毒剂——硫酸锌（$ZnSO_4$）和井冈霉素。在2 g·L^{-1}浓度下$ZnSO_4$和井冈霉素对香蕉枯萎病菌4号生理小种毒素的钝化率分别为76.67%和71.33%，而在5 g·L^{-1}浓度下，它们的钝化率分别达90.33%和80.00%（表8-7）。另外，毒素—$ZnSO_4$和毒素—井冈霉素处理体系在2 g·L^{-1}和5 g·L^{-1}浓度下对香蕉苗5种防御酶（PAL、POD、PPO、SOD和CAT）活性也发生了变化。香蕉苗PAL和PPO酶活高峰出现的时间（PAL 36 h、PPO 36 h和48 h）较毒素单独处理（PAL 48 h、PPO 60 h）早；SOD和CAT酶活高峰出现的时间与对照基本一致；而POD酶活高峰出现的时间较复杂。总体上，这个处理体系的酶活高于毒素单独处理和无菌水对照。“毒素—$ZnSO_4$处理体系”在PAL、SOD整体酶活上高于“毒素—井冈霉素处理体系”，而后者在其他3种酶活上普遍高于前者。

表8-7　15种候选解毒剂对香蕉枯萎病菌4号生理小种毒素的钝化率

候选解毒剂	质量浓度/$g \cdot L^{-1}$			
	0.5	1	2	5
氢氧化钠	55.67±0.20 a	68.00±0.13 a	72.67±0.13 ab	49.33±0.13 f
碳酸氢钠	-1.33±0.27 f	16.33±0.10 h	22.33±0.20 g	43.00±0.10 g
硝酸钠	33.33±0.20 d	45.33±0.13 d	28.33±0.23 f	34.33±0.13 h
柠檬酸钠	34.33±0.13 d	37.00±0.23 f	57.00±0.10 d	49.33±0.13 f
氯化钠	39.67±0.13 c	40.67±0.20 ef	32.00±0.10 ef	22.33±0.21 i
碘化钾	39.33±0.23 c	12.33±0.13 i	17.67±0.13 h	35.67±0.10 h
高锰酸钾	45.33±0.13 b	58.00±0.10 b	71.33±0.10 b	76.67±0.10 b
氯化钡	31.00±0.10 d	50.67±0.13 c	61.67±0.13 c	57.00±0.13 e
硫酸锌	42.00±0.10 bc	58.00±0.10 b	76.67±0.13 a	90.33±0.13 a
氯化钙	43.00±0.10 bc	58.00±0.10 b	75.33±0.13 ab	65.67±0.13 d
维生素B_1	32.00±0.10 d	43.00±0.10 de	53.33±0.13 d	72.67±0.13 c
可溶性淀粉	24.67±0.13 e	32.00±0.13 g	35.67±0.20 e	33.00±0.00 h
井冈霉素	39.67±0.13 c	53.33±0.13 c	71.33±0.13 b	80.00±0.01 b
重铬酸钾	药害	药害	药害	药害
硫酸铜	药害	药害	药害	药害

注：同列数据后不同小写字母表示差异达5%显著水平。

姬华伟等（2012）研究发现，盆栽试验中，加锌（$ZnSO_4 \cdot 7H_2O$）处理显著降低了香蕉枯萎病的病情指数，其中锌与拮抗菌21号菌同时使用防治效果最好，处理75 d病情指数比直接接菌处理降低62%。

二、生物类农药

由于香蕉枯萎病的病原菌为害香蕉植株的维管束，目前世界各产蕉国或地区防治香蕉枯萎病的主要措施是选育和推广应用抗病品种以及采取农业措施，至今尚缺乏高效的防治药剂。植物是生物活性化合物的天然宝库，其产生的次生代谢产物超过40万种，其中大多数化学物质如萜烯类、生物碱、类黄酮、甾体、酚类、独特的氨基酸和多糖等均具有杀虫或抗菌活性。从植物体内的次生物质中寻找有害生物的有效成分，人工直接提取应用或明确有效成分结构后人工合成制作农药，已成为无公害农药的开发热点之一。

中国中药资源丰富，这是开发植物源农药的理想来源。药用丁香（*Syzygium aromaticum*）为双子叶桃金娘科植物，味辛性温，气味芳香。功效为温中、暖肾、降逆，为常用中药材。其花蕾提取分离物丁香酚酯具有优良的抗氧化、抗菌、抗炎、抗病毒、分散能力。石菖蒲（*Acorus gramineus*）为天南星科菖蒲属植物，主产于四川，浙江、江苏等省亦有分布，是一种常用中药，具有开窍宁神，豁痰、化湿和胃，理气，止痛等作用，用于治疗痰厥，热病神昏，健忘，气闭耳聋，心胸烦闷，风寒，湿痹，胃痛，腹痛等症。石菖蒲提取分离物β-细辛醚是一种苯丙素类化合物，具有广泛的药理作用，如抗炎、抗肿瘤、保护呼吸及消化系统、杀虫灭菌等。花椒（*Zanthoxylum bungeanum*）为是芸香科、花椒属植物，具有温中止痛，杀虫止痒的作用。苦参（*Sophora flavescens*）为豆科植物，具有清热燥湿，杀虫，利尿之功。姜黄（*Curcuma longa*）为姜科、姜黄属多年生草本植物，具有行气破瘀，通经止痛功效。何衍彪等（2006）采用生长速率法，在 50 mg DW · mL^{-1}浓度下，对丁香、石菖蒲、花椒、苦参、姜黄 5 种中草药植物的抑菌活性进行筛选。结果表明，丁香、石菖蒲、花椒、苦参、姜黄丙酮提取物对香蕉枯萎病菌的抑菌率超过75%（表 8-8）；进一步研究表明，丁香 4 种不同极性溶剂的提取物在 1 mg DW · mL^{-1}浓度下对香蕉枯萎病菌相对抑制率达 86%以上，说明丁香抑菌物质丰富。其乙醇提取物对香蕉枯萎病菌有效中浓度 EC50 为 0.54 mg DW · mL^{-1}，约为石菖蒲的 1/10。

表 8-8　5 种植物丙酮提取物对香蕉枯萎病菌的抑制作用

	科	种	部位	菌落扩展直径/cm	相对抑制率/%
中草药/50 mg DW · mL^{-1}	桃金娘科	丁香	花蕾	0.00 c	100.00
	天南星科	石菖蒲	根状茎	0.00 c	100.00
	芸香科	花椒	果实	0.40 bc	93.25
	豆科	苦参	根	0.27 bc	95.45
	姜科	姜黄	块根	1.24 b	79.09
对照	丙酮			5.93 a	—

注：同列数据后不同小写字母表示差异达 5%显著水平。

王树桐等（2008）采用生长速率法，对丁香、厚朴（*Magnolia officinalis*

Rehd. et Wils）等 123 种常见中草药乙醇提取物的抑菌活性进行筛选。结果表明，提取物 100 倍稀释液对香蕉枯萎病菌 1 号生理小种的菌丝生长和孢子萌发抑制作用在 50%以上的提取物分别有 7 种和 9 种；对香蕉枯萎病菌 4 号生理小种的菌丝生长和孢子萌发的抑制作用在 50%以上的分别有 15 种和 14 种；进一步研究发现，稀释 200 倍后，只有丁香提取物和厚朴提取物对香蕉枯萎病菌 4 号生理小种的菌丝生长和孢子萌发抑制作用均达到 50%以上。丁香提取物对香蕉枯萎病菌 4 号和 1 号生理小种菌丝生长的抑制终浓度分别为 3 396. 31 $\mu g \cdot mL^{-1}$和3 375. 87 $\mu g \cdot mL^{-1}$。郭培钧等（2009）研究发现，β-细辛醚和丁香酚酯对香蕉枯萎病菌有良好的抑制效果，且在 0. 50 $mg \cdot mL^{-1}$浓度下，β-细辛醚和丁香酚酯对香蕉枯萎病菌的抑制率分别为 57. 97%和 61. 93%（表 8-9）。

表 8-9　β-细辛醚和丁香酚酯对香蕉枯萎病菌的抑菌活性

菌株	浓度/ $mg \cdot mL^{-1}$	β-细辛醚		丁香酚酯	
		菌落扩展直径/ cm	相对抑制率/ %	菌落扩展直径/ cm	相对抑制率/ %
香蕉枯萎菌	1. 00	0. 00	100	0. 00	100
	0. 50	1. 16	57. 97	1. 05	61. 93
	0. 25	1. 85	32. 97	1. 82	34. 01
	CK	2. 76	—	2. 76	—

葱属和姜属植物含有多种抑菌的活性成分。韭菜（*Allium tuberosum*）和葱（*Allium fistulosum*）、大蒜（*Allium sativum*）和洋葱（*Allium cepa*）为百合科葱属植物，姜（*Zingiber officinale*）为姜科姜属植物，它们不仅可作为人们膳食中的蔬菜，也可作为药物。韭菜汁对金黄色葡萄球菌、大肠杆菌、绿脓杆菌、痢疾杆菌、变形杆菌和枯草杆菌 6 种病菌有明显的抑制作用。韭菜叶提取液对芒果炭疽病菌、棉花立枯病菌和苹果轮纹病菌均有一定的抑制作用，对螨的致死率可达 57%以上。葱叶提取液对茄子黄萎病菌有较强的抑制作用，防效可达 70%以上。葱茎的石油醚提取液中含有 42. 07%的二硫化物和 16. 29%的噻烷类化合物，这两种化学成分可能是抑菌的主要成分（冯岩等，2011）。大蒜提取物对金黄色葡萄球菌和大肠埃希菌有抑菌环形成。洋葱汁对革兰氏阳性菌（枯草芽孢杆菌）和革兰氏阴性菌（大肠杆菌）都产生抑菌作用。姜根茎提取物对黄瓜疫霉菌和草莓褐斑菌有较明显的抑菌活性。

冯岩等（2010）、黄永红等（2011）、刘任等（2012）、杨江舟等

(2012)、叶倩等（2013)、杨静美等（2013)、穆雷等（2014）和王彤(2018）相继报道葱属植物提取物对香蕉枯萎病菌菌丝生长和孢子萌发有较强的抑制作用。冯岩等（2010）采用平板对峙和加入法，观察了新鲜韭菜和葱的根、茎、叶等部位的汁液对香蕉枯萎病菌 4 号生理小种菌丝生长和孢子萌发的抑制作用。韭菜和葱不同部位、不同浓度的汁液对香蕉枯萎病菌菌丝生长均有一定的抑制作用，其中以韭菜茎基部的汁液抑制作用最好，抑制率达 63.18%；加入法接种处理 72 h 后，韭菜汁对病菌菌丝生长的抑制作用效果显著，抑制率均达 94%以上，并以茎基汁液的抑制效果最好，抑制率达到 100%，葱叶汁原液的抑制率也可达到 100%（表 8-10)。韭菜各部位汁液质量分数超过 55%时，对香蕉枯萎病菌的孢子萌发影响显著，病菌孢子萌发率均为 0。另外，韭菜有机溶剂提取液中存在对香蕉枯萎病菌孢子有抑制作用的化学成分。香蕉枯萎病菌孢子的清水对照萌发率为 77.72%，石油醚、二氯甲烷和三氯甲烷溶剂对照的孢子萌发率分别为 65.89%、53.36%和 29.39%，石油醚对茎的提取液萌发率为 26.51%，其余均不萌发。丙酮和乙酸乙酯对病菌孢子的萌发有抑制作用（冯岩等，2011)。

表 8-10　韭菜和葱各部分汁液对香蕉枯萎病菌菌丝生长的抑制作用

方法	植物	质量浓度/w/%	叶		茎基		根		CK
			菌落直径/mm	抑制率/%	菌落直径/mm	抑制率/%	菌落直径/mm	抑制率/%	菌落直径/mm
平板对峙	韭菜	100	21.83 cd	56.81	19.50 d	63.18	27.50 b	41.36	42.67 a
		90	25.00 bc	48.18	24.50 bc	48.55	25.50 b	46.82	
		80	24.17 bc	50.45	24.83 bc	48.64	27.50 b	41.36	
	葱	100	36.50 d	15.30	37.17 cd	13.43	31.00 f	30.56	42.00 a
		90	39.67 b	6.48	38.67 bc	9.26	32.17 ef	27.31	
		80	40.00 ab	5.56	36.00 d	16.67	33.33 e	24.07	
平板加入	韭菜	100	6.00 b	100.00	6.00 b	100.00	7.67 b	97.38	35.67 a
		90	6.00 bc	100.00	6.00 b	100.00	6.00 b	100.00	
		80	6.67 b	97.75	6.00 b	100.00	7.50 b	97.94	
	葱	100	6.00 g	100.00	22.83 cd	13.43	20.50 de	51.12	35.67 a
		90	9.67 f	87.64	24.50 bc	37.64	19.17 e	55.62	
		80	19.00 e	56.18	27.00 b	29.21	18.50 e	57.87	

注：同列数据后不同小写字母表示差异达 5%显著水平。

黄永红等（2011）报道，在离体条件下，韭菜粗提取液能显著抑制香蕉枯萎病菌菌丝的生长，除造成菌丝变形、细胞的解体外，还能显著抑制孢子的萌发并导致孢子失去活性。大棚盆栽试验中，韭菜处理的‘巴西蕉’香蕉苗枯萎病发病率降低 70%，病情指数降低 86.9%；韭菜处理的‘广粉 1 号’粉蕉苗枯萎病的发病率降低 76.7%，病情指数降低 93.4%。

杨江舟等（2012）研究发现，随着韭菜根系浸提液质量浓度的增加，菌丝生长减缓，孢子萌发率降低，对病原菌菌丝生长和孢子萌发的抑制作用增强。香蕉苗期接种试验防病效果显著，随着韭菜根系浸提液质量浓度的增加，防病效果增强，当达到最大测试质量浓度 160 mg · mL^{-1}时，防病效果达到 53.66%。其次，韭菜根系浸提液不仅能显著减少土壤中香蕉枯萎病菌、真菌和放线菌数量，提高细菌的数量。韭菜根系浸提液还能够提高土壤微生物对碳源的利用能力和土壤微生物群落的多样性、丰富度和均匀度，说明韭菜根系浸提液能改善土壤微生物群落结构，增强土壤微生物生态系统的稳定性和抑病性（表 8-11、表 8-12）。

表 8-11　韭菜根系浸提液对土壤微生物群落多样性指数的影响（96 h）

ρ 浸提液/mg · mL^{-1}	Shannon 指数	Simpson 指数	Mclntosh 指数
0（CK）	3.3±0.2 c	44.3±0.0 c	8.40±0.22 c
40	3.29±0.02 b	51.89±1.30 b	9.49±0.02 b
80	3.32±0.01 b	53.55±1.19 b	9.99±0.07 a
160	3.38±0.01 a	58.80±0.79 a	10.14±0.07 a

注：同列数据后不同小写字母表示差异达 5%显著水平。

表 8-12　韭菜根系浸提液对土壤微生物利用碳源底物能力的影响

ρ 浸提液/mg · mL^{-1}	聚合物	糖类	羧酸	氨基酸	胺类	其他
0（CK）	1.33 b	1.93 ab	0.77 c	1.34 b	0.49 b	1.38 b
40	1.55 ab	1.84 b	1.17 b	1.65 a	2.01 a	1.5 ab
80	1.69 ab	1.91 ab	1.29 b	1.9 a	2.03 a	1.51 ab
160	1.86 a	2.01 a	1.45 a	1.81 a	2.04 a	1.59 a

注：同列数据后不同小写字母表示差异达 5%显著水平。

叶倩等（2013）报道，葱、姜、蒜各提取液在 2.50 g · mL^{-1}的工作浓度下，葱、姜、蒜的水提取物抑菌率分别为 69.27%、22.70%、100%，葱、姜、蒜的乙酸乙酯提取物抑菌率分别为 15.60%、1.42%、100%；韭菜水提取液、乙酸乙酯提取液在 2. 10 g 组织 · mL^{-1}的工作浓度下抑菌率都可达到 100%；韭菜水提取液乙酸乙酯萃取后所得水相、酯相提取液抑菌率分别为 28. 75%、100%（表 8-13）。

表 8-13　韭菜、葱、姜、蒜不同溶剂提取物抑菌效果

提取物	工作浓度（g 组织 · mL^{-1}）	抑菌率/%
葱水提取物	2. 50	69. 27
葱乙酸乙酯提取物	2. 50	15. 60
姜水提取物	2. 50	22. 70
姜乙酸乙酯提取物	2. 50	1. 42
蒜水提取物	2. 50	100. 00
蒜乙酸乙酯提取物	2. 50	100. 00
韭菜水提取取	2. 10	100. 00
韭菜乙酸乙酯提取物	2. 10	100. 00
韭菜水提取物乙酸乙酯萃取水相	2. 01	28. 75
韭菜水提取物乙酸乙酯萃取酯相	2. 10	100. 00

据报道，韭菜中对香蕉枯萎病菌有抑制作用的化感物质有 2-甲基-3-硫醚（dimethyl trisulfide，DMT）、2-丙基-3-硫醚（dipropyl trisulfide，DPT）和 2-甲基-2-戊烯醛（2-methyl-2-pentenal，MP）等活性成分（王彤，2018）。王彤（2018）研究了‘富韭黄 2 号’‘多抗四季青’‘多抗富韭 11’‘富韭宝’‘富苔韭 1’号和‘紫根春早红’六种典型的韭菜品种对香蕉枯萎病菌抑制作用的室内和田间分析。结果表明，六种韭菜均能抑制镰刀菌的生长，其挥发物中‘富韭黄 2 号’效果最明显，抑菌率达到 60%；‘多抗四季青’次之，抑菌率达 25%；在水浸提液中‘多抗四季青’效果最明显，抑菌率达到 72%；‘富韭黄 2 号’次之，抑菌率达 69%。并进一步以 DMP、DPT 和 MP 3 种抑菌物质为特征指标，定量分析了 3 种化感物质在六种韭菜品种中的含量。结果表明，实验结果表明在挥发物中‘富韭黄 2 号’的 DMT、DMP 和 MP 的含量最高，其含量分别为 4. 454 μg · g^{-1}、0. 0482 μg · g^{-1}和 0. 043 μg · g^{-1}。在水浸提液处理组也以‘富韭黄 2 号’的 DPT 和 MP 的含量最高，分别为

5.240 μg · g^{-1}和0.983 μg · g^{-1}；'多抗四季青'次之，其 DPT 和 MP 含量为 43.446 μg · g^{-1}和 0.874 μg · g^{-1}，而且，'多抗四季青'中 DMT 的含量在六种韭菜品种中最高，为 546.375 μg · g^{-1}。经盆栽和田间间作栽培发现，间作韭菜处理组香蕉枯萎病的发病率比单作香蕉的发病率低，且每株发病叶片数也比单作香蕉少，其差异性显著。其中又以间作'富韭黄 2 号'处理组的抑菌效果最好，间作韭菜的香蕉枯萎病的发病率比单作香蕉的发病率低，且每株发病叶片数也比单作香蕉少，其差异性显著。

生产实践中发现，葱属植物韭菜与香蕉轮作或间作能有效控制香蕉枯萎病（黄永红等，2011）。同属于葱属植物的大蒜、大葱的水粗提液也均能显著抑制香蕉枯萎病菌的菌丝生长（穆雷等，2014）。研究还发现，菊科和芸薹属植物含有大量抗菌物质，对病原菌具有较强的抗菌活性。蒲丽冰等（2015）采用菌丝生长速率法和孢子萌发法测定了 10 种菊科、9 种芸薹属及 1 种葱属植物的水粗提液对香蕉枯萎病菌的离体抑菌作用。结果表明，水粗提液浓度为 200 mL · L^{-1}时，韭菜、向日葵（*Helianthus annuus*）和油麦菜（*Lactuca sativa var. longifolia*）对供试菌株菌丝生长的抑制作用最明显，其中，全株水粗提液的抑制效果最佳的植物是韭菜，抑制率高达 93.6%，其次为向日葵 87.0%和油麦菜 83.9%；根部水粗提液的抑制效果最佳的植物是向日葵，抑制率达 88.5%，其次为油麦菜 75.5%和韭菜 66.7%；3 种植物的茎叶提取液抑菌活性较差，抑菌率均未超过 56%（表 8-14）。10 种抑菌效果好的供试植物全株水粗提取液对香蕉枯萎病菌的分生孢子萌发均有抑制作用，水粗提液与孢子悬浮液等体积混合时，以韭菜抑制效果最佳，其次是向日葵和油麦菜，其中向日葵与韭菜没有显著性差异（表 8-15）。

表 8-14　10 种植物不同部位提取液对香蕉病原菌菌丝生长有较强抑制作用

供试植物	取样部位	200 mL · L^{-1}		100 mL · L^{-1}		50 mL · L^{-1}	
		菌落平均直径/mm	抑制率/%	菌落平均直径/mm	抑制率/%	菌落平均直径/mm	抑制率/%
韭菜（葱属）	全株	9.3	93.6 s	22.5	73.1 op	26.5	67.8 no
	茎叶	34.8	55.5 jkl	34.9	54.0 kl	38.6	49.6 kl
	根部	27.3	66.7 no	32.0	58.5 mn	34.3	56.1 m
向日葵（菊科）	全株	13.7	87.0 qr	18.4	79.4 q	22.2	74.2 op
	茎叶	37.8	51.0 ij	38.9	47.8 hi	44.3	41.1 ij
	根部	12.7	88.5 r	18.8	78.8 pq	20.8	76.3 p

（续表）

供试植物	取样部位	200 mL·L^{-1}		100 mL·L^{-1}		50 mL·L^{-1}	
		菌落平均直径/mm	抑制率/%	菌落平均直径/mm	抑制率/%	菌落平均直径/mm	抑制率/%
油麦菜（菊科）	全株	15.8	83.9 q	19.5	77.7 pq	22.4	73.9 nop
	茎叶	47.6	36.4 e	46.6	36.0 de	52.8	28.3 ef
	根部	21.4	75.5 p	25.3	68.8 o	25.7	69.0 n
艾草（菊科）	全株	31.0	61.2 m	31.1	59.8 n	32.1	59.4 m
	茎叶	39.7	48.2 hi	58.8	17.2 b	63.6	12.1 cd
	根部	28.3	65.2 no	28.5	63.8 n	32.1	59.4 m
茼蒿（菊科）	全株	34.8	55.5 jkl	37.7	49.7 jkl	49.4	33.4 g
	茎叶	32.9	58.4 kl	34.5	54.6 lm	48.1	35.4 gh
	根部	19.0	79.1 p	44.4	39.4 ef	51.3	30.6 fg
大白菜（芸薹属）	全株	42.7	43.7 e	49.8	31.1 c	50.7	31.5 fg
	茎叶	26.4	68.1 o	36.1	52.2 ijkl	42.5	43.8 jkl
	根部	33.7	57.2 kl	38.8	48.0 ijkl	50.7	31.5 gh
油菜花（芸薹属）	全株	29.9	62.8 no	44.9	38.6 ef	61.0	16.0 de
	茎叶	57.0	22.4 c	58.4	17.8 b	65.9	8.7 b
	根部	36.5	53.0 jk	34.3	54.9 kl	39.9	47.7 l
假臭草（菊科）	全株	55.4	24.8 bc	59.5	16.2 b	61.5	15.3 cd
	茎叶	42.1	44.6 gh	44.9	38.6 fg	50.5	31.8 g
	根部	41.6	45.4 ef	43.1	41.4 lgh	44.9	40.2 hi
芥菜（芸薹属）	全株	52.3	29.4 d	57.2	19.7 b	64.7	10.5 c
	茎叶	60.9	16.6 bc	61.9	12.5 b	66.9	7.2 c
	根部	42.9	43.4 ef	49.7	31.2 cd	56.2	23.2 de
莴笋（菊科）	全株	60.5	17.2 b	60.6	14.5 b	66.0	8.5 c
	茎叶	29.3	63.7 mn	38.1	49.1 ijk	48.5	34.8 gh
	根部	36.2	53.4 k	38.1	49.1 hij	43.6	42.1 ijk
灭菌水	—	72.0	0 a	70.0	0 a	71.7	0 a

注：同列数据后不同小写字母表示差异达5%显著水平。

表 8-15　10 种植物全株提取液对香蕉病原菌分生孢子萌发的抑制作用

供试植物（全株）	孢子萌发率/%	孢子抑制率/%
韭 菜	1. 1 e	98. 5 a
向日葵	13. 7 d	81. 2 ab
油麦菜	18. 3 d	74. 8 b
艾 草	21. 3 d	70. 7 b
芥 菜	26. 1 d	64. 1 b
莴 笋	50. 2 c	30. 9 c
假臭草	51. 1 bc	29. 7 cd
大白菜	54. 7 bc	24. 8 cd
油菜花	61. 3 abc	15. 6 cde
茼 蒿	64. 7 ab	11. 0 de
灭菌水	72. 7 a	—

注：同列数据后不同小写字母表示差异达 5%显著水平。

同一植物体内活性物质的种类、含量、活性受环境条件等其他因素的影响，在特定的部位会发生一定的变化。刘任等（2012）报道，55℃以上的温度对韭菜汁的成分有破坏作用，枯萎菌菌落的生长受到显著影响。韭菜根汁对病菌孢子的抑制作用不受 pH 值的影响。酸性至弱碱性情况下，韭菜茎汁对病菌孢子萌发的抑制率均为 100%；然而，在强碱性条件下，韭菜茎汁中物质的活性却促进了孢子的萌发。

木薯（*Manihot esculenta* Crantz）是热带地区重要的经济作物之一，木薯叶、茎秆和块根中含有黄酮类、酚类、氢氰酸、糖等，茎的乙醇浸提物中有呋喃、3-吲哚甲酸、肥牛木素、3, 9, 13-megastigmanetriol、穗花杉双黄酮、yucalexin P-21 等多种化学成分，且木薯生物量大。柳红娟等（2016）研究发现，木薯器官的乙醇和水浸提液对香蕉枯萎病菌的生长均有一定的抑菌效果；且木薯地下部器官浸提液的抑菌效果显著强于地上部器官；且抑菌效果最佳浸提液质量浓度为 50～100 $mg \cdot L^{-1}$；培养时间以 24～48 h 的抑菌效果最优。

综上所述，目前有关化学农药和生物农药对香蕉枯萎病防治有效的报道仅局限于室内毒力试验或盆栽试验，大田的防治效果不太理想。究其原因可能是：香蕉枯萎病是一种维管束土传病害，其病原菌以不同形式存活于土壤中，难以使农药充分接触到靶标病原菌。筛选对香蕉植株内吸性更强的农药、合适的施药方法和最佳的施用时间的选择，应该是下一步需要努力的方向。

第九章

香蕉枯萎病的生物防治

植物病原菌的生物控制是目前最有前景也是比较实际的一种方法，众多的微生物已经被证实具有生防效果。目前香蕉枯萎病的生防因子较多，主要有微生物的利用、抗病性的诱导及有机改良剂的利用等。

一、微生物的利用

应用拮抗微生物防治香蕉枯萎病是比较有前景的方法。目前用于防治香蕉枯萎病的微生物主要有真菌、细菌和放线菌等。Thangavelu 等（2003）报道哈兹木霉（*Trichoderma harzianum*）对香蕉枯萎病的防效为 48%～51%，荧光假单孢杆菌（*Pseudomonas fluorescens*）和枯草芽孢杆菌（*Bacillus subtile*）的防效为 41%，链霉菌（*Streptomyces violaceusniger*）菌株产生抗生素抑制香蕉枯萎病菌的生长；分离的真菌有 76%对病原菌菌丝生长抑制率低于 50%，24%高于 50%；分离的细菌有 3%对病菌菌丝生长抑制率高于 50%。

（一）拮抗真菌

能够对香蕉枯萎菌产生拮抗作用的真菌较多，主要有木霉（*Trichoderma* spp.）、淡紫拟青霉（*Paecilomyces lilacinus*）、漏斗孢球囊霉（*Glomus mosseae*）、聚丛球囊霉（*G. aggregatum*）、幼套球囊霉（*G. etunicatum*）和非致病镰刀菌（*Fusarium* spp.）等。

木霉（*Trichoderma* spp.）是一类分布广、繁殖快、具有较高生防价值且对一些广谱性杀菌剂不敏感的有益真菌。常见于土壤、植物残体、植物根围、植物叶片、植物种子和植物球茎中，对多种植物病原菌都有很强的拮抗作用，具有生长繁殖速度快、能迅速占领营养空间、可产生抗菌素等多种特点，是自然界中普遍存在并有丰富资源的拮抗微生物。早在 1934 年，Weindling 首次发现木霉菌能够寄生于土壤，并对植物病原真菌有拮抗作用，据不完全统计，木霉对 18 个属 29 种病原真菌表现拮抗作用，在农业上应用木霉菌防治土传病害已有许多成功的报道。特别是哈茨木霉（*T. harzianum*）、绿色木霉（*T. viride*）、棘孢木霉（*T. asperellum*）和拟康氏木霉（*T. pseudokoningii*）等，已报道用于防治由尖孢镰刀菌引起的枯萎病。

随着木霉在防治植物土传病害中的广泛应用，木霉生防制剂的开发研究越来越受到各国科学家、企业家和政府的重视。国内外对木霉菌的拮抗作用及其机制作了深入研究，证实了木霉对病原菌的重寄生现象。目前，国内外已有50多种木霉商品化制剂取得商用许可，如新西兰的 Trichoflow 和 Trichodry、美国的 Topshield、以色列的 Trichodes 及韩国的 YC458 等。

Thangavelu 等（2004）用分离自香蕉根部的哈茨木霉（*T. harzianum*）菌株 Th-10、绿色木霉（*T. viride*）菌株 NRCB1 防治香蕉枯萎病。结果表明，拮抗菌在体外能够有效的抑制香蕉枯萎病病原菌的生长，在定植后 2 个、4 个和 6 个月时，施用哈茨木霉 Th-10 后，香蕉叶片致病菌的含量降低 51.16%，另外，Th-10 能够迅速地在干燥的香蕉叶中生长并且存活 6 个月以上。在大田试验中，NRCB1 防治枯萎病达到了多菌灵的防治效果，香蕉枯萎病的发病率显著降低。钟小燕（2009）发现，在木霉菌（*Trichoderma* spp.）菌株 G2 与香蕉枯萎菌对峙培养中，木霉菌的生长速度较枯萎菌快，只需 7 d 枯萎菌就完全被 G2 的短绒状菌丝及分生孢子梗丛覆盖。当两菌相接触，二者间形成较窄的抑菌圈，枯萎菌菌丝的生长速度减慢至停止生长，而 G2 仍能继续生长，并能侵入枯萎菌菌落，有效地抑制了枯萎菌菌丝的扩展，表现出绝对的空间和营养竞争优势（表 9-1）。另外，镜检 20%（V/V）木霉菌发酵液，发现病原菌的菌丝及孢子大部分出现融解，由此可推断木霉对香蕉枯萎病菌的抑制作用主要是溶菌。

表 9-1　木霉菌株 G2 与香蕉枯萎病菌对峙培养的竞争系数

菌株	菌落平均直径/mm				前 3 天平均生长速率/mm · d^{-1}	竞争系数
	24 h	48 h	72 h	96 h		
G2	22	42	63	83	21	3
香蕉枯萎病菌	10	15	20	21	6.7	

甘林等（2010）采用室内离体平皿法测定了来自福建和广东两省的 22 株木霉菌（*Trichoderma* spp.）及其代谢产物对香蕉枯萎病菌 4 号生理小种的抑制作用。结果表明，平板对峙培养中，供试木霉菌对香蕉枯萎病菌菌丝生长均有一定的抑制作用，抑制率为 61.76%～100.00%；其 20%（V/V）木霉菌发酵液对病原菌菌丝生长抑制率为 11.83%～52.69%（表 9-2）。用 20%～50%（V/V）木霉菌 T05-049 发酵液处理香蕉枯萎病菌球型分生孢子 9 h 和镰刀型分生孢子 6 h，其孢子萌发抑制率分别为 86.60%～96.40% 和 56.29%～85.41%（表 9-3）。另外，供试木霉菌平皿培养均能产生对病原菌菌丝生长有一定抑制作用的非挥发性和挥发性代谢产物，且非挥发性代谢产物的抑菌活性

明显高于挥发性代谢产物，且木霉菌代谢产物抑菌活性的高低与木霉菌种类有关。其中 T05-49 代谢产物抑菌活性最高，非挥发性和挥发性代谢产物对病菌原生长抑制率分别达到了 74.62%和 29.37%（表 9-4、表 9-5）。此外，木霉菌产生的挥发性代谢物具有一定累积效应，随着培养时间的延长，抑菌作用得到不同程度的增强。与木霉菌平皿培养产生的代谢产物相比，木霉菌发酵液抑菌活性较低，其原因可能与发酵液经 0.22 μm 细菌滤膜过滤除菌后代谢产物中的一些大分子抑菌蛋白无法通过有关。

表 9-2　木霉菌发酵液对香蕉枯萎病菌菌丝生长的抑制活性

木霉菌株	抑制率/%	木霉菌株	抑制率/%	木霉菌株	抑制率/%	木霉菌株	抑制率/%
T05-01	45.16	T07-01	41.66	T07-18	39.52	T08-13	41.40
T05-14	41.13	T07-03	33.06	T08-02	36.82	TR-5-1	35.48
T05-48	37.87	T07-05	37.10	T08-05	34.15	TD-1	40.32
T05-49	39.24	T07-08	36.56	T08-06	36.02	C1-1	36.29
T05-58	11.83	T07-09	52.69	T08-08	36.82	CK	0
T05-78	44.63	T07-14	37.44	T08-10	37.90	—	—

表 9-3　木霉菌发酵液对香蕉枯萎病菌孢子萌发的抑制活性

介质浓度/%	小型孢子萌发		抑制率/%	大型孢子萌发		抑制率/%
	PDB	发酵液		PDB	发酵液	
20	81.44±0.07 ab	10.91±0.03 a	86.60±0.03 b	82.54±0.10 a	36.08±0.11 a	56.29±0.14 b
30	76.22±0.02 ab	9.72±0.03 a	87.25±0.03 b	79.25±0.07 a	28.98±0.06 ab	63.43±0.08 b
40	71.37±0.08 b	4.15±0.013 b	94.18±0.02 a	90.11±0.05 a	16.98±0.05 bc	81.1±50.06 a
50	82.52±0.01 a	2.97±0.023 b	96.40±0.03 a	91.39±0.04 a	13.33±0.05 c	85.41±0.06 a
无菌水	0	—	—	0	—	—

注：同列数据后不同小写字母表示差异达 5%显著水平。

表 9-4　木霉菌非挥发性代谢产物对香蕉枯萎病菌丝生长的抑制活性

菌株	抑制率/%	菌株	抑制率/%	菌株	抑制率/%	菌株	抑制率/%
T05-01	43.63±0.01 b	T05-49	74.62±0.03 a	T07-08	20.77±0.03 e	T08-08	20.77±0.03 e
T05-14	40.63±0.04 bc	T05-78	39.22±0.02 bcd	T08-02	34.8±0.02 cd	CK	—
T05-48	3.83±0.02 f	T07-03	30.88±0.01 d	T08-06	18.03±0 e	—	—

注：同列数据后不同小写字母表示差异达 5%显著水平。

表 9-5　木霉菌挥发性代谢产物对香蕉枯萎病菌丝生长的抑制活性

菌株	抑制率/%		菌株	抑制率/%	
	接菌后 4 d	接菌后 7 d		接菌后 4 d	接菌后 7 d
T05-01	8.09±0.01 cd	14.71±0 cd	T07-03	6.34±0.06 cd	14.71±0.03 cd
T05-14	19.66±0.02 ab	25.84±0.02 ab	T07-08	14.27±0.02 bcd	15.73±0.03 cd
T05-48	17.71±0.02 b	19.84±0.03 bc	T08-02	16.07±0.01 bc	14.07±0.02 cd
T05-49	13.54±0.02 bcd	29.37±0.01 a	T08-06	7.07±0.05 cd	11.17±0.01 d
T05-78	8.09±0.01 cd	14.25±0.03 cd	T08-08	28.66±0.05 a	28.84±0.01 a
CK	0	0	CK	0	0

注：同列数据后不同小写字母表示差异达 5%显著水平。

刘昌燕等（2010）测定了棘孢木霉（*T. viride*）菌株 080409-8 对香蕉枯萎病菌的抑菌效果，并进行了盆栽防治香蕉枯萎病的试验。结果表明，080409-8 具有较强的营养和空间竞争能力，对香蕉枯萎病菌有显著抑制作用，对峙培养 7 d，抑制率达 63.24%。080409-8 发酵滤液对病原菌菌落生长的抑制率随着浓度升高而升高（表 9-6）。发酵液的 10 倍，50 倍和 100 倍稀释液的防治效果为 40%～70%，且在 50 倍稀释液浓度下，拮抗菌对香蕉枯萎病的防效均达到最高，达 70%（表 9-7）。

表 9-6　棘孢木霉菌株 080409-8 不同浓度发酵滤液对香蕉枯萎病菌菌落生长的影响

浓度/%	3 d		5 d		7 d	
	菌落直径/mm	抑制率/%	菌落直径/mm	抑制率/%	菌落直径/mm	抑制率/%
1	28.50 b	16.79	44.00 b	24.14	58.50 b	22.00
2	23.50 c	31.39	35.75 c	38.36	52.00 c	30.67
3	21.25 d	37.96	35.50 c	38.79	51.00 c	32.00
4	18.00 e	47.45	32.75 d	43.53	46.50 d	38.00
5	17.75 e	48.18	32.50 d	43.97	45.50 d	39.33
CK	34.25 a	—	58.00 a	—	75.00 a	—

注：同列数据后不同小写字母表示差异达 5%显著水平。

表 9-7　棘孢木霉菌株 080409-8 对香蕉枯萎病的苗期盆栽防治效果

浓度	病情指数	防病效果/%
10×稀释液	30.00	40.00 c
50×稀释液	15.00	70.00 a

（续表）

浓度	病情指数	防病效果/%
100×稀释液	20.50	59.00 b
水对照	50.00	—

注：同列数据后不同小写字母表示差异达5%显著水平。

杜婵娟等（2013）报道，蕉园施入木霉制剂后，香蕉根围土壤中真菌的数量显著提高，枯萎病的发病率明显降低，处理区最高防效达63.5%。覃柳燕等（2017）报道，纯施棘孢木霉PZ6对香蕉枯萎病的盆栽相对防效为48.28%，且能促进香蕉苗增高，明显提高香蕉苗的根系活力；且在病原菌存在的情况下，配施PZ6菌株也能保护香蕉苗根系，使其保持较高的根系活力（表9-8）。

表9-8　棘孢木霉菌株PZ6菌株对香蕉苗生物效应及盆栽香蕉枯萎病室内防治效果

处理	新增株高/cm	新增假茎粗度/mm	新增叶片数/mm	根系活力/片	球茎病情指数	相对防效/%
PZ6	6.33±0.29 a	4.40±0.20 a	3.33±0.58 a	487.43±1.51 a	—	—
PZ6+Foc4*	4.73±0.25 b	4.23±0.15 a	3.33±0.58 a	430.15±1.32 b	50.00	31.03
PZ6（3 d）+Foc4	4.33±0.15 bc	4.33±0.31 a	3.67±0.58 a	419.69±0.83 d	37.50	48.28
Foc4（3d）+PZ6	3.60±0.10 cd	4.17±0.21 a	3.33±0.58 a	422.29±1.13 c	55.00	24.14
Foc4	3.30±0.20 d	2.67±0.23 b	1.00±0.00 b	357.67±0.42 f	72.50	—
CK	4.67±1.04 b	3.90±0.44 a	3.00±0.00 a	394.85±0.30 e	—	—

注：同列数据后不同小写字母表示差异达5%显著水平。* Foc4：香蕉枯萎病菌4号生理小种。

前人研究认为，木霉菌减少枯萎病的机制可能与病原菌的空间和营养竞争作用、酶和次生代谢产物的抗菌作用，以及诱导植物防御系统相关。木霉菌菌丝能够产生胞外酶，引起病原菌溶解，也能释放铁载体的化合物，阻断植物病原菌发展；此外，还能够通过调控生物活性分子诱导植物整体或局部抗性，进而有效控制植物病原菌的发展。据报道，施用绿色木霉菌株NRCB1能够激活过氧化物酶和苯丙氨酸解氨酶（PAL）等防御相关酶，并且显著增加总酚含量（>50%），而再用香蕉枯萎病菌4号生理小种单独接种香蕉植株，处理后4～6 d这些酶的诱导水平达到峰值，这些裂解酶的活性增加，提高了施用绿色木霉菌香蕉植株中的酚含量，进而引起了植株对于香蕉枯萎病菌4号生理小种的耐受力。

淡紫拟青霉（*P. lilacinus*）属于内寄生性真菌，是一些植物寄生线虫的重要天敌，能够寄生于卵，也能侵染幼虫和雌虫，可明显减轻多种作物根结线虫、胞囊线虫、茎线虫等植物线虫病的为害。另外，该菌还对尖孢镰刀菌具有拮抗活性，可减轻其对辣椒、棉花、番茄、香蕉的为害。刘昌燕等（2010）测定了淡紫拟青霉（*P. lilacinus*）菌株080409-13和080819-B2-1对香蕉枯萎病菌的抑菌效果，并进行了盆栽防治香蕉枯萎病的试验。结果表明，080409-13和080819-B2-1具有较强的营养和空间竞争能力，对香蕉枯萎病病原菌都有显著抑制作用，对峙培养7 d，抑制率分别达60.74%和55.88%。080409-13和080819-B2-1发酵滤液对病原菌菌丝生长的抑制率随着浓度升高而升高（表9-9）。发酵液的10倍，50倍和100倍稀释液的防治效果为60%～85%，且在50倍稀释液浓度下，拮抗菌对香蕉枯萎病的防效均达到最高，分别达83.34 %和85%（表9-10）。

表9-9　淡紫拟青霉菌株不同浓度发酵滤液对香蕉枯萎病菌菌落生长的影响

菌株	浓度/%	3 d		5 d		7 d	
		菌落直径/mm	抑制率/%	菌落直径/mm	抑制率/%	菌落直径/mm	抑制率/%
080409-13	1	30.00 ab	12.41	32.50 b	43.97	36.25 b	51.67
	2	27.25 b	20.44	30.25 c	47.84	35.25 b	53.00
	3	26.75 b	21.90	29.75 c	48.71	35.00 b	53.33
	4	25.25 b	26.28	29.00 c	50.00	34.00 b	54.67
	5	17.00 c	50.36	21.25 d	63.36	28.50 c	62.00
	CK	34.25 a	—	58.00 a	—	75.00 a	—
080819-B2-1	1	21.00 b	38.69	24.75 b	57.33	27.75 b	63.00
	2	20.00 bc	41.61	22.75 bc	60.78	25.50 bc	66.00
	3	19.50 bc	43.07	22.25 bcd	61.64	25.25 bcd	66.33
	4	17.25 c	49.64	20.00 cd	65.52	23.50 cd	68.67
	5	16.75 c	51.09	19.50 d	66.38	21.75 cd	71.00
	CK	34.25 a	—	58.00 a	—	75.00 a	—

注：同列数据后不同小写字母表示差异达5%显著水平。

表 9-10　淡紫拟青霉菌株对香蕉枯萎病的苗期盆栽防治效果

菌株	浓度	病情指数	防病效果/%
080409-13	10×稀释液	20.00	60.00 f
	50×稀释液	8.33	83.34 b
	100×稀释液	12.25	75.50 c
080819-B2-1	10×稀释液	17.50	65.00 e
	50×稀释液	7.50	85.00 a
	100×稀释液	27.50	45.00 g
	水对照	50.00	—

注：同列数据后不同小写字母表示差异达 5%显著水平。

汪军等（2013）报道，在香蕉单作和香蕉/红薯套作条件下，提高施用淡紫拟青霉菌株 E7 浓度均能促进香蕉生长和提高对香蕉枯萎病的控制作用，而且套作优于单作。与香蕉单作+对照比较，以套作与共同施用 E7 浓度 10^6（cfu · g^{-1}土）控制作用最显著，香蕉株高、茎围、叶宽、地上部、地下部鲜质量和防效显著提高；套作条件下施用 E7 处理后病情指数下降了 47.71%～69.61%，促进了 E7 在香蕉根际和不同土层深度的定殖和抑制香蕉枯萎病菌的作用。

有关淡紫拟青霉防治植物病害的作用机制，前人的研究认为是拮抗菌产生β-葡萄糖苷酶消解病原菌细胞壁，产生多糖与蛋白性质的抗生素抑制尖孢镰刀菌的孢子生成、萌发与菌落生长，其主要作用方式为抗生作用与营养竞争。另外，淡紫拟青霉对根结线虫也具有明显的控害作用，这有利于减轻根结线虫与香蕉枯萎病的复合侵染，且菌体产生的激素可促进植物根系及植株生长发育，从而提高植株的抗逆能力。

特殊生境微生物由于其生长环境的特殊性，在长期进化的过程中可能形成不同于普通生境微生物的特殊代谢机制，这些特质使特殊生境微生物能够合成一些具有特殊功能和生物活性的次生代谢产物，如萜类、氨基酸类、吡喃酮及哌嗪类等化合物。实验证明，很多代谢产物具有生物活性和细胞毒性，对新药物的研发有重要潜力和意义。番华彩等（2011）报道，一些锡尾矿真菌次生代谢产物的发酵液对香蕉枯萎病菌具有较高的抑菌活性，说明从锡尾矿真菌的次生代谢产物中寻找农用活性物质具有一定可行性。

丛枝菌根（*Arbuscular mycorrhiza*，AM）真菌作为一种重要的植病生防菌一直受到普遍关注。AM 真菌能够与陆地上 85%以上的植物建立共生关系，形成丛枝菌根。由于 AM 真菌侵染的是植物根系，对植物真菌病害的影响大多涉及植物的土传病害。据研究，植物根系中从枝菌根的形成确实可以影响植物对土传病害的抗性耐性，可减轻土传病原镰刀菌对黄瓜、棉花、芦笋、菜豆、番茄、番木瓜、香蕉等作物所造成的为害。在园艺、农作物和林业生产中，AM 真菌既可作为生物肥料，又可作为生防药剂，具有很大的应用潜力。AM 真菌能促进香蕉养分吸收，提高光合速率和水分的利用效率，促进植株生长，提高产量等。在温室盆栽条件下，丛枝菌根（*A. Mycorrhiza*，AM）真菌漏斗孢球囊霉（*G. mosseae*）、聚丛球囊霉（*G. aggregatu*）、幼套球囊霉（*G. etunicatum*）对‘巴西蕉’植株的菌根侵染率为 23.13%～44.72%，促进了‘巴西蕉’植株的营养生长，显著地增加地上部分和根系的干重，显著减少根际土壤周围镰刀菌数量，对植株的株高、叶片数和叶片长度略有提高，降低了香蕉枯萎病发病率和病情指数（表 9-11），从而减轻了香蕉枯萎病的为害（梁昌聪等，2015）。

表 9-11　AM 真菌对“巴西蕉”的侵染率及对香蕉枯萎病的影响

处理[1]	菌丝侵染率/%	泡囊产生率/%	丛枝产生率/%	镰刀菌含量/$10^3 \cdot g^{-1}$	发病率/%	病情指数
CK	0	0	0	0	0	0
Foc	0	0	0	6.15 ± 0.70 a	80.00	66.67
Gm	33.34±2.63 b	4.13±0.18 a	12.82±1.54 b	0	0	0
Gm+Foc	23.13±1.78 c	1.54±0.44 c	4.71±0.45 c	3.67±0.95 b	50.00	35.00
Gm+Ga+Ge	44.72±3.44 a	2.20±0.30 b	17.47±3.15 a	0	0	0
Gm+Ga+Ge+Foc	29.71±2.97 b	1.25±0.20 c	7.77±0.84 c	1.86±0.87 c	30.00	20.00

注：同列数据后不同小写字母表示差异达 5%显著水平。1. Foc：香蕉枯萎病菌；Gm：漏斗孢球囊霉；Ga：聚丛球囊霉；Ge：幼套球囊霉。

深色有隔内生真菌是一类能与寄主植物互惠共生的微生物，其定殖宿主具有非专一性，且在逆境环境中，分布也广泛。该类菌能够定殖于宿主体内形成互惠共生体，相比其他完全暴露在根际土壤中的生防微生物，其受到环境的影响相对较小，可能在田间应用中更容易获得稳定防效。农倩等（2017）采用平皿和盆栽共生对抗法，筛选到 1 株对香蕉枯萎病具有防治作用的深色有隔内生真菌 L-14，两种方法的防效分别达 72.4%和 56.55%。经形态观察和 28S rDNA 序列比对分析结果表明，该菌株为裂壳菌（*Schizothecium* sp.）。使用该菌株浸根处理接种香蕉苗后，植株系列抗氧化保护酶如苯丙氨酸解氨酶

(PAL)、过氧化物酶（POD)、多酚氧化酶（PPO）及超氧化物歧化酶（SOD）的活性均显著高于对照，而菌株 L-14 与香蕉枯萎病菌混合接种处理样品的 PPO 和 SOD 活性显著高于单独接种处理，表明接种该生防菌能增强香蕉的抗氧化防护系统，提高其对香蕉枯萎病的抗性。

（二）拮抗细菌

目前，已报道对香蕉枯萎病菌有较强拮抗作用的拮抗细菌主要有芽孢杆菌［枯草芽孢杆菌（*Bacillus subtilis*)、地衣芽孢杆菌（*B. licheniformi*)、蜡状芽孢杆菌（*B. cereus*)、甲基营养型芽胞杆菌（*B. methylotrophicus*)、解淀粉芽孢杆菌（*B. amyloliquefaciens*)、苏云金芽孢杆菌（*B. thuringiensis*）］、短短芽孢杆菌（*Brevibacillus brevis*)、多粘类芽孢杆菌（*Paenibacillus polymyxa*)、假单胞杆菌［(荧光假单孢菌（*Pseudomonas fluorescens*)、绿脓杆菌（*P. aeruginosa*)、绿针假单胞菌（*P. chlororaphis*)、恶臭假单胞菌（*P. utida*）］、洋葱伯克霍尔德氏菌（*Burkholderia cepacia*)、荚壳伯克氏菌（*B. glumae*)、粘质沙雷菌（*Serratia marcescens*)、迟钝爱德华氏菌（*Edwardsiella tard*)、成团肠杆菌（*Enterobacter agglomerans*)、菊欧氏杆菌（*Erwinia chrysanthemi*)、类植物乳杆菌（*Lactobacillus paraplantarum*)、劳尔氏菌（*Ralstonia* sp.）和放线菌（*Actinomyces* spp.）等。

1. 根际细菌

植物根际促生菌是指附生于植物根际的可促进植物生长及对矿质营养吸收和利用，产生促进植物生长代谢物，抑制有害微生物的有益菌类，其中芽孢杆菌（*Bacillus* spp.）是目前已报道的根际促生菌的重要类群。芽孢杆菌是自然界广泛存在的一类细菌，需氧或兼性厌氧、G^+（目前也发现有 G^- 的)，在一定条件下能产生肽类、磷脂类、多烯类、氨基酸类、核酸类和类噬菌体颗粒等物质，对多种病原菌和细菌的生长起抑制作用，具有较广的抗菌谱。尤其是肽类和脂肽类物质的发现，为抗病基因工程提供了新的生物资源和抗菌基因，是一种具有极大应用潜力的微生物类群。据报道，已有许多试验证明，芽孢杆菌对香蕉枯萎病具有较强的抑制作用。

孙正祥和王振中等（2009）采用平板对峙法从香蕉根际土壤中筛选出 1 株对香蕉枯萎病菌、番茄枯萎病菌、玉米弯孢叶斑病菌、胶孢炭疽病菌、棉花枯萎病菌、棉花黄萎病菌、小麦赤霉病菌和西瓜枯萎病菌等多种植物真菌病害均有较强抑制作用的地衣芽孢杆菌菌株 C-4，其中该拮抗菌对香蕉枯萎病菌 1 号和 4 号生理小种的相对抑制率分别为 81.25%和 83.75%。黄瑶等（2009）从 93 份中国南部海域近海海泥样品中筛选出 1 株对香蕉枯萎病菌 1 号生理小种、水稻纹枯病菌、香蕉炭疽病菌等多种植物真菌病害均有较强拮抗性的芽孢杆菌属菌株 TC-1。沈林波等（2012）从香蕉枯萎病园土壤中筛选获得 1 株对香蕉枯萎病菌的菌丝生长、孢子萌发具有良好的抑制效果的短短芽孢杆菌菌株 HN-1，同时该拮抗菌对另外 15 种植物病原真菌也均有很好的抑制作用（表 9-12）。

表 9-12　芽孢杆菌属菌株 TC-1 的抗菌谱及抑菌强度

供试菌株	抑菌圈直径/mm	供试菌株	抑菌带宽/mm
香蕉枯萎菌	40.16	小麦根腐病菌	18.67
玉米小斑病菌	20.83	小麦纹枯病菌	27.62
玉米茎腐病菌	19.75	小麦雪腐病菌	16.96
玉米干腐病菌	18.46	烟草立枯丝核病菌	15.36
康乃馨枯萎病菌	26.47	烟草赤星病菌	11.26
棉花枯萎病菌	38.54	番茄灰霉病菌	39.86
烟草枯萎病菌	28.58	甘蔗黑腐病菌	9.16
禾谷镰刀菌	29.38	苹果斑点病菌	8.39

李文英等（2012）报道芽孢杆菌菌株 PAB-1 和 PAB-2 对香蕉幼苗具有明显促进生长、营养吸收效应，主要作用效应表现为株高、假茎围、单株叶面积、叶绿素含量等生长因子，根长、根系生物量等根系建成因子及地上部生物量和植株总生物量的增加，香蕉植株地上部 N、P、K、Ca、Mg 等主要营养元素吸收量的提高，可显著缩短香蕉生育期。黎永坚等（2012）报道了枯草芽孢杆菌菌株 R31 和 TR21 单独及混合使用防治香蕉枯萎病的田间效果。收获期结束后统计的结果表明，R31 处理区香蕉枯萎病发病率为 4.05%，TR21 处理区发病率为 8.70%，TR21+R31（V：V=1：1）处理区发病率 4.59%，对照区发病率 21.88%，防效分别为 81.86%、61.09%和 79.45%；折算每亩经济损失率比对照分别减少 34.46%、25.90%、32.50%。陈平亚等（2014）报道，施用枯草芽胞杆菌结合覆盖可促进香蕉生长，降低枯萎病病原菌数量，提高根际可培养细菌数量，增加对香蕉枯萎病的防治效果。其中以玉米覆盖与共同施用 BLG01 防治作用最显著，香蕉株高、茎围、地上部、地下部鲜重和防效显著

提高，病情指数下降了 43.07%～60.56%。张琳等（2016）评价了枯草芽胞杆菌菌株 TR21 在大田对抗病品种‘粉杂 1 号’枯萎病的防治效果。结果表明，TR21 可湿性粉剂的不同处理均能降低‘粉杂 1 号’发病率，其中喷叶区防效达 72%，此外增加 1 次栓剂处理可以显著增加单株产量，并显著缩短‘粉杂 1 号’生育期。

邱晓聪（2013）采用对峙培养法从香蕉根部分离获得 1 株既可降解几丁质又可降解镰刀菌酸的菌株 TY，从香蕉根际土中分离获得 1 株降解几丁质能力强、对香蕉枯萎病菌抑菌效果稳定、活性也较强的菌株 DF。根据形态学特征、生理生化反应特性，结合 16S rDNA 序列分析，将 TY 和 DF 分别鉴定为为洋葱伯克霍尔德氏菌（*Burkholderia cepacia*）和解淀粉芽孢杆菌（*B. amyloliquefaciens*）。温室盆栽试验及田间试验结果表明，TY 和 DF 对香蕉枯萎病具有一定的防治效果，当用生防菌（5 mL，10^8 cfu · mL^{-1}）与病原菌[5 mL，5.0 原菌（10^6 个分生孢子 · mL^{-1}] 以 1：1 的比例接种，温室盆栽 60 d 时，以先接 TY + DF 两天后再接种病原菌的方法处理最好，防效可达 59.26%，显著高于对照多菌灵 800 液（44.44%）；种植于香蕉枯萎病发病严重区的盆栽苗，每个月添加一次生防菌（10 mL，10^8 cfu · mL^{-1}），在种植 5 个月后，以 TY+DF 混合菌株的处理最好，田间香蕉外部症状防效可达 51.61%。

假单胞菌属具有如下优势：自身生长率高，大量天然存在于土壤中，并充分利用作物渗出的化合物作为营养源进行繁殖；对植物病原菌具有不同的作用机制；在体外繁殖后易于被重新引入作物根系。研究表明，多种假单胞菌菌株对香蕉枯萎病病菌均有抑制作用。游春平等（2009）报道了利用对香蕉枯萎病菌有拮抗作用的迟钝爱德华氏菌菌株 bio-B3、绿针假单胞菌菌株 bio-d4、恶臭假单胞菌菌株 bio-d5 和成团肠杆菌菌株 bio-P 在田间防治香蕉枯萎病的试验结果。结果表明，拮抗菌 bio-B3、bio-d4 和 bio-d5 发酵液 100 倍、200 倍和 300 倍稀释液对香蕉枯萎病的防治效果为 53.3%～80.2%，它们之间无显著性差异，但显著大于 bio-P 和恶霉灵的防治效果（$P<0.05$）。Fishal 等（2010）分离的两种内生细菌（*Pseudomonas* sp. UPMP3 和 *Burkholderia* sp. UPMB3）能够诱导易感的香蕉中产生对香蕉枯萎病菌 4 号生理小种的耐受性。该研究表明，用假单孢菌菌株 UPMP3 预先接种的香蕉植株，其枯萎病严重度减少了 51%，而 UPMP3+UPMB3 联合使用和单独使用 UPMB3 仅能分别减少 39%和 38%的枯萎病严重程度。这证实了荧光假单胞菌菌株对香蕉枯萎病具有较强的抑制能力。

关于利用拮抗菌防治植物病害的作用机制，前人的研究认为，主要是拮抗菌的抑制作用和侵染位点的竞争效应。因此，理想的生物防治拮抗菌不仅要求拮抗能力强、抑菌范围广，且要求生命力强，能在寄主植物根部和根际土壤定殖。在人工配制的培养基上，应用筛选的细菌常获得正的效果，但在自然条件下，因土壤微生物的竞争或其他不良环境因子的影响，对引入的外来生防菌的生长及其作用的发挥，以致很多田间试验效果不理想。因此，若想使植物病害生防菌在生产中稳定、有效发挥其作用，必须加强对定殖理论的研究，这样才能使有益细菌充分发挥防病潜力。

植物根际土壤拮抗细菌在根际或植物中的定殖和消长，国内外已有较多的研究。杨秀娟等（2007）采用灌根接种法，在香蕉苗根际土和香蕉苗体内定殖结果表明，拮抗菌液接种浓度为 5×10^4 cfu · mL^{-1}，2 株芽孢杆菌属细菌菌株均可从香蕉根际土和香蕉体内分离到，并在香蕉体内定殖和传导。在香蕉根际土、根部、球茎和假茎中，T2WF 标记菌的菌量高峰分别出现在接种后 5 d、5 d、11 d 和 3 d，分别为 707 cfu · mg^{-1}、437 cfu · mg^{-1}、273 cfu · mg^{-1}、117 cfu · mg^{-1}；而 W10 标记菌的菌量高峰分别出现在接种后 5 d、3 d、5 d 和 5 d，分别为 784 cfu · mg^{-1}、260 cfu · mg^{-1}、253 cfu · mg^{-1}、110 cfu · mg^{-1}。2 株拮抗菌在香蕉根际土和香蕉体内 1～15 d 的消长动态均有一个共同的“由升到降”趋势。从数量和数量变动幅度上看，香蕉根部的菌量明显高于茎部的菌量，这与石妞妞等（2017）研究结果基本一致。汪腾等（2011）将香蕉枯萎病菌 4 号生理小种接种于香蕉植株根部，3 d 后再将抗药性标记拮抗细菌 0202-r 和1112-r 接种在同一部位或位点，于不同时间测定拮抗细菌在根际、根内、球茎和假茎的定殖情况。结果表明，将拮抗细菌接种香蕉根部 1～3 d，在植株根际土壤内存在大量拮抗细菌，而根内、球茎和假茎内存在少量拮抗细菌；接种 7～14 d，在植株根内、球茎和假茎内定殖的拮抗细菌增多，并达到最大量；在接种 14～21 d，在植株根内、球茎和假茎内定殖的拮抗细菌量急剧下降；在接种 28～35 d ，在植株根内、球茎和假茎内定殖的拮抗细菌量稍有回升。研究结果预示适时补充香蕉根部的生防菌是保持香蕉体内一定的菌群数量、充分发挥生防菌防病功效的重要措施。

关于拮抗菌对植物病原菌的作用方式，有人认为是病原菌孢子受到抑制，也有人报道是菌丝顶端畸形。肖爱萍等（2006）将拮抗细菌发酵液滴于涂有香蕉枯萎病菌孢子悬浮液的 PDA 平板中央，培养 5 d 后，发现有明显的透明抑菌圈，在抑菌圈边缘处，出现蓝紫色或者紫色的交界。在显微镜下观察了抑菌圈内病菌菌丝形态变化。结果表明，一部分菌丝完全消融或部分消解，一部分菌丝细胞变为泡囊，泡囊散生或堆积，绝大部分泡囊的内部无原生质而变为透明状，而正常的菌丝自然伸展，光滑而均匀。另外，还观察到香蕉枯萎病菌分生孢子经拮抗细菌发酵液处理后，少量孢子虽可萌发，但萌发的芽管发生扭曲，而且芽管长度显著短于清水对照。孙建波等（2010）采用平板对峙法，从香蕉根部土样中分离到 1 株枯萎病拮抗芽孢杆菌 XY-10，根据形态特征及 16S rDNA 分析将其鉴定为多粘类芽孢杆菌。显微观察发现菌株 XY-10 不同浓度的发酵滤液均可抑制病原菌分生孢子的生长发育。当 XY-10 发酵滤液的浓度为 10%时，滤液主要抑制分生孢子的萌发及菌丝的发育；当滤液浓度增加至 50%时，病原菌分生孢子和菌丝的裂解数增加，菌丝也出现大量的畸形。呈顶端膨大呈结节状、菌丝破裂、消解。菌丝体畸形、分枝增多。而且随着粗提液浓度增大，菌丝生长变得缓慢，菌丝稀疏。这说明随着拮抗菌发酵滤液浓度的增加，滤液对病原菌分生孢子的生长和发育抑制作用越强。除了轻度抑制外，不同浓度滤液对病原菌分生孢子的抑制效果在其他抑制级别测试中都存在显著差异（$P<0.05$）。试验结果也表明 XY-10 菌株可产生抑制病原菌孢子生长的活性物质。钟小燕等（2009）从已感染香蕉枯萎病的果园中分离到的假单胞菌 G1，并通过镜检发现其能够抑制病原菌菌丝正常生长以至不能产孢，从而导致菌丝消融致使孢子死亡。此外，电镜观察发现预接种荧光假单胞菌能够激活宿主根系发生结构改变，形成致密的防御层，抵抗病原体的攻击。

土壤微生物是土壤中最活跃地肥力因子之一，在土壤生态系统中占重要的地位，对土壤结构的改善和养分积累、转化以及维持和促进植物生长起重要作用。细菌是土壤物质转化的主要动力，在土壤中占绝对优势。放线菌产生抗生素和激素类物质，有利于抑制有害生物的生长。真菌虽在物质分解中起重要作用，但常与土传病害有关。因此，土壤中细菌、放线菌数量与土壤养分及作物产量呈显著正相关，真菌数量与养分含量之间相关性较差。土壤微生物区系失去平衡（细菌数量减少、真菌数量增多）是作物连作产生障碍的主要因素之一。土壤中可培养细菌可能是对土壤生态系统贡献最大的类群，施用生物有机肥可显著增加根际土壤中可培养细菌数量，有效抑制病原菌的生长。戴青冬等（2014）比较了枯草芽孢杆菌菌株 BLG01 和 BDF11 与有机肥配合施用对根际香蕉枯萎病菌和可培养细菌数量的影响。结果表明，各处理显著降低了枯萎病菌数量，促进了细菌的增殖，联合处理病情指数下降了 45. 39%～65. 87%，根际枯萎病菌的 logCFU 降低了 40. 5%～50. 1%，可培养细菌数量的 log cfu 增加了 25. 8%～32. 8%，表明在田间防治过程中，通过合理施用拮抗菌和有机肥，能显著降低香蕉枯萎病的发病率，提高防病效果，同时能有效改善土壤微生物状况，增加土壤可培养细菌数量，抑制香蕉枯萎病菌在土壤中的存活和繁殖。

2. 内生细菌

植物内生细菌是生存于健康植物的各种组织和器官内部的细胞间隙或细胞内，并与寄主植物建立起和谐联合关系的一类微生物。内生细菌在植物株体内具有稳定的生存空间，不易受外界环境的影响，其在植物体内定植、传导，通过营养和位点竞争，产生抗菌物质和诱导系统抗性等作用机制，从而有效抑制病菌原或提高植株抗病性，有的还同时具有促进植物生长的作用。

植物内生细菌在自然界广泛存在，现已从多种植物中分离到不同种属的内生细菌，它们在植物体中的数量庞大。目前已分离到的内生细菌主要有芽孢杆菌属（*Bacillus*）、假单胞菌属（*Pseudomonas*）、黄单胞菌属（*Xanthomonas*）、欧文氏菌属（*Erwinia*）及短小杆菌属（*Curtobacterium*），其中芽孢杆菌属的分离频率最高，为优势种群（卢镇岳等，2006）（表 9-13）。

表 9-13　内生细菌属的主要特征

属名	菌落	形态	革兰氏	芽孢	接触酶	氧化酶	需氧性测定
芽孢杆菌属	圆形或不规则形，灰白、灰色或乳白色	直杆状，成对或链状排列	+	有，椭圆、卵圆、圆或柱形	阳性	阳性或阴性	好氧或兼性厌氧
假单胞菌属	直或弯	中性培养基上蓝色	−	无	阳性	阳性或阴性	好氧
黄单胞菌属	黄色	直杆菌，多单生	−	无	阳性	弱阳性或阴性	好氧
欧文氏菌属	白色，凸起液状，中心呈稠密絮状或呈规则中心环	直杆状，单生，成对或成链	−	无	阳性	阴性	兼性厌氧
短小杆菌属	光滑、凸起、常黄色至橙色	幼龄培养物中细胞呈小短及不规则杆菌，老培养物变成类球类	+	无	阳性	阳性或阴性	好氧

香蕉内生细菌数量在植株根、假茎、叶柄、叶片组织的总体分布呈递减趋势（付业勤等，2007）报道。陈璐等（2014）从 4 种芭蕉属植物的 10 个不同部位组织中分离内生细菌，分析了芭蕉属植物内生细菌种类及数量分布特性。结果发现不同种类芭蕉属植物内生细菌含量存在较大差别，其中‘威廉斯’

香蕉内生细菌含量最高，达 8.809×10^8 cfu · g^{-1}，而‘芭蕉’和‘红花蕉’含菌量最低，分别为 2.022×10^5 cfu · g^{-1}和 2.171×10^5 cfu · g^{-1}（表 9-14）。不同种类芭蕉属植物的相同器官组织中，内生细菌的含量有所不同。叶部的内生细菌含菌量规律为‘威廉斯’香蕉⊴‘野生蕉’>‘芭蕉’>‘红花蕉’；茎部的内生细菌含菌量规律为‘威廉斯’香蕉>‘野生蕉’>‘芭蕉’>‘红花蕉’；根部的内生细菌含菌量规律为‘威廉斯’香蕉>‘野生蕉’>‘芭蕉’⊴‘红花蕉’。在同一种类的不同器官组织中，内生细菌的含量也有所不同。‘野生蕉’内生细菌不同部位的数量分布为叶部>根部>茎部，‘芭蕉’内生细菌不同部位的数量分布为茎部>叶部>根部，‘红花蕉’和‘威廉斯’香蕉内生细菌不同部位的数量分布均为根部>叶部⊴茎部。‘野生蕉’内生细菌在叶部的分布主要在叶柄、叶主脉和叶侧脉，茎部的分布主要在茎中部、茎基部，根部的分布在根体和根尖；‘芭蕉’内生细菌在叶部的分布主要在叶肉，茎部的分布主要在茎顶部，根部的分布主要在根体；‘红花蕉’内生细菌在叶部和茎部分布极少，根部的分布主要在根尖；‘威廉斯’香蕉内生细菌在叶部的分布主要在叶柄，茎部的分布主要在茎基部，根部的分布主要在根体，根体中内生细菌数量远超过其他 9 个部位（表 9-15）。此外，还从 4 种芭蕉属植物的 10 个不同部位组织中分离获得 64 株内生细菌，其中可鉴定菌株 23 株，划分为 14 个种群，隶属于 11 个属，分别为沙门氏菌属（*Salmonella* spp.）、寡养单胞菌属（*Stenotrophomonas* spp.）、埃希氏菌属（*Escherichia* spp.）、*Paucimonas* spp.、假单胞杆菌属（*Pseudomonas* spp.）、肠杆菌属（*Enterobacter* spp.）、克雷伯氏菌属（*Klebsiella* spp.）、根瘤菌属（*Rhizobium* spp.）、芽孢杆菌属（*Bacillus* spp.）、西地西菌属（*Cedecea* spp.）、耶尔森氏菌属（*Yersinia* spp.）。其中数量最多、分离频率最高的 3 种内生细菌为伤寒沙门氏菌（*Salmonella typhi*）、克雷白氏杆菌（*Klebsiella pneumoniae*）、赫替假单胞杆菌（*Pseudomonas huttiensis*）。根据这 14 种内生细菌的分布情况显示，不同种内生细菌在种群数量分布上差异显著。23 种内生菌中仅大肠杆菌（*Escherichia coli*）、伤寒沙门氏菌（*Salmonella typhi*）、门多萨假单胞杆菌（*P. mendocina*）、克雷白氏杆菌（*K. pneumoniae*）、赫替假单胞杆菌（*P. huttiensis*）同时存在于 2 种芭蕉属植物中；数量大、分离频率高的 3 种优势菌株为伤寒沙门氏菌（*Salmonella typhi*）、克雷白氏杆菌（*K. pneumoniae*）、赫替假单胞杆菌（*P. huttiensis*），其中存在于根部的共有 2 株为伤寒沙门氏菌（*Salmonella typhi*）和赫替假单胞杆菌（*P. huttiensis*）；另外茎部 1 株，为克雷白氏杆菌（*K. pneumoniae*）。可见，芭蕉属植物内生细菌主要集中在根部。

表 9-14　不同种类芭蕉属植物内生细菌数量（$\times10^4$ cfu · g^{-1}）分布

部位	野生蕉	芭蕉	红花蕉	威廉斯香蕉
叶部	429.323±42.11 a	7.500±0.10 b	0.068±0.01 b	457.333±10.60 a
茎部	95.255±4.30 b	10.250±0.15 c	0.038±0.00 d	435.917±4.79 a
根部	235.073±22.98 b	2.467±0.25 b	21.600±1.07 b	87 200.000±2 738.52 a
合计	759.652±75.16 b	20.217±0.23 b	21.707±1.09 b	88 093.250±2 733.97 a

注：同行数据后不同小写字母表示差异达 5%显著水平。

表 9-15　芭蕉属植物不同部位内生细菌数量（$\times10^4$ cfu · g^{-1}）分布

部位		野生蕉	芭蕉	红花蕉	威廉斯香蕉
叶	叶肉	0.328±0.03 d	7.500±0.10 b	0.000±0.00 c	62.167±6.29 b
	叶柄	99.495±9.10 abc	0.000±0.00 e	0.068±0.01 c	395.167±12.07 b
	叶主脉	134.500±13.06 ab	0.000±0.00 e	0.000±0.00 c	0.000±0.00 b
	叶侧脉	195.000±19.12 a	0.000±0.00 e	0.000±0.00 c	0.000±0.00 b
茎	茎顶部	0.438±0.04 d	9.700±0.31 a	0.000±0.00 c	15.567±0.99 b
	茎中部	38.833±3.37 bcd	0.000±0.00 e	0.017±0.00 c	60.500±2.65 b
	茎基部	40.833±4.04 bcd	0.000±0.00 e	0.022±0.00 c	328.167±9.67 b
	地下球茎	15.150±0.74 cd	0.550±0.05 d	0.000±0.00 c	31.683±3.14 b
根	根体	118.907±11.67 ab	2.467±0.25 c	1.600±0.16 b	87200.000±2738.52 a
	根尖	116.167±11.61 ab	0.000±0.00 e	20.000±1.32 a	0.000±0.00 b

注：同列数据后不同小写字母表示差异达 5%显著水平。

目前，一般从香蕉植株体内分离对香蕉枯萎病菌有拮抗作用的内生细菌。香蕉内生细菌具有十分丰富的种群多样性，不同品种、组织及种植地，内生细菌数量不同。付业勤等（2007）采用组织分离法从香蕉健康植株的根、假茎、叶柄、叶片等组织中分离获得 386 份内生细菌分离物。经体外活性评价筛选出对 9 种常见的植物病原真菌具有一定抗性的内生细菌分离物 28 份，占总分离物的 7.25%，其中有 9 份对香蕉枯萎病菌抑制率达 80%～100%。这 9 份分离物归属为不动杆菌属（*Acinetobacter*）、芽孢杆菌属（*Bacillus*）、短杆菌属（*Brevibacterium*）、产碱杆菌属（*Alcaligenes*）和伯克霍尔德菌属（*Burkholderia*）细菌。

王梦颖等（2014）采集海南省临高和皇桐两地蕉园内的易感品种‘巴西蕉’与抗病品种‘南天黄’‘农科 1 号’的健康株与病株的根、球茎、假茎和叶片，以 T-RFLP 技术研究不同品种香蕉健康株与病株内生菌的多样性，分析健康株与病株各组织内生菌多样性的变化，并对各品种内生菌的优势种群进行定性分析。结果表明，健康香蕉易感品种内生细菌群落丰度高于健康香蕉抗病品种，发病香蕉抗病品种内生细菌群群落丰度高于发病香蕉易感品种，且内生细菌数量在香蕉植株中的分布呈现规律为：根>球茎>假茎>叶。内生菌数量在各品种中的分布呈现‘南天黄’病株>‘巴西蕉’健康株>‘巴西蕉’病株>‘南天黄’健康株>‘农科 1 号’健康株的规律。此外，易感品种‘巴西蕉’健康株的内生菌多于病株，而抗病品种‘南天黄’病株的内生菌多于健康株。蓝江林等（2012）利用细菌脂肪酸技术研究健康与发病香蕉植株内生细菌菌群，发现摩氏摩根菌（*Morganella morganii*）、嗜麦芽窄食单胞菌（*Stenotrophomonas maltophilia*）、马氏棒杆菌（*Corynebacterium atruchotii*）等菌在健康香蕉植株体内相对丰度较高。王梦颖（2014）通过 T-RFLP 技术分析健康香蕉植株内生细菌群落结构发现柠檬酸细菌属（*Citrobacter*）、弧菌属（*Vibrio*）是健康香蕉植株特有内生细菌。张晨智等（2019）通过 MiSeq 高通量测序细菌 16S 核糖体 RNA 分析香蕉枯萎病发病蕉园健康和发病‘巴西蕉’植株根、茎、叶内生细菌群落结构与多样性。认为‘巴西蕉’植株对菌群吸收具有选择性，且根、茎、叶对微生物的选择性存在差异。‘巴西蕉’内生细菌群落结构、多样性、丰富度与香蕉植株健康水平密切相关，病原菌入侵降低了香蕉植株对外源菌的选择性。健康‘巴西蕉’植株根内生细菌菌群多样性和丰富度指数最高分别是 6. 11 和 671，其次为叶，分别是 5. 49 和 370，最后是茎，分别是 2. 50 和 237；发病‘巴西蕉’植株的根内生细菌菌群多样性和丰富度指数分别为 6. 86 和 1 226，茎部内生细菌菌群多样性和丰富度指数分别为 5. 08 和 731，从数值上看总体高于健康香蕉植株处理，其中茎部差异显著；健康与发病‘巴西蕉’植株内生细菌群落结构与组成差异显著，其中代尔夫特菌属（*Delftia*）、芽胞杆菌属（*Bacillus*）、海洋放线菌属（*Salinispora*）、不黏柄菌属（*Asticcacaulis*）和动胶菌属（*Zoogloea*）是抽蕾后健康‘巴西蕉’植株的特有内生细菌属。以上分析表明，从香蕉中分离得的内生细菌种类基本类似，但优势种群则有所有不同，这可能与香蕉植株不同地理环境与理化环境有关系。

内生细菌对许多植物显示出良好的控制效果，且具有多种生物学功能，已成为植物病理学、微生物学、植物学等学科研究的热点。筛选具有不同生物学功能的植物内生细菌，建立资源库，有利今后开展深入系统的研究。Ting 等（2003）和 Thangavelu 等（2003）分别报导分离到了对香蕉枯萎病菌具有较强抑制作用的绿脓杆菌（*P. aeruginasa*），粘质沙雷菌（*S. marcescens*）和荚壳伯克氏菌（*B. glumae*）以及荧光假单细胞杆菌（*P. fluorescens*）和枯草芽孢杆菌（*B. subtilis*）。田丹丹等（2018）从抗（耐）枯萎病香蕉品种‘桂蕉9号’植株根部分离到一株对香蕉枯萎病菌4号生理小种平板拮抗抑制率为85.7%的内生细菌GKT04，经形态特征、生理生化特征鉴定及16S rDNA和*rec* A基因序列比对鉴定其为解淀粉芽孢杆菌。经平板和盆栽测试，GKT04发酵上清液可以明显抑制香蕉枯萎病菌菌丝的生长，抑制率为33.33%，可使枯萎病菌分生孢子萌发率降低71.41%，处理的香蕉幼苗64 d后病情指数比对照降低了49.23%。胡伟等（2012）从健康大豆根系内分离出1株对香蕉枯萎病菌4号生理小种有强拮抗效果的内生细菌AF11。经形态特征、生理生化测定和16S rDNA序列及其系统发育树分析初步将该菌株鉴定为解淀粉芽孢杆菌。盆栽防病试验结果表明其对香蕉枯萎病的防效达71.5%。朱森林等（2014）从健康香蕉植株根内分离得到1株对香蕉枯萎病病原菌具有强抗菌活性的内生细菌。通过形态观察、生理生化特性测定及分子分析，将该菌鉴定为解淀粉芽孢杆菌。经平板对峙和盆栽苗评价，发现该菌株对香蕉枯萎病具有较好的生防作用；该菌株发酵产物的拮抗活性对温度、pH值不敏感；进一步研究表明，该菌株能够产IAA促进香蕉植株生长，同时产生铁载体，具有较好的生防潜力。付业勤等（2009）、胡振阳（2014）分别从香蕉根系、假茎和球茎内分离获得对香蕉枯萎病菌具有明显拮抗作用的芽孢杆菌属（*Bacillus*）细菌，经形态特征、生理生化特性以及16S rDNA序列比对，这些分离菌均为枯草芽孢杆菌。付业勤等（2009）研究了不同温度、pH值和培养基下，枯草芽孢杆菌BEB2发酵液对香蕉枯萎病菌生长的抑制能力，以及应用BEB2对香蕉枯萎病进行盆栽防治试验。结果表明，不同温度、pH值和培养基下的BEB2发酵液对香蕉枯萎病菌生长的抑制能力有显著差异，在King B2培养基上抑菌作用最强，最适抑菌温度为32℃，最适抑菌pH值为9.0。香蕉枯萎病离体叶片与盆栽防治实验结果发现，菌株接种离体叶片和植株均表现出一定的抑制活性，其中处理Ⅰ和Ⅲ防治效果良好（表9-16）；该菌株连续20次转接培养，遗传稳定性高，抑菌谱较宽，具一定的生防应用价值。

表9-16　枯草芽孢杆菌菌株BEB2离体叶片与盆栽防治试验

离体叶片防治			盆栽防治		
处理	病斑大小/cm^2	抑制率/%	处理方法	病斑大小/cm^2	抑制率/%
Ⅰ	0.12	98 b	Ⅰ	12.50	82 b
Ⅱ	5.22	28 b	Ⅱ	49.87	27 c

（续表）

离体叶片防治			盆栽防治		
处理	病斑大小/cm^2	抑制率/%	处理方法	病斑大小/cm^2	抑制率/%
Ⅲ	0.00	100 a	Ⅲ	1.52	98 a
对照	7.25	—	对照	68.23	—

注：同列数据后不同小写字母表示差异达5%显著水平。

Ⅰ：同时接香蕉枯萎病菌4号生理小种和BEB2菌株；Ⅱ：先接香蕉枯萎病菌4号生理小种2 d后再接BEB2菌株；Ⅲ：先接BEB2菌株2 d后再接香蕉枯萎病菌4号生理小种；对照：仅接香蕉枯萎病菌4号生理小种。

陈博等（2011）从‘巴西蕉’中分离到1株能够明显抑制香蕉枯萎病菌4号生理小种的内生细菌DB09208，经生理生化、形态特征及16S rDNA序列同源性比较，初步认为它和类芽孢杆菌（*Paenibacillus*）较接近。该菌株能够显著抑制枯萎病菌菌丝生长，抑菌率为74.09%。盆栽试验表明，该菌株能够抑制香蕉枯萎病的发生，防治效果达为65.2%（表9-17），该菌同时能显著促进香蕉苗生根，促生效果与植物生长素IAA相似，显示出良好的开发前景。

表9-17　菌株DB09208对香蕉枯萎病的盆栽防效试验

菌株	总植株数	发病株数	发病率	病死株数	病死率/%	病情指数	防效/%
DB09208	70	35	50.0	0	0	27.6	65.2
多菌灵	70	43	61.4	1	1.4	33.7	57.4
清水	70	64	91.4	8	11.4	79.2	—

周先治等（2013）报道，采用硫酸铵沉淀方法提取对香蕉枯萎病菌具有很强的抑菌活性的铜绿假单胞菌菌株H4-3的抑菌蛋白，结果表明：随着硫酸铵浓度的提高，H4-3菌株抑菌蛋白粗提液的抑菌活性逐步提高，其盐析后的上清液抑菌活性则逐步降低，70%饱和度的硫酸铵处理即可完全沉淀，初步判断H4-3活性物质为大分子蛋白。

利用植物内生细菌作为生物制剂对植物进行生物预处理的确存在广阔的应用前景，掌握其定殖行为是进行生产应用的前提。关于内生细菌在香蕉植株体中的定殖和消长，国内已有一些研究。余超等（2010）跟踪分析了对香蕉枯萎病病原菌具有良好抑制作用的铜绿假单胞菌在香蕉组培苗、盆栽苗及大田植株体内的定殖情况，并调查该菌株对香蕉生长特性的影响和对香蕉枯萎病的防治效果。结果表明，香蕉植株根部和茎部均有该菌定殖，在盆栽苗和大田苗根部的最大定殖量分别为 2. 15×10^5 cfu · g^{-1}和 8. 00×10^3 cfu · g^{-1}；该生防菌对香蕉有明显的促生作用，显著提高香蕉的株高和叶片数量；对香蕉枯萎病具有较好的防治效果，盆栽防效和田间防效分别为 83. 67% 和 82. 00%。胡伟等（2012）采用灌根接种方法，研究了对香蕉枯萎病菌拮抗活性稳定的解淀粉芽孢杆菌变异菌株 AF11^{Rif}在香蕉体内定殖分布规律。结果表明，菌株 AF11^{Rif}能定殖于香蕉根部和茎部，接种 50 d 后根部定殖量为 118 cfu · mg^{-1}，茎部为 32 cfu · mg^{-1}。

（三）其他拮抗微生物

拮抗放线菌主要通过产生抗生素来抑制香蕉枯萎病。放线菌主要以链霉菌（*Streptomyces* spp.）为主。目前已报道分离到对香蕉枯萎病菌有较强抑制作用的放线菌有紫黑链霉菌（*S. violaceusniger*）、玖瑰浅灰链霉菌（*S.roseogriseolus*）、灰肉色链霉菌（*S. griseocarneus*）、橄榄产色链霉菌（*S.olivochromogenes*）、师岗链霉菌（*S. morookaense*）、壮观链霉菌（*S. spectabilis*）、哥斯达黎加链霉菌（*S. costaricanus*）、卢娜林瑞链霉菌（*S. lunalinharesii*）、波卓链霉菌（*S. bottropensi*）、*S. yatensis* 和纤维黄链霉菌（*S. celluloflavus*）、不吸水链霉菌（*S. ahygroscopicus*）、诺尔斯氏链霉菌（*S. noursei*）及稀有放线菌（*Micromonospora pattaloongensis*）等。

杜宜新等（2013）采用常规方法从江西井冈山地区土壤中筛选出 1 株对香蕉枯萎病菌具有强拮抗作用的放线菌 S15，经其形态特征、培养特性、生理生化特性和 16S rDNA 序列同源性分析，S15 被鉴定为链霉菌属波卓链霉菌。离体条件下，S15 培养滤液对稻瘟病菌、番茄灰霉病菌、大豆炭疽病菌、水稻纹枯病菌、柑橘炭疽病菌、香蕉黑星病菌、番茄早疫病菌、黄瓜炭疽病菌、玉米大斑病菌等多种重要的植物病原真菌也均有较强的抑制作用，拮抗谱较宽（表 9-18）。

表 9-18　拮抗放线菌 S15 菌株发酵液对 11 种病原菌的抑菌活性测定

病原菌	抑菌圈直径/mm	病原菌	抑菌圈直径/mm
香蕉枯萎病菌	23. 13	柑橘炭疽病菌	19. 25
芦笋茎枯病菌	28. 13	香蕉黑星病菌	33. 25
稻瘟病菌	20. 38	番茄早疫病菌	23. 38

（续表）

病原菌	抑菌圈直径/mm	病原菌	抑菌圈直径/mm
番茄灰霉病菌	14.63	黄瓜炭疽病菌	21.50
大豆炭疽病菌	21.25	玉米大斑病菌	25.25
水稻纹枯病菌	6.13	—	—

茹祥等（2012）通过室内和田间试验，测定了从热带原始雨林土壤中筛选的 2 株拮抗放线菌 DL-28 和 DL-24 对香蕉枯萎病的防治效果。在离体条件下，放线菌 DL-28 和 DL-24 对香蕉枯萎病菌具有强抑制作用。人工接种盆栽苗 100 d 后，菌株 DL-28 和 DL-24 对香蕉枯萎病的平均防治效果分别达 83.65%和 76.51%；在自然发病蕉园，香蕉定植 7 个月后，菌株 DL-28 和 DL-24 对香蕉枯萎病的平均防效分别达 46.5%和 60%（表 9-19）。

表 9-19　放线菌 DL-28 和 DL-24 对香蕉枯萎病的盆栽和田间防治效果

盆栽防治				田间防治		
处理	病株率/%	病情指数	防效/%	处理	病株率/%	防效/%
DL28	16.67	9.17	85.71	DL28	53.5	46.5
DL24	20	14.17	77.93	DL24	40	60
70%噁霉灵	50	26.67	58.44	70%噁霉灵	100	0
黄豆粉液体培养基	93.33	64.17	—	黄豆粉液体培养基	100	0

香蕉枯萎病的病原菌生存于蕉园土壤中，其侵染从根系开始，且根系区土壤微生态对发病影响较大，加上放线菌是抗生素的主要产生菌，具有良好的生防效果。因此，研究香蕉健、病株根区土壤性质及放线菌生态差异，从香蕉根区土壤中分离筛选拮抗放线菌，对揭示香蕉枯萎病发生的土壤微生态机制，研制用于香蕉根区土壤微生态改良的放线菌制剂，从源头上控制香蕉枯萎病入侵香蕉植株均有重要意义。邓晓等（2012）报道，病株根区土壤大多理化指标含量均低于健株。除了砂粒和有效 Mn 含量表现为病株根区土壤高于健株外，其他各项指标均表现为病株低于健株。尤以土壤黏粒、有机质、CEC 全 N、全 P、有效 P、有效 Cu、有效 Fe、有效 B 和交换性含量表现更为明显，其在健株根区土壤的含量均为病株中的 1.5 倍以上。其次，不论是根际还是非根际土壤，放线菌数量在相同样地均表现为健康香蕉植株和感枯萎病病级别轻的植株

显著高于感病重的植株；健康植株和不同感病级别植株根际土壤中的可培养放线菌数量均分别高于非根际；患病植株的根际效应强于健康植株。另外，患病样地中健康植株和患病植株根系土壤中放线菌归属的种类基本相同，只是数量上存在差异。且同一患病样地中健康植株根系土壤可培养放线菌种类明显多于感病植株，且随植株感病级别的加重而减少。链霉菌为健康植株和患病植株根际与非根际土壤中的优势放线菌，在患病植株根际与非根际土壤中分别占81.59%和80.31%，在健康植株根际与非根际土壤中分别占83.28%和80.67%。说明健康植株根际与非根际土壤中链霉菌的含量均高于患病植株，但差异不明显。

利用拮抗微生物防治植物病害有一定局限性。拮抗微生物一般需要一定种群数量才能发挥作用，尤其是很多微生物需要以活体形式才能发挥其防病作用，而周围的环境条件如温度、湿度、化学农药对这些拮抗微生物的存活与繁殖也有较大影响，从而影响其防效。另外，拮抗微生物在不同条件下防治效果存有明显差异。很多拮抗微生物在灭菌土壤或温室内防治效果较好，在田间自然土壤中防效却不佳。由于香蕉枯萎病是土传病害，这也给枯萎病的生防增加了难度，从整体上限制了拮抗微生物防治香蕉枯萎病的应用。

二、抗病性的诱导

植物诱导抗性是指植物在诱导因子的作用下产生的能够抵抗原来不能抵抗的病原物侵染的一种抗病性，又称获得性免疫。自从 Ross 于 1960 年代提出植物系统获得抗病性的概念以来，人们对于植物抗病性的认识在不断扩展和深化，其中诱导物从最初的生物因子到发现化学因子以及目前发展到有目的地合成和使用抗病诱导剂，使诱导植物抗病性从理论研究进入了实际应用阶段。近年来，发现诱导抗病针对当前许多难以控制的病害有独特的效果，因而其应用和机理研究日益受到人们的重视。目前，诱导香蕉抗枯萎病的诱导因子主要是化学诱导，且化学诱导因子主要是一些植物生长调节剂或与之有类似功能的化合物，其本身无离体的杀菌或抑菌作用或仅有很低的杀菌或抑菌活性。

水杨酸（SA）是植物体内普遍存在的一种酚类化合物，是诱导植物产生系统获得性抗病反应（SAR）的重要内源信号分子，可以诱导多种植物产生对真菌、细菌、病毒等多种病原菌的抗性，是最早发现的一种化学诱抗剂。江新华等（2006）报道，不同浓度的水杨酸处理，香蕉枯萎病菌菌丝生长和香蕉植株 PAL、POD、PPO 等酶活性都受到不同程度的影响。20 mmol · L^{-1}是诱导香蕉植株对枯萎病产生抗病性的最佳浓度；经水杨酸处理的香蕉植株，其体内的 PAL、POD 和 PPO 的活性均有所提高，各种酶在 2～4 d 时活性达到最大值。

1996 年由 CIBA 公司科学家首先发现的苯并噻二唑（BTH），是第一个成功商品化的植物激活剂 Bion 的有效成分，是一种具有明显诱发 SAR 反应的化合物。黄永辉等（2015）在温室条件下，采用盆栽试验测定了 BTH 对香蕉枯萎病的防治效果，结果表明 BTH 质量浓度为 50 μg · mL^{-1}时诱抗效果最好，防治效果可达 66.6%，且随着浓度的升高其防治效果逐渐降低（表 9-20）。另外，还测定了 BTH 处理香蕉苗后，其体内 6 种防御酶活性均有所提高，尤其是 POD、PPO、几丁质酶和 β-1,3-葡聚糖酶活性的提高尤为明显，说明 BTH 防病机理可能是通过提高香蕉体内的防御酶活性，也就是诱导香蕉产生系统抗性来实现的，因而 BTH 在香蕉枯萎病的防治上具有较好的应用前景。

表 9-20　BTH 对香蕉枯萎病的盆栽防效

BTH 质量浓度/μg · mL^{-1}	发病率/%	病情指数	防治效果/%
0	67.60±1.61 a	38.20±1.76 a	—
50	43.30±1.07 d	13.30±0.55 d	66.6
100	48.50±1.38 c	17.40±0.39 c	55.6
200	53.30±1.22 b	25.80±0.98 b	33.2

注：同列数据后不同小写字母表示差异达 5%显著水平。

诱导抗性值得关注的问题是安全风险。很多化学诱导剂因子本身就是植物生长调节剂，如果用量不当，控制不好，不仅没有防病效果，反而还会影响香蕉植株的生长发育，从而导致病害加重。

三、有机改良剂的利用

研究发现，香蕉枯萎病的发生与土壤酸化、板结、盐渍化和土壤中有机质贫乏密切相关，因此改良土壤是有效防治香蕉枯萎病的另一项措施。有机改良剂能调节根际微生物区系，明显增加微生物的数量，提高生防微生物的数量和比例，从而增加香蕉抗枯萎病的能力。使用豆粕发酵液对未伤根的香蕉幼苗进行淋菌处理，可显著提高超氧化物歧化酶（SOD）、过氧化物酶（POD）的活性，增加游离脯氨酸的含量，降低丙二醛（MDA）值，对香蕉枯萎病防效达94.3%（段雅婕等，2011）。使用5种碳氮比饼肥发酵液对伤根的香蕉盆栽苗进行淋菌处理，可提高香蕉幼苗株高、鲜重、叶绿素含量以及SOD、POD、过氧化氢酶（CAT）活性，同时降低MDA含量和相对电导率，对枯萎病防效达61.3%（赵炎坤等，2012）。利用抗菌肽豆渣生物发酵液对香蕉幼苗进行淋根处理，对伤根和未伤根香蕉幼苗枯萎病的防治效果分别达85.10%和94.50%（罗富英等，2012）。施用豆饼和花生饼发酵液（最佳C/N为25：1）可以促进植株生长，降低枯萎病病情指数，改善土壤微生物功能多样性。施用饼肥发酵液能显著降低土壤尖孢镰刀菌数量；在香蕉移栽60 d时，C/N为25：1的菜籽饼和豆饼发酵处理的防病效果分别为67.25%和66.51%，显著高于相同碳氮比的花生饼发酵处理（井涛等，2016）。另外还发现对尖孢镰刀菌具有拮抗作用的芽胞菌和链霉菌等普遍存在于发酵液处理中，且防病效果越佳的处理，所含有的微生物优势种群的多样性越明显。

传统的生物防治方法是将拮抗菌菌液或粉剂施入土壤中，但大多是单一菌株制剂，单纯生防菌防病速度较慢，且效果不稳定。为克服单纯生防制剂防效不稳的问题，将具有特定功能的拮抗菌与腐熟的堆肥和一定比例的活性有机物料共同发酵制成的微生物有机肥，通常具有抑制病原菌和促进植物生长的双重作用。生物有机肥的连续应用可增加土壤中的微生物种类和群落数量，诱导形成稳定可培养的细菌代谢潜力，特别是对碳水化合物、羧酸和酚类化合物的利用，显著减少了疾病发病率和增加作物产量（Dong *et al*，2016）

前人利用芽胞杆菌与有机肥固体发酵制备生物有机肥，作为固体基肥通过拌土的方式施用于土壤，该方面报道主要集中于室内或盆栽试验，如张志红等（2008）将枯草芽胞杆菌、胶质芽胞杆菌和巨大芽胞杆菌混合菌剂与有机肥结合，防病效果达61.5%；何欣等（2010）将生物有机肥与绿色木霉菌和多粘芽胞杆菌混合施用，可有效降低香蕉枯萎病的病情指数，到香蕉植株移栽45 d时，香蕉植株枯萎病的病情指数未超过2.4，比对照降低47.8%～56.5%；匡石滋等（2013）将枯草芽胞杆菌与生物有机肥混用，防效达88.9%。周登博等（2013）在盆栽试验条件下，研究了6种基质拮抗菌发酵液对香蕉枯萎病的防效。结果表明，麦麸、豆饼、花生饼、菜籽饼芝麻及花椒饼发酵液对香蕉枯萎病的防效最佳，防效分别达53.64%、68.22%、54.21%、57.94%，10.75%和49.53%，其中豆饼发酵液对香蕉苗的促生作用最显著（表9-21）。

表 9-21　不同有机改良剂对香蕉枯萎病的防治效果（盆栽）

处理	病情指数	防治效果/%
清水	50. 95±3. 60 a	0
麦麸发酵液	23. 62±0. 72 cd	53. 64
豆饼发酵液	16. 19±1. 65 e	68. 22
花生饼发酵液	22. 00±0. 76 cd	54. 21
菜籽饼发酵液	21. 43±1. 43 d	57. 94
芝麻发酵液	45. 48±1. 48 b	10. 75
花椒饼发酵液	25. 71±2. 86 c	49. 53

注：同列数据后不同小写字母表示差异达 5%显著水平。

付琳等（2012）报道，与常规施肥相比，施用由解淀粉芽孢杆菌（*Bacillus amyloliquefaciens*）NJN-6 二次发酵而成的生物肥料一年，能够有效控制香蕉枯萎病的发生。李国良等（2012）研究发现，鸡粪淋施复合芽孢杆菌处理成熟蕉果可溶性糖含量与维生素 C 含量最高，产量最高，比氮磷钾处理增产 8. 9%；在种植后 5 个月才开始发病，发病时间延缓，发病后病况稳定且发病率最低，为 17. 8%，比其他处理降低 6. 6～46. 6 个百分点（表 9-22）。

表 9-22　不同有机改良剂对香蕉枯萎病发病率的影响（大田）

处理	发病率/%				
	植后 84 d（幼苗期）	植后 98 d（花芽分化期）	植后 147 d（孕蕾期）	植后 179 d（抽蕾期）	植后 213 d（断蕾期）
NPK 肥	0 a	2. 2 b	6. 7 a	20. 0 a	24. 4 a
NPK 肥+鸡粪	4. 4 a	11. 1 ab	33. 3 a	42. 2 a	55. 6 a
NPK 肥+鸡粪+复合芽孢杆菌	0 a	0 b	8. 9 a	8. 9 a	17. 8 a
NPK 肥+复合芽孢杆菌	2. 2 a	6. 7 ab	26. 7 a	33. 3 a	40. 0 a
NPK 肥+石灰氮	2. 2 a	2. 2 b	13. 3 a	24. 4 a	31. 1 a
NPK 肥+石灰氮+复合芽孢杆菌	0 a	20. 0 a	40. 0 a	55. 6 a	64. 4 a

注：同列数据后不同小写字母表示差异达 5%显著水平。

Wang 等（2013）发现由解淀粉芽孢杆菌（*B. amyloliquefaciens*）W19 二次发酵而成的生物肥料能够有效减轻香蕉枯萎病的为害。戴青冬等（2014）报道，施用枯草芽胞杆菌配施有机液肥可促进香蕉生长，降低枯萎病病原菌数量，提高根际可培养细菌数量，增加对香蕉枯萎病的防治效果，具有较大的应用前景。在香蕉移栽 100 d 时，香蕉株高、茎围、地上部、地下部鲜和防效显著提高，联合处理病情指数下降了 45.39%～65.87%，根际枯萎病菌的 logCFU 降低 40.5%～50.1%，可培养细菌数量的 logCFU 增加 25.8%～32.8%。钟书堂等（2015）通过试验证明，连续两年施用生物有机肥能够有效降低香蕉枯萎病发病率，显著提高大田香蕉单株质量、小区产量、果实可溶性糖含量及可溶性糖与可滴定酸的比值（糖酸比）。张龙等（2017）采用有机肥和复合微生物菌剂联合施用的方式，研究微生物菌对枯萎病的控制作用。结果表明，在香蕉整个生育期，连续使用 5 次复合微生物菌剂（1 kg/亩）+氨基酸（1 kg/亩）灌根，可以减轻香蕉枯萎病的为害，降低病情指数，有利于香蕉植株的正常生长。

甘林等（2016）通过大田试验，评价了微生物菌剂（含枯草芽孢杆菌、哈茨木霉菌和淡紫拟青霉菌）和生物有机肥对香蕉枯萎病的防效，结果表明其防效分别达 87.51%和 77.51%。赖多等（2017）将解淀粉芽孢杆菌与印楝渣混合发酵而制备的印楝渣生物药肥应用于抑菌和盆栽试验，发现香蕉枯萎病的盆栽防效达 72%以上，且香蕉植株在鲜质量、干质量、株高和茎粗均有不同程度的提高。

中国香蕉主产区蕉园土壤酸化严重、香蕉营养失衡、枯萎病严重发生，中碱性土壤条件可有效抑制香蕉枯萎病菌的感染。已有许多相关研究表明，在香蕉移栽前通过施石灰中和土壤酸性，可以破坏香蕉枯萎病的发病条件而控制枯萎病发生。施用木薯渣、蔗渣、石灰等改良土壤，可使土壤 pH 值提高到 7.0～7.5，可降低香蕉枯萎病菌的致病力。也有研究者通过改变土壤的 pH 值、施用钙、铁及控制温度和土壤的含水量来控制香蕉枯萎病（Raven，1986）。

华南农业大学樊小林研究团队研发了一种以长效氮为氮源、磷酸二铵为磷源、碳酸钾为钾源的新型碱性氮磷钾复混肥料，发现经 4 次施肥，碱性肥料在香蕉生长期供应适量足量氮、磷、钾养分的同时，还能有效地提高土壤 pH 值，使土壤 pH 值维持在 7.0～7.4；香蕉收获期，常规肥料处理的枯萎病发病率在 62%以上，而碱性肥料处理的发病率降低到了 18%以下；常规对照处理香蕉病情指数达到了 21%，而碱性肥料处理的只有 5%；碱性肥料处理的香蕉经济收获率由对照的 56%增加到了 72%，每公顷增产 13 267 kg，单株增产 3.43 kg（樊小林，李进，2014）。另外还发现肥料的酸碱性对香蕉枯萎病发生及土壤微生物群落数量有显著影响。施用 pH 值为 7 和 8 的两种肥料处理显著降低了香蕉枯萎病的发病率及病情指数，pH 值 8.0 的碱性肥料较 pH 值 5.5 的酸性肥料分别降低了 38 个和 16 个百分点；碱性肥料处理土壤中的香蕉枯萎病菌和真菌数量显著少于酸性肥料处理，分别减少了 60%和 51%，而放线菌和细菌数量却都明显多于酸性肥料处理，分别是酸性肥料的 1.22 倍和 2.25 倍（表 9-23）（李进等，2018）。

表 9-23　肥料对土壤微生物多样性的影响

多样性	接种枯萎病菌	酸性肥料	中性肥料	碱性肥料
丰富度	不接种	25.000±0.000 a	27.667±2.517 a	28.667±1.155 a
	接种	23.667±2.309 b	25.333±2.309 ab	28.667±0.577 a
多样性指数	不接种	3.252±0.067 a	3.278±0.044 a	3.325±0.031 a
	接种	3.180±0.088 b	3.230±0.075 ab	3.341±0.019 a

注：同行数据后不同小写字母表示差异达 5%显著水平。

酸性土壤改良剂或碱性肥料和放线菌制剂或生物有机肥配施可以优化香蕉根际土壤微生物结构，提高土壤酶活性，促进香蕉生长，增强香蕉的抗病性。黄建凤等（2017）在温室条件下，将酸性土壤改良剂分别与生防制剂结合研究其对香蕉枯萎病的防效。结果表明，酸性土壤改良剂分别与放线菌菌剂处理及生物有机肥处理的协同防效分别为 61.1%和 58.3%，二者防效均高于单独施用酸性土壤改良剂（49.7%）、放线菌菌剂（55.6%）和生物有机肥处理（52.8%）。试验结束时，各处理土壤的 pH 值显著高于对照（$P<0.05$）；放线菌菌剂和生物有机肥处理显著降低了香蕉根际尖孢镰刀菌数量（$P<0.05$）；酸性土壤改良剂+放线菌菌剂和酸性土壤改良剂+生物有机肥处理能显著提高香蕉根际细菌和放线菌数量并降低真菌数量。另外，各处理还显著促进香蕉生长，且提高了土壤有机质、有机碳、全氮、速效钾含量和电导率。桂莎等（2019）研究发现，酸性土壤和微碱性滩涂土壤中均以常规肥料处理的香蕉枯萎病病情指数最高，碱性肥料和放线菌制剂配施的病情指数最低，分别较常肥料处理降低了 46.71%和 33.21%，且碱性肥料和放线菌制剂配施能显著促进香蕉株高的增长和地上部、根系干质量的积累。在酸性土壤中，碱性肥料与生防放线菌制剂处理土壤细菌和放线菌数量较常规肥料分别增加了 114.9%和 153.9%（$P<0.05$），真菌数量减少了 42.3%（$P<0.05$），细菌、放线菌与真菌数量比均增加了约 4 倍；在微碱性土壤中，碱性肥料与生防放线菌制剂处理土壤细菌和放线菌数量分别较常规肥料增加了 37.0%和 13.05（$P<0.05$），真菌数量减少了 57.7%（$P<0.05$），细菌、放线菌与真菌数量比均增加了约 4 倍

（表 9-24）。

表 9-24　碱性肥料和放线菌配施对土壤 pH 值的影响

处理	酸性土壤			微碱性土壤		
	pH 值	细菌/真菌	放线菌/真菌	pH 值	细菌/真菌	放线菌/真菌
常规肥料	4.49±0.01 c	25.40±0.71 c	1.24±0.16 c	7.54±0.01 d	108.60±10.90 c	38.25±3.44 b
碱性肥料	4.66±0.01 a	58.66±2.91 b	2.11±0.08 b	7.76±0.01 b	148.14±13.24 bc	42.89±3.85 b
常规肥料+生防放线菌制剂	4.59±0.01 b	50.27±3.67 b	2.09±0.06 b	7.62±0.01 c	205.16±16.05 b	60.44±4.76 b
碱性肥料+生防放线菌制剂	4.66±0.03 a	94.60±2.20 a	5.42±0.38 a	7.87±0.02 a	423.97±50.11 a	123.74±16.48 a

注：同列数据后不同小写字母表示差异达 5%显著水平。

综合现有的室内和田间实际防效来看，生物拮抗菌不仅可以直接抑制病原菌的生长繁殖，而且可以促进香蕉植株的生长，更重要的是还能改变土壤中的微生物种群结构和数量，因此生物拮抗菌是防控香蕉枯萎病的重要措施之一。然而，目前需要解决的关键问题是，如何制作含有不同类型拮抗菌的生物菌肥，如何延长生物菌肥的保质期而不降低拮抗菌的数量和活力，以及在香蕉不同生育时期如何合理施用等（李华平等，2019）。

生物防治有利于环境保护、生态平衡、物种多样性保护及人类健康等，势必成为可持续农业经济发展主体技术之一，并占有十分重要的和不可取代的地位。尽管香蕉枯萎病生物防治研究工作已历时数十年，目前尚未形成登记注册的商品化生防菌制剂，但已有防治其他作物枯萎病的生防制剂产品。如意大利 S. T. A. P. A 公司登记的利用非致病尖孢镰刀菌作为生防菌的产品 Biofox C，可用于防治由尖孢镰刀菌引起的康乃馨和番茄等作物病害；由法国 Matural Plant Protection 公司注册的同类产品 Fusaclean，可防治尖孢镰刀菌引起的芦笋、康乃馨和番茄等作物病害。说明应用生防措施防治香蕉枯萎病的前景仍然是乐观的。随着分子生物学技术的发展，通过人工改良生防菌，研制基因组重组生物制剂，提高其防治枯萎病的能力，同时使其具有对环境高抗逆境、高抗药性、高繁殖力、强稳定性等特性，从而切实发挥生物防治的优势。

第十章
香蕉枯萎病的综合防控

香蕉（*Musa* spp.）是世界重要的粮食作物和经济作物，是全球近6亿人口的主食，年产量占全球鲜果产量的16%以上（Mohapatra *et al*，2010），也是全球鲜果消费量和贸易额最大的水果。香蕉枯萎病的发生对整个香蕉产业健康发展产生了毁灭性的打击。在过去的几十年里，经国内外科研人员的不断研究和探索，对香蕉枯萎病的病原、致病机理及其与宿主的相互作用等有了深入的了解，并且在农业、化学与生物防治及抗病育种方面也均取得了不小的进步，但目前尚没有任何单项技术可以有效控制该病害，如很多化学药剂、生物菌剂在室内和盆栽防治试验效果很好，但大田防控效果就不理想；而选育的一些抗病品种，或是品质不好，或是抗逆性不稳定，与原有的优良当家品种‘巴西蕉’相比，表现出生育期长、低温敏感、成（催）熟期不一致、跳把、口感风味欠佳、露头严重且肥水需求不同等特性，大面积推广还有一定困难。因此，改变传统单一的防控方法，进行多种措施相结合的综合防控尤为重要。

20世纪90年代，香蕉枯萎病在中国广东番禺首次发生后，农业部非常重视，将其列入了国内植物检疫对象名单。基于香蕉枯萎病的危害严重性，国家质量监督检验检测总局、中国国家标准化管理委员会、农业农村部分别组织相关专家制定了《香蕉枯萎病菌4号小种检疫检测与鉴定》（GBT 29397—2012）、《香蕉枯萎病监测规范》（GB/T 35339—2017）、《香蕉枯萎病菌检疫鉴定方法》（SN/T 2665—2010）、《香蕉枯萎病菌生理小种检疫鉴定方法》（SN/T 5012—2017）及《香蕉镰刀菌枯萎病诊断及疫情处理规范》（NY/T 1807—2009）、《热带作物品种资源抗病虫性鉴定规程　香蕉叶斑病、香蕉枯萎病和香蕉根结线虫病》（NT/T 2258—2012）和《热带作物病虫害监测技术规程　香蕉枯萎病》（NY/T 2817—2015）等一系列标准与规范，为香蕉枯萎病早期快速诊断、监测预警网络建设及抗病种质资源筛选提供了技术支撑。

针对香蕉枯萎病制约香蕉产业发展的瓶颈问题，农业部于2008年组织全国相关专家，成立国家香蕉产业技术体系，开展香蕉枯萎病研究。经“十一五”“十二五”联合攻关，中国热带农业科学院与国家香蕉产业体系专家联合研究出包括拮抗菌、可水肥共施的复合微生物菌肥发酵工艺、应用抗病品种和有机肥的一套枯萎病综合防控技术体系，示范基地香蕉枯萎病发病率可以稳定控制在8%以内，成效显著。其中海南省临高南宝镇38.67 hm^2 香蕉基地种植的‘巴西蕉’2005年发病率为10.8%，应用综合防控技术后发病率逐步下降，2013—2015年分别为4.9%、2.1%、1.5%；临高南红星农场41.67 hm^2 香蕉示范基地，2013年发病率高达70.3%，2014年开始种植‘南天黄’品种，2015年发病率降低到8%；临高南华鑫农场93.33 hm^2 香蕉基地枯萎病防控也取得了较明显的效果（张锡炎，2016）。

中国热带农业科学院环境与植物保护研究所研发的《香蕉枯萎病综合防控技术》入选“十三五”期间第一批热带南亚热带作物新主导品种和新主推技术”（黄俊生，谢艺贤，2018）。该技术提出间（轮）作、安全种苗生产、种植抗病品种、土壤灭菌防病、排灌设施建设、严防线虫、土壤保温控病、拮抗菌田间激活及病株原位打孔灌注灭除等 9 项技术要点，在安全育苗、土壤消毒处理、疫病监控、病株处理、拮抗微生物菌剂田间防控配套技术等技术瓶颈问题中大有突破，使香蕉枯萎病可防可控，可有效遏制香蕉枯萎病疫情的蔓延，保障香蕉产业可持续健康发展。

华南农业大学李华平研究团队在总结国内外涉及香蕉枯萎病的理论研究和应用推广的基础上，初步建立和集成了针对香蕉枯萎病的无病区、轻病区和重病区的三大综合防控核心技术体系。以该防控体系为指导，通过不同抗性品种的合理选种、无病基质种苗的培育、有机肥和生物菌肥的应用、栽培管理标准化等核心技术的进一步完善和推广，有效遏制了香蕉枯萎病在我国香蕉产区进一步蔓延和扩展的势头（李华平等，2019）。

针对香蕉枯萎病的肆虐，体系外的学者们也采取多种防控措施相结合的方法对香蕉枯萎病进行了研究。杜志勇等（2008）采用改性石灰氮综合措施，即土壤病原菌清除+病原菌接力消毒+病原菌传播途径切除措施防治香蕉枯萎病取得了良好的效果。以抗病品种+虾肽氨酸肥+保根防病的栽培技术措施为基础的香蕉枯萎病综合防控技术体系可使香蕉枯萎病的抗病率高达 96.6%以上（朱小花等，2013）。“由尖孢镰刀菌引起的作物土传病害综合防控技术研究——香蕉抗枯萎病品种筛选及健康栽培技术”研究团队构建的“抗病品种、健康无病苗、微生物菌剂、生物菌肥、病株原位无扩散销毁”的香蕉枯萎病绿色防控技术体系，能有效控制香蕉枯萎病为害（郑庆伟，2017）。谢胜（2017）提出了一种包括生态治理、培育无病种苗、选育种植抗病品种、加强排水管理、增施肥料的农业防治、生物防治和化学防治等多方面治理的综合防控方法。

综上所述，目前国内外研究的防控措施中，较为有效的方法是选育抗病品种、科学栽培管理、增施生物有机肥、使用拮抗菌等多种措施的综合应用。虽然香蕉枯萎病的综合防控技术已取得一定成效，但是同样的防控措施在不同的香蕉产区防控效果差异较大。若要彻底根治，还需要在育种、植保、栽培等学科上不断取得新突破。因此，如何防控香蕉枯萎病仍是目前乃至今后相当长时期内香蕉研究者和种植者必须面对的难题。

主要参考文献

鲍建荣，王拱辰，郑 重．1992. 尖孢镰孢（*Fusarium oxysporum*）硝酸盐营养突变株及其营养体亲和性［J］. 植物病理学报，22（4）：229–333.
包智丹．2016. 香蕉枯萎病菌 Foc1 和 Foc4 侵染不同香蕉品种的差异分析［D］. 广州：华南农业大学.
步佳佳．2012. 香蕉组织内源激素与枯萎病抗性关系的研究［D］. 南宁：广西大学.
曹永军，程萍，喻国辉，等．2011. 香蕉枯萎病菌菌株致病力分化及其原因研究［J］. 热带作物学报，32（8）：1532–1536.
陈博，朱军，孙前光，等．2011. 一株抗香蕉枯萎病内生细菌的分离鉴定及其抗病促生作用［J］. 微生物学通报，38（2）：199–205.
陈波，张锡炎，黄霄，等．2013. 香蕉枯萎病区土壤真菌多样性分析［J］. 江苏农业科学，41（11）：354–357.
陈福如，杨秀娟，李韬，等．2003. 香蕉枯萎病菌的生物学特性及防治研究［J］. 25（6）：900–903.
陈福如，杨秀娟，杜宜新，等．2009. 销毁携带检疫性枯萎病菌的香蕉病株的药物及其应用［P］. 中国：CN101406201A.
陈厚彬，冯奇瑞，徐春香，等．2006. 抗枯萎病香蕉种质筛选［J］. 华南农业大学学报，27（1）：9–12.
陈静华．2008. 香蕉枯萎病菌 4 号小种鉴别培养基研制与应用［D］. 福州：福建农林大学.
陈璐，刘波，肖荣凤，等．2014. 芭蕉属植物内生细菌种群分布特性研究［J］. 热带作物学报，35（8）：1619–1624.
陈平亚，汪军，景晓辉，等．2014. 施用枯草芽孢杆菌与覆盖对香蕉生长与枯萎病防治的作用［J］. 广东农业科学，11：78–81，88.
陈平亚．2015. 香蕉枯萎病菌中 *SIX*2 和 *SIX*6 基因功能分析［D］. 海口：海南大学.
陈石，李春雨，易干军，等．2011. 香蕉枯萎病菌 esyn1 基因的克隆与序列分析［J］. 热带作物学报，32（8）：1503–1506.
陈石，郑加协，周红玲，等．2010. 香蕉品种选育研究进展［J］. 中国热带农业，32（1）：55–58.
陈雅平，陈云凤，黄霞，等．2008. 3 个野生香蕉株系的 PCR–RFLP 分析及其对枯萎病抗性的研究［J］. 园艺学报，35（1）：19–26.
陈远凤，李一平，喻国辉，等．2015. 二氧化氯对香蕉枯萎病菌和细菌性软腐病菌的消毒效果研究［J］. 广东农业科学，6：70–73.
戴青冬．2014. 香蕉枯萎病菌 MAPK 信号通路中 *Fomps*1 基因的研究［D］. 海口：海南大学.
戴青冬，汪军，邢益范，等．2014. 两株抗香蕉枯萎病生防菌的筛选与生防效应研究［J］. 广东农业科学，11：73–77.

邓晓 . 2012. 香蕉枯萎病区土壤微生物多样性研究［D］. 海口：海南大学.

邓晓，李勤奋，侯宪文，等 . 2011. 香蕉枯萎病区土壤可培养微生物生态特征［J］. 热带作物学报，32（2）：283-288.

邓晓，李勤奋，侯宪文，等 . 2012. 蕉园土壤因子与香蕉枯萎病发病的相关性研究［J］. 生态环境学报，21（3）：446-454.

邓晓，李勤奋，侯宪文，等 . 2012. 香蕉枯萎病不同感病级别植株根际与非根际土壤微生物物种多样性研究［J］. 中国农学通报，28（30）：239-248.

邓晓，李勤奋，武春媛，等 . 2015. 健康香蕉（*Musa paradisiaca*）植株根区土壤细菌多样性的比较研究［J］. 生态环境学报，24（3）：402-408.

刁毅 . 2006. 植物诱导抗病性的结构抗性机制［J］. 攀枝花学院学报，23（1）：116-118.

丁文娟，曹群，赵兰凤，等 . 2014. 生物有机肥施用期对香蕉枯萎病及土壤微生物的影响［J］. 农业环境科学学报，33（8）：1575-1582.

丁兆建，漆艳香，曾凡云，等 . 2018. 转录因子 FoSwi6 调控香蕉枯萎病菌的生理特性和致病性［J］. 植物病理学报，48（5）：601-610.

董鲜，郑青松，王敏，等 . 2015. 铵态氮和硝态氮对香蕉枯萎病发生的比较研究［J］. 植物病理学报，45（1）：73-79.

董鲜 . 2014. 土传香蕉枯萎病发生的生理机制及营养防控效果研究［D］. 南京：南京农业大学.

董鲜，郑青松，王敏，等 . 2015. 香蕉幼苗三类有机小分子溶质对尖孢镰刀菌侵染的生理响应［J］. 生态学报，35（10）：3309-3319.

董章勇，王琪，秦世雯，等 . 2010. 香蕉枯萎病菌 1 号和 4 号生理小种细胞壁降解酶的比较［J］. 植物病理学报，40（5）：463-468.

杜婵娟，付岗，潘连富 . 2013. 木霉制剂对土壤微生物数量和香蕉枯萎病的影响［J］. 西南农业学报，26（3）：1030-1033.

杜和禾，黄俊生 . 2013. 香蕉枯萎病菌 *fow*2 基因的克隆及其序列分析［J］. 广东农业科学，10：138-142.

杜宜新，杨秀娟，阮宏椿，等 . 2008. 几种杀菌剂及其混配剂对香蕉枯萎病菌的毒力测定［J］. 农药，47（10）：764-766.

杜宜新，石妞妞，阮宏椿，等 . 2013. 香蕉枯萎病菌和芦笋茎枯病菌的拮抗放线菌筛选与鉴定［J］. 福建农业学报，28（10）：1027-1031.

杜志勇，樊小林 . 2008. 改性石灰氮防治香蕉枯萎病及其恢复香蕉生产的效果［J］. 果树学报，25（3）：373-377.

段雅婕，庞振才，陈晶晶，等 . 2015. 二氧化氯对土壤中香蕉枯萎病的防治效果初探［J］. 中国南方果树，44（6）：74-77，81.

段雅婕，张锡炎，黄绵佳，等 . 2011. 豆粕发酵液对香蕉幼苗枯萎病防效的影响［J］.

中国农学通报，27（25）：215-218.
番华彩，杨佩文，郭志祥，等.2011. 锡尾矿真菌次生代谢产物对香蕉枯萎病菌的抑菌活性筛选［J］. 西南农业学报，24（2）：604-607.
范鸿雁，谢艺贤，张辉强.2004. 几种杀菌剂对香蕉枯萎病菌的室内毒力测定［J］. 农药，43（3）：142-143.
樊小林，李进.2014. 碱性肥料调节香蕉园土壤酸度及防控香蕉枯萎病的效果［J］. 植物营养与肥料学报，20（4）：938-946.
冯慧敏，张俊，王志双，等.2014. INIBAP 引进香蕉种质资源对枯萎病的抗性评价［J］. 热带农业科学，34（8）：37-42.
冯岩，杨静美，王晓容，等.2010. 韭菜和葱汁液对香蕉枯萎病菌的抑制作用［J］. 华中农业大学学报，29（30）：292-294.
冯岩，杨静美，梁小媚，等.2011. 两种葱属植物提取物对香蕉枯萎病菌有抑制作用组分的气相色谱-质谱分析［J］. 分析测试学报，30（8）：941-944.
付琳，阮云泽，沈宗专，等.2012. 生物有机肥对连作香蕉根际土壤可培养细菌区系的影响［J］. 南京农业大学学报，35（6）：82-88.
符美英，肖彤斌，吴凤芝，等.2014. 南方根结线虫、香蕉穿孔线虫和尖孢镰刀菌 4 号生理小种对巴西蕉致病力的测定［J］. 广东农业科学，1：56-60.
付业勤，蔡吉苗，刘先宝，等.2007. 香蕉内生细菌分离、活性评价及数量分布［J］. 热带作物学报，28（4）：78-83.
付业勤，张科立，潘羡心，等.2009. 内生拮抗细菌 BEB2 的分子鉴定及其对香蕉枯萎病菌的抑制作用［J］. 热带作物学报，30（1）：80-84.
甘林，陈福如，杨秀娟，等.2010. 木霉菌及其代谢产物对香蕉枯萎病菌的离体抑制作用研究［J］. 福建农业学报，25（4）：462-467.
甘林，杜宜新，郑加协，等.2016. 抗病品种在香蕉枯萎病绿色防控上的应用［J］. 热带作物学报，37（10）：1945-1948.
高乔婉. 香蕉枯萎病.1996. 中国农业百科全书・植物病理学卷［M］. 北京：中国农业出版社，482-483.
GB/T 29397—2012. 2012. 香蕉枯萎病菌 4 号小种检疫检测与鉴定［S］. 北京：中国标准出版社.
GB/T 35339—2017. 2017. 香蕉枯萎病监测规范［S］. 北京：中国标准出版社.
桂莎，刘芳，樊小林.2019. 碱性肥料和生防菌制剂配合施用对香蕉枯萎病的防效［J］. 西北农林科技大学学报，47（11）：1-10.
郭立佳，杨腊英，彭军，等.2013. 不同药剂防治香蕉枯萎病效果评价［J］. 中国农学通报，29（1）：188-192.
郭立佳，梁昌聪，张建华，等.2013. 香蕉枯萎病菌 1 号和 4 号生理小种菌株侵染和定殖巴西蕉和粉蕉根系的观察［J］. 热带作物学报，34（11）：2262-2266.

郭立佳，杨腊英，彭军，等.2013. 香蕉枯萎病病原菌 *Six* 同源基因的鉴定［J］. 热带作物学报，34（12）：2391-2396.

郭立佳，杨腊英，王国芬，等.2014. 尖孢镰刀菌古巴专化型 *fgb*1 基因敲除突变体的构建与表型分析［J］. 热带作物学报，35（11）：2205-2210.

郭立佳，王飞燕，梁昌聪，等.2016. 香蕉枯萎病菌假定分泌蛋白 SP10 的功能分析［J］. 热带作物学报，37（3）：525-531.

郭培钧，何衍彪，詹儒林，等.2009. 肉桂活性成分对芒果炭疽菌及香蕉枯萎病菌的抑制作用［J］. 华南农业大学学报，30（4）：36-39.

郭予元，吴孔明，陈万权.2015. 中国农作物病虫害［M］. 第 3 版. 北京：中国农业出版社.

郭志祥，番华彩，白亭亭，等.2015. 云南香蕉枯萎病病原菌的分离鉴定及 4 号小种的致病力研究［C］//中国植物保护学会 2015 年学术年会论文集，442.

剧虹伶，张曼，阮云泽，等.2017. 不同品种香蕉抗枯萎病效果及抗性生理研究［J］. 植物保护，43（2）：82-87.

韩树全.2014. 酚类物质抗香蕉枯萎病的作用机理［D］. 广州：华南农业大学.

何欣，黄启为，杨兴明，等.2010. 香蕉枯萎病致病菌筛选及致病菌浓度对香蕉枯萎病影响［J］. 中国农业科学，43（18）：3809-3816.

何欣，郝文雅，杨兴明，等.2010. 生物有机肥对香蕉植株生长和香蕉枯萎病防治的研究［J］. 植物营养与肥料学报，16（4）：978-985.

何衍彪，詹儒林，赵艳龙.2006. 丁香提取物对芒果炭疽病菌和香蕉枯萎病菌的抑制作用［J］. 四川农业大学学报，24（4）：394-397，404.

何壮，漆艳香，曾凡云，等.2019. 香蕉枯萎病菌 4 号生理小种 *smy*1 基因的功能分析［J］. 热带作物学报，http://kns.cnki.net/kcms/detail/46.1019.S.20190527.1638.002.html.

胡春华，易干军，魏岳荣，等.2009. 几丁质酶基因转化巴西香蕉的研究［C］//第二届全国果树分子生物学学术研讨会论文集，254-258.

胡春华，邓贵明，孙晓玄，等.2017. 香蕉 CRISPRCas9 基因编辑技术体系的建立［J］. 中国农业科学，50（7）：1294-1301.

黄建凤，张发宝，逄玉万，等.2017. 酸性土壤改良剂与生防制剂协同防控香蕉枯萎病的效果［J］. 热带作物学报，38（3）：545-550.

胡莉莉.2006. 香蕉抗枯萎病生理生化基础的研究［D］. 儋州：华南热带农业大学.

胡莉莉，窦美安，谢江辉，等.2006. 香蕉枯萎病抗病性研究进展［J］. 广西热带农业，102（1）：16-18.

胡玉林，谢江辉，江新华，等.2008. 威廉斯香蕉 8818 及其抗枯萎病突变体的细胞学与组织学研究［J］. 果树学报，25（6）：877-880.

胡玉林，左雪冬，步佳佳，等.2011. 香蕉与枯萎病菌互作中 3 种酚类物质的含量变化

研究 [J]. 热带作物学报, 32 (12): 2302-2306.
胡伟, 赵兰凤, 张亮, 等. 2012. 香蕉枯萎病生防菌 AF11 的鉴定及其定殖研究 [J]. 中国生物防治学报, 28 (3): 387-393.
胡振阳, 谭志琼, 徐刚, 等. 2014. 香蕉枯萎病拮抗内生细菌的筛选及鉴定 [J]. 中国南方果树, 43 (5): 4-8.
黄秉智, 许林兵, 杨护, 等. 2005. 香蕉种质资源枯萎病抗性田间评价初报 [J]. 广东农业科学, 6: 9-10.
黄俊生, 谢艺贤. 2018. 香蕉枯萎病综合防控技术//农业部农垦局, 农业部发展南亚热带作物办公室编. "十三五" 期间第一批热带南亚热带作物主导品种和主推技术 [M]. 北京: 中国农业出版社, 115-117.
黄丽娜, 魏守兴. 2017. 宝岛蕉优质生产技术 [M]. 北京: 中国农业科学技术出版社.
黄美容, 朱军, 鲍时翔, 等. 2008. 香蕉枯萎病菌 FOC4 生物学特性的研究 [C] //微生物实用技术生态环境应用学术研讨会论文集, 26-31.
黄瑶, 杨耿周, 张雅娟, 等. 2009. 拮抗香蕉枯萎病菌海洋细菌的筛选和鉴定 [J]. 广东海洋大学学报, 29 (6): 72-77.
黄永红, 李春雨, 左存武, 等. 2011. 韭菜对巴西香蕉枯萎病发生的抑制作用 [J]. 中国生物防治学报, 27 (3): 344-348.
黄永辉, 杨媚, 权永兵, 等. 2015. 苯并噻二唑对香蕉枯萎病的诱导抗性 [J]. 华中农业大学学报, 34 (3): 36-41.
黄穗萍, 郭堂勋, 李其利, 等. 2018. 香蕉枯萎病菌致病力分化与 ISSR 遗传多样性分析 [J]. 植物保护, 44 (6): 107-114.
黄穗萍, 莫贱友, 郭堂勋, 等. 2013. 广西香蕉枯萎病 4 号生理小种发生情况及香蕉品种抗性鉴定 [J]. 南方农业学报, 44 (5): 769-772.
黄永辉, 陈琦光, 迟远丽, 等. 2016. 土壤理化因素对香蕉枯萎病菌生长和侵染的影响 [J]. 华中农业大学学报, 35 (2): 30-34.
姬华伟, 郑青松, 董鲜, 等. 2012. 铜、锌元素对香蕉枯萎病的防治效果与机理 [J]. 园艺学报, 39 (6): 1064-1072.
贾慧升, 薛玉潇, 方晓东, 等. 2012. 香蕉枯萎病菌基因组编码的植物细胞壁降解酶系统生物信息学分析 [J]. 广东农业科学, 9: 129-132.
江新华, 谢江辉, 王尉, 等, 2006. 水杨酸诱导香蕉抗枯萎病生理试验 [J]. 中国果树, 6: 39-42.
景晓辉, 吴伦英, 区小玲, 等. 2009. 一种简便分离香蕉枯萎病菌的选择性培养基 [J]. 热带作物学报, 30 (11): 1671-1673.
井涛, 周登博, 王丽霞, 等. 2016. 不同饼肥碳氮比发酵液对香蕉枯萎病及土壤微生物群落功能多样性的影响 [J]. 热带作物学报, 37 (11): 2063-2071.
邝瑞彬, 李春雨, 左存武, 等. 2012. 枯萎病原菌诱导的香蕉组织结构抗病性研究

［C］//中国植物病理学会 2012 年学术年会论文集.

邝瑞彬，李春雨，杨静，等. 2013. 抗感枯萎病香蕉的细胞结构抗性研究［J］. 分子植物育种，11（2）：193-198.

匡石滋，李春雨，田世尧，等. 2013. 药肥两用生物有机肥对香蕉枯萎病的防治及其机理初探［J］. 中国生物防治学报，29（3）：417-423.

赖朝圆，杨越，陶成圆，等. 2018. 不同作物-香蕉轮作对香蕉生产及土壤肥力质量的影响［J］. 江苏农业学报，34（2）：299-306.

赖多，康向辉，邵雪花，等. 2017. 印楝渣生物药肥对香蕉生长和香蕉枯萎病的影响［J］. 华南农业大学学报，38（4）：30-36.

蓝江林，刘波，焦会民，等. 2012. 香蕉植株内生细菌群落多态性研究［J］. 热带亚热带植物学报，20（3）：285-291.

雷忠华. 2018. 基于互作转录组分析的抗病香蕉品系南天蕉与尖孢镰刀菌互作机理研究［D］. 广州：华南理工大学.

李朝生，霍秀娟，韦绍龙，等. 2012. 5 份香蕉种质对枯萎病的抗性评价［J］. 南方农业学报，43（4）：449-453.

李赤，于莉，陈永钦，等. 2008. 9 种杀菌剂对香蕉枯萎病菌的室内毒力测定［J］. 中国南方果树，37（2）：44-45.

李赤，黎永坚，于莉，等. 2010. 香蕉枯萎病菌毒素的成分分析及其生物测定［J］. 果树学报，27（6）：969-974.

李赤，黎永坚，于莉，等. 2010. 香蕉枯萎病菌对不同香蕉品种防御酶系的影响［J］. 中国农学通报，26（17）：251-255.

李赤，黎永坚，于莉，等. 2011. 香蕉枯萎病菌毒素对香蕉叶片超微结构的影响［J］. 吉林农业大学学报，32（2）：158-164.

李春强. 2017. 基于转录组学和蛋白组学的枯萎镰刀菌致病及香蕉抗病分子机理研究［D］. 海口：海南大学.

李春雨，陈石，左存武，等. 2011. 香蕉枯萎病菌新毒素——白僵菌素的鉴定［J］. 园艺学报，38（11）：2092-2098.

李春雨. 陈石，孙清明，等. 2011. 香蕉枯萎病菌 *fga*1 基因克隆及其多样性研究［J］. 分子植物育种，9（6）：709-715.

李国良，姚丽贤，杨苞梅，等. 2012. 有机肥与生防菌结合防治香蕉枯萎病的初步研究［J］. 中国土壤与肥料，2：67-72.

李华平，李云锋，聂燕芳. 2019. 香蕉枯萎病的发生及防控研究现状［J］. 华南农业大学学报，40（5）：1-9.

李进，樊小林，蔺中，等. 2018. 碱性肥料对土壤微生物多样性及香蕉枯萎病发生的影响［J］. 植物营养与肥料学报，24（1）：212-219.

李进，张立丹，刘芳，等. 2016. 碱性肥料对香蕉枯萎病发生及土壤微生物群落的影响

[J]. 植物营养与肥料学报，22（2）：429-436.
李梅婷 . 2010. 香蕉枯萎病菌毒素在香蕉抗病品种选育和抗病性鉴定中的应用［D］. 福州：福建农林大学.
李梅婷，张绍升 . 2010. 香蕉枯萎病菌细胞壁降解酶的诱导及其对香蕉组织的降解［J］. 中国农学通报，26（5）：228-231.
李敏慧，庄楚雄，姜子德 . 2006. 香蕉枯萎病菌 4 号生理小种致病相关基因 *foABC*1 的分离［J］. 菌物研究，4（3）：94-95.
李敏慧，习平根，姜子德，等 . 2007. 广东香蕉枯萎病菌生理小种的鉴定［J］. 华南农业大学学报，28（2）：38-41.
李敏慧，余雄涛，王鸿飞，等 . 2012. 香蕉枯萎病菌 1 号和 4 号生理小种的快速检测与鉴定［J］. 中国农业科学，45（19）：3971-3979.
李松伟，黄俊生，羊玉花，等 . 2010. 香蕉枯萎病菌 *pacC* 基因的克隆与序列分析［J］. 热带作物学报，31（12）：2159-2165.
李燕丹 . 2010. 香蕉枯萎病菌 GFP 标记和 β-葡萄糖甘酶基因克隆［D］. 福州：福建农林大学.
李云锋，周玲菀，王振中，等 . 2018. 香蕉枯萎病菌 4 号小种分生孢子萌发早期分泌蛋白质组研究［C］//中国植物病理学会 2018 年学术年会论文集，62.
黎永坚 . 2007. 香蕉枯萎病菌及其毒素致病机制的研究［D］. 湛江：广东海洋大学.
黎永坚，杨紫红，陈远凤，等 . 2012. 香蕉枯萎病菌粗毒素对地衣芽胞杆菌生长和培养液上清蛋白组成的影响［J］. 微生物学通报，36（12）：1826-1831.
李文英，彭智平，杨少海，等 . 2012. 植物根际促生菌对香蕉幼苗生长及抗枯萎病效应研究［J］. 园艺学报，39（2）：234-242.
梁昌聪，刘磊，郭立佳，等 . 2015. 球囊霉属 3 种 AM 真菌对香蕉枯萎病的影响［J］. 热带作物学报，36（4）：731-736.
廖林凤，董章勇，王振中，等 . 2009. 香蕉枯萎病菌 RAPD 分析及 4 号生理小种的快速检测［J］. 植物病理学报，39（4）：353-361.
林妃，高剑，曾涛，等 . 2010. 海南省香蕉枯萎病病原菌的分离鉴定及 1 号、4 号小种的生物学特性［J］. 基因组学与应用生物学，29（2）：314-321.
林兰稳，奚伟鹏，黄赛花 . 2003. 香蕉镰刀菌枯萎病防治药剂的筛选［J］. 生态环境学报，12（2）：182-183.
林时迟，张绍升，周乐峰等 . 2000. 福建省香蕉枯萎病鉴定［J］. 福建农业大学学报，29（4）：465-469.
林威鹏，曾莉莎，吕顺，等 . 2019. 香蕉—甘蔗轮作模式防控香蕉枯萎病的持续效果与土壤微生态机理（Ⅱ）［J］. 中国生态农业学报（中英文），27（3）：348-357.
林雄毅，蒋义华 . 2003. 美蕉镰孢霉枯萎病的发生与防治［J］. 植保技术与推广，23（11）：22-23.

林漪莲，王鸿飞，苑曼琳，等 . 2018. 香蕉枯萎病菌 milRNA 生物合成相关基因 *QDE2* 的功能研究［C］//中国植物病理学会 2018 年学术年会论文集，155.
刘炳钻 . 2009. 香蕉枯萎病在福建省的风险分析及造成的经济损失评估［D］. 福州：福建农林大学.
刘长华，王振华 . 2008. 玉米丝黑穗病田间接种浓度与发病率关系的研究［J］. 玉米科学，16（1）：119-121.
刘昌燕，王国芬，梁昌聪，等 . 2010. 3 株真菌对香蕉枯萎病拮抗效果比较［J］. 果树学报，27（6）：1032-1036.
刘海瑞 . 2007. 应用病菌毒素筛选香蕉抗枯萎病突变体［D］. 福州：福建农林大学.
柳红娟，黄洁，刘子凡，等 . 2016. 木薯轮作年限对枯萎病高发蕉园土壤抑病性的影响［J］. 西南农业学报，29（2）：255-259.
柳红娟，刘子凡，黄洁，等 . 2017. 木薯茎叶还田对香蕉枯萎病的防控效果研究［J］. 中国南方果树，46（1）：75-77，82.
刘景梅，陈霞，王璧生，等 . 2006. 香蕉枯萎病菌生理小种鉴定及其 SCAR 标记［J］. 植物病理学报，36（1）：28-34.
刘景梅，王璧生，陈霞，等 . 2004. 广东香蕉枯萎病菌生理小种 RAPD 技术的建立［J］. 广东农业科学，4：43-45，55.
刘奎，谢艺贤 . 2010. 热带果树常见病虫害防治［M］. 北京：化学工业出版社.
刘磊，梁昌聪，覃和业，等 . 2015. 香蕉枯萎病田间发病株的高效灭菌方法筛选［J］. 植物保护学报，42（3）：362-369.
刘任，杨静美，梁小媚，等 . 2012. 不同条件下韭菜汁对香蕉枯萎病菌 4 号小种活性抑制的研究［J］. 植物检疫，26（2）：13-16.
刘一贤 . 2013. 香蕉枯萎病菌 Fofmk1 基因功能初探［D］. 海口：海南大学.
刘勇勤 . 2012. GFP 标记的 Foc-4 对不同抗性香蕉品种侵染差异的研究［D］. 湛江：广东海洋大学.
刘文波 . 2013. 香蕉枯萎病菌遗传多样性和致病力分化分析［D］. 海口：海南大学.
刘小玉，周登博，高祝芬，等 . 2012. 香蕉枯萎病土壤消毒剂的筛选［J］. 广东农业科学，18：68-70.
刘小玉 . 2013. 不同条件下香蕉枯萎病 4 号生理小种的消长动态［D］. 海口：海南大学.
刘以道，张欣，谢艺贤，等 . 2008. 36 份香蕉种质对枯萎病的抗病性鉴定［J］. 28（5）：25-27.
柳影，丁文娟，曹群，等 . 2015. 套种韭菜配施生物有机肥对香蕉枯萎病及土壤微生物的影响［J］. 农业环境科学学报，34（2）：303-309.
刘远征，漆艳香，曾凡云，等 . 2018. 香蕉枯萎病菌 4 号生理小种 β1-微管蛋白基因的功能分析［J］. 热带作物学报，39（6）：1153-1160.

刘远征，漆艳香，曾凡云，等 . 2018. 香蕉枯萎病菌 4 号生理小种 β2-微管蛋白基因敲除与表型分析［J］. 果树学报，35（12）：1467-1477.
陆少萍，林少飞，黄家庆，等 . 2016. 不同施肥方法对香蕉枯萎病抗性、产量及品质的影响［J］. 中国南方果树，45（3）：149-150.
卢镇岳，杨新芳，冯永君 . 2006. 植物内生细菌的分离、分类、定殖与应用［J］. 生命科学，18（1）：90-94.
罗富英，汪云，李典 . 2012. 抗菌肽豆渣发酵液对香蕉枯萎病的防治效果研究［J］. 现代农业科技，10：150.
吕伟成，张绍升，林志远 . 2009. 一步双重 PCR 检测香蕉枯萎病菌生理小种［J］. 中国农学通报，25（1）：237-240.
马冉，徐春玲，项宇，等 . 2012. 南方根结线虫和香蕉枯萎病菌 4 号生理小种对香蕉复合致病力的测定［J］. 31（1）：62-68.
毛超，戴青冬，杨腊英，等 . 2013. 尖孢镰刀菌古巴专化型 4 号生理小种中 *Fsr*1 基因的克隆及生物信息学分析［J］. 基因组学与应用生物学，33（1）：36-41.
毛超 . 2014. 香蕉枯萎病菌 FoMsb2 和 FoHog1 基因功能初探［D］. 海口：海南大学.
莫贱友，秦碧霞，郭堂勋，等 . 2012. 广西香蕉枯萎病病原菌 4 号生理小种的分子检测与鉴定［J］. 南方农业学报，43（9）：1312-1315.
穆雷，国俊红，何华敏，等 . 2014. 4 种葱科植物粗提液对香蕉枯萎病菌的抑制效果［J］. 热带生物学报，5（3）：239-243.
聂燕芳，黄嘉瑶，周玲菀，等 . 2017. 香蕉枯萎病菌热带 4 号小种基因组规模分泌蛋白的预测与分析［J］. 江苏农业学报，33（2）：288-294.
农海静 . 2016. *FoHFI*1 基因在香蕉枯萎病菌致病过程中的作用［D］. 广州：华南农业大学.
农倩，张雯龙，蓝桃菊，等 . 2017. 一株抗香蕉枯萎病 DSE 菌株的筛选鉴定及抗病机理初探［J］. 热带作物学报，38（3）：559-564.
NY/T 1807—2009. 2009. 香蕉镰刀菌枯萎病诊断及疫情处理规范［S］. 北京：中国农业出版社.
NT/T 2258—2012. 2012. 热带作物品种资源抗病虫性鉴定规程　香蕉叶斑病、香蕉枯萎病和香蕉根结线虫病［S］. 北京：中国农业出版社.
NY/T 2817—2015. 2015. 热带作物病虫害监测技术规程　香蕉枯萎病［S］. 北京：中国农业出版社.
蒲丽冰，漆艳香，张欣，等 . 2015. 植物提取液对香蕉枯萎病菌的抑菌作用［J］. 热带生物学报，6（4）：438-443.
蒲丽冰 . 2016. 以病原菌毒素为靶标的香蕉枯萎病防治技术初步研究［D］. 海口：海南大学.
蒲小明，林壁润，沈会芳，等 . 2015. 防治香蕉枯萎病胶囊药剂研制与应用［J］. 植物保护，41（1）：185-189.
戚佩坤 . 2000. 广东果树真菌病害志［M］. 北京：中国农业出版社，31-32.
齐兴柱，杨腊英，黄俊生，等 . 2012. FOC4 的 2 个过氧化氢酶基因的克隆与表达分析及其引起的香蕉苗活性氧迸发研究［J］. 中国农学通报，28（15）：163-169.
齐兴柱，杨腊英，郭立佳，等 . 2013. FoAP1 基因在香蕉枯萎病菌致病过程中的功能分析［J］. 植物病理学报，43（6）：596-605.
裴新梧，叶尚，张永强，等 . 2005. 葡萄糖氧化酶基因转入香蕉及枯萎病抗性鉴定［J］. 自然科学进展，15（4）：411-416.
漆艳香，谢艺贤，张欣，等 . 2005. 海南省香蕉枯萎菌生理小种的 RAPD 分析［J］. 菌物学报，24（3）：394-399.
漆艳香，谢艺贤，张欣，等 . 2006. 海南省香蕉枯萎病病原菌的鉴定［J］. 生物技术通报，（S1）：316-319.
漆艳香，谢艺贤，张欣，等 . 2006. 海南香蕉枯萎病菌营养亲和群研究［J］. 果树学报，23（6）：830-833.
漆艳香，谢艺贤，蒲金基，等 . 2007. 海南省香蕉枯萎菌 nit 突变体的筛选及鉴定［J］. 热带作物学报，28（3）：93-96.
漆艳香，张欣，蒲金基，等 . 2008. 10 种化合物对香蕉枯萎病菌的抑菌作用及对毒素钝化的效果［J］. 果树学报，25（1）：78-82.
漆艳香，张欣，张贺，等 . 2014. 香蕉枯萎病菌全局性调控因子 *FocVeA* 基因的克隆及功能预测［J］. 生物技术通报，10：101-106.
漆艳香，张欣，张贺，等 . 2014. 香蕉枯萎病菌 GATA 转录因子基因 *Fnr*1 的克隆及序列分析［J］. 果树学报，31（4）：689-696.
漆艳香，张欣，彭军，等 . 2019. 不同抗、感枯萎病香蕉种质对根际土壤微生物数量的影响［J］. 江苏农业科学，47（13）：110-114.
秦涵淳，杨腊英，李松伟，等 . 2009. 培养基营养成分对香蕉枯萎病尖孢镰刀菌生长的影响［J］. 热带作物学报，30（12）：1852-1857.
覃柳燕，李朝生，韦绍龙，等 . 2016. 广西香蕉枯萎病 4 号生理小种发生特点调查［J］. 2016，中国南方果树，45（3）：93-97.
邱晓聪 . 2013. 利用几丁质和镰刀菌酸降解菌防控香蕉枯萎病初步研究［D］. 海口：海南大学.
茹祥，曾涛，莫坤联，等 . 2012. 海南吊罗山原始林区抗香蕉枯萎病土壤放线菌的分离及田间防治效果试验［J］. 中国农学通报，28（13）：97-102.
沈林波，熊国如，董丽莎，等 . 2012. 一株拮抗香蕉枯萎病菌的细菌 HN-1 的鉴定和拮抗作用的测定［J］. 热带农业科学，32（3）：44-48，68.
沈宗专，钟书堂，赵建树，等 . 2015. 氨水熏蒸对高发枯萎病蕉园土壤微生物区系及发病率的影响［J］. 生态学报，35（9）：2946-2953.

石佳佳 . 2014. 香蕉枯萎病菌 24 个营养体亲和群（VCG）毒枝菌素生物合成及致病力的比较研究［D］. 成都：四川农业大学.
石妞妞，杜宜新，阮宏椿，等 . 2015. 枯草芽胞杆菌 T122F 内生定殖及对香蕉枯萎病的防治效果［J］. 植物保护，41（4）：95-99.
施金秀，林先丰，姜乃月，等 . 2013. 香蕉枯萎病菌 2 种细胞壁降解酶酶活性平板检测方法［J］. 华南农业大学学报，34（3）：340-344.
舒灿伟，张源明，曾蕊，等 . 2017. 香蕉枯萎病菌 4 个生理小种生化特征的比较［J］. 华中农业大学学报，36（3）：32-37.
SN/T 2665—2010. 2010. 香蕉枯萎病菌检疫鉴定方法［S］. 北京：中国标准出版社.
SN/T 5012—2017. 2017. 香蕉枯萎病菌生理小种检疫鉴定方法［S］. 北京：中国标准出版社.
宋顺，黄东梅，李艳霞，等 . 2015. 3 个植物保守 miRNAs 响应香蕉不同品种的抗枯萎病特性表达分析［J］. 基因组学与应用生物学，34（12）：2728-2732.
宋晓兵，彭埃天，凌金锋，等 . 2016. 18 份广东香蕉种质对枯萎病的抗性评价［J］. 生物安全学报，25（3）：218-221.
苏钻贤 . 2008. 香蕉枯萎病抗性早期筛选方法及抗性生化研究［D］. 广州：华南农业大学.
孙正祥，王振中 . 2009. 生防细菌 C-4 的特性鉴定及其对香蕉枯萎病的防治效果［J］. 植物保护学报，36（5）：392-396.
孙建波，王宇光，赵平娟，等 . 2010. 香蕉枯萎病生防细菌的筛选、鉴定及其抑菌作用［J］. 中国生物防治，26（3）347-351.
邓澄欣，黄新川，刘程江 . 2000. 香蕉突变育种研究的回顾与前瞻［J］. 中国园艺，46：251-258.
唐倩菲，杨媚，周而勋，等 . 2006. 香蕉受枯萎病菌侵染后内源激素含量的变化［J］. 华南农业大学学报，27（2）：42-44.
唐复润 . 2007. 香蕉枯萎病菌 FPD1 基因的克隆、表达及其生防菌分离、筛选［D］. 儋州：华南热带农业大学.
汤浩，喻国辉，程萍，等 . 2012. 珠海香蕉枯萎病菌遗传多样性的 AFLP 分析［J］. 中国农学通报，28（13）：204-209.
唐改娟，曾涛，曾会才，等 . 2012. 尖镰孢古巴专化型 1 号生理小种致病相关基因敲除突变体△*Focr*1-328 的生物学特性［J］. 菌物学报，31（4）：593-607.
唐琦，纪春艳，李云锋，等 . 2012. 不同地区香蕉枯萎病菌 4 号生理小种生物学特性及 ITS 序列分析［J］. 广东农业科学，1：1-5.
田丹丹，周维，黄素梅，等 . 2017. 不同香蕉品种根系分泌物对香蕉枯萎病致病菌的影响及组成分析［J］. 热带作物学报，38（5）：910-914.
田丹丹，周维，覃柳燕，等 . 2018. 香蕉枯萎病拮抗内生细菌的分离鉴定及防治效果初探［J］. 热带作物学报，39（10）：2007-2013.
王芳，夏玲，胡贝，等 . 2008. 香牙蕉与枯萎病 4 号小种抗性相关的 SCAR 分子标记开发［J］. 分子植物育种，16（15）：4991-5000.
王飞燕 . 2015. 香蕉尖孢镰刀菌 fpd1 基因敲除与功能研究［D］. 海口：海南大学.
王贵花，张欣，漆艳香，等 . 2017. 香蕉花芽分化期抗枯萎病相关基因表达分析［J］. 生物技术通报，33（7）：83-88.
王贵花，曾凡云，谢艺贤，等 . 2018. 枯萎病菌胁迫下香蕉防御相关基因的表达分析［J］. 中国南方果树，47（1）：67-72.
汪腾，段雅婕，刘兵团，等 . 2011. 两株香蕉枯萎病拮抗菌在香蕉体内的定殖［J］. 基因组学与应用生物学，30（3）：342-350.
王彤 . 2018. 六种韭菜品种抑菌物质分析及其对香蕉枯萎病的抑制效果评价［D］. 福建：福建农林大学.
王维，吴礼和，付岗，等 . 2017. 中国香蕉枯萎病菌营养亲和群研究初报//中国植物病理学会 2017 年学术年会论文集［C］. 114.
王碧青 . 1989. 香蕉枯萎病的两种症状类型［J］. 植物保护，15（1）：49-50.
王瑾 . 2017. 木薯加工废弃物转化抗香蕉枯萎病功能有机肥关键技术研究通过查定［J］. 植物医生，1：21.
汪军，王国芬，杨腊英，等 . 2013. 施用淡紫拟青霉与套作对香蕉枯萎病控病作用的影响［J］. 果树学报，30（5）：857-864.
王梦颖，周登博，井涛，等 . 2014. 不同品种香蕉内生菌分离及广谱拮抗菌的筛选［J］. 生物技术通报，8：138-145.
王琪 . 2004. 香蕉枯萎病菌致病因子的纯化鉴定及基因克隆［D］. 广州：华南农业大学.
王树桐，黄惠琴，方哲，等 . 2008. 中草药提取物对香蕉镰刀菌枯萎病病原菌的抑制作用［J］. 热带作物学报，29（1）：78-82.
王小琳，李春强，杨景豪，等 . 2017. 香蕉枯萎病菌 4 号生理小种 cat1 基因敲除与表型分析［J］. 热带作物学报，38（2）：335-342.
王文华，曾会才 . 2007. 香蕉枯萎镰刀菌的核糖体 DNA-ITS 区段序列分析［J］. 安徽农业科学，35（27）：8440-8442.
王忠全，方健葵，陈崎林，等 . 2007. 保水剂在香蕉枯萎病药剂防治上的运用效果［J］. 江西农业大学学报，29（6）：933-936.
王卓 . 2013. 香蕉易感枯萎病和水杨酸诱导抗枯萎病的分子机理研究［D］. 海口：海南大学.
王卓，徐碧玉，贾彩红，等 . 2013. 香蕉过氧化物酶基因表达和酶活性与香蕉抗枯萎病的关系［J］. 中国农学通报，29（34）：115-121.
韦绍龙 . 2016. 广西香蕉枯萎病菌 4 号生理小种对桂蕉 6 号的致病力分化研究［J］. 湖

北农业科学，55（11）：2796-2798，2801.
魏巍，杨腊英，周端咏，等 . 2012. 香蕉枯萎病菌*fgb*2 基因的克隆与序列分析［J］. 热带生物学报，3（2）：138-141.
吴超，毕可可，黄华枝，等 . 2015. 香蕉枯萎病抗性防御酶的测定［J］. 安徽农业科学，43（3）：107-109，211.
吴飞宏 . 2012. 香蕉枯萎病菌 4 号小种一个致病相关基因克隆及其功能的初步研究［D］. 海口：海南大学.
吴小燕，缪卫国，郑服丛 . 2013. 香蕉枯萎病对香蕉苗期生长的影响［J］. 广东农业科学，18：55-57.
兀旭辉，许文耀，林成辉 . 2004. 香蕉枯萎病菌粗毒素特性的初步研究［C］//中国植物病理学会 2004 年学术年会论文集.
吴宇佳，张文，肖彤斌，等 . 2017. 缺钾对不同基因型香蕉根系分泌物产生及土壤钾活化的影响［J］. 西南农业学报，30（3）：624-628.
吴志红，王凯学，卢维海，等 . 2012. 香蕉枯萎病在广西的发生趋势及其防控思路［J］. 中国植保导刊，32（7）：54-55.
肖爱萍，游春平，梁关平，等 . 2006. 香蕉枯萎病拮抗菌的筛选及其作用机制研究［J］. 植物保护，32（4）：53-56.
肖荣凤，刘波，朱育菁，等 . 2015. 香蕉枯萎病原菌 4 号生理小种侵染特性的研究［C］//中国植物病理学会第十二届青年学术研讨会论文选编，88.
肖义炜，李春强，李文彬，等 . 2015. 巴西蕉诱导的香蕉枯萎病菌 1 号和 4 号小种致病相关基因表达分析［J］. 热带作物学报，36（11）：1971-1977.
解明明 . 2015. 广西香蕉种植户土地流转意愿与行为研究［D］. 海口：海南大学.
谢江辉 . 2008. 香蕉抗枯萎病突变体的鉴定及其抗病机制的研究［D］. 广州：华南农业大学.
谢小玲，李敏慧，施金秀，等 . 2012. 香蕉枯萎病菌 α-1, 6-甘露糖转移酶（foOCH1）的功能分析［C］//2012 年中国菌物学会学术年会论文集，186.
谢胜 . 2017. 香蕉枯萎病的综合防治方法［P］. 中国：CN106576760A.
谢艺贤，符悦冠 . 2009. 热带作物种质资源抗病虫性鉴定技术规程［M］. 北京：中国农业出版社，1-6.
谢艺贤，漆艳香，张欣，等 . 2005. 香蕉枯萎病菌的培养性状和致病性研究［J］. 植物保护，31（4）：71-73.
谢子四，张欣，陈业渊，等 . 2009. 10 份香蕉种质对枯萎病的抗性评价［J］. 热带作物学报，30（3）：362-364.
辛侃，赵娜，邓小垦，等 . 2014. 香蕉-水稻轮作联合添加有机物料防控香蕉枯萎病研究［J］. 植物保护，40（6）：36-41.
徐婉明，张志红，雷艳宜，等 . 2010. 气质联用方法测定香蕉根系分泌物［J］. 热带作物学报，31（8）：1043-1048.
许文耀，兀旭辉，林成辉．2004. 香蕉枯萎病菌粗毒素的毒性及其模型［J］. 热带作物学报，25（4）：25-29.
许文耀，兀旭辉，杨静惠，等．2004. 香蕉假茎细胞对枯萎病菌不同小种及其粗毒素的病理反应［J］. 植物病理学报，34（5）：425-430.
许文耀，吴刚．2004. 噁霉灵与溴菌腈混配对香蕉枯萎病菌的抑制效果［J］. 植物保护学报，31（1）：91-95.
杨静．2016. 香蕉枯萎病菌进化研究和 FocTR4 致病相关效应蛋白的鉴定及功能分析［D］. 广州：华南农业大学.
杨江舟，张静，胡伟，等．2012. 韭菜根系浸提液对香蕉枯萎病和土壤微生物生态的影响［J］. 华南农业大学学报，33（4）：481-487.
叶倩，李春雨，易干军．2013. 葱、蒜、韭菜提取液对香蕉枯萎病抑菌作用的比较分析［J］. 北京农业，21：45-46.
杨媚，曾蕊，李瑜婷，等．2012. 香蕉枯萎病菌 4 号生理小种毒素解毒剂的筛选及对香蕉防御酶活性的影响［J］. 果树学报，29（1）：99-104.
杨静美，王强，伍惠娟，等．2013. 葱属植物中的含硫化合物对香蕉枯萎病菌的毒力测定及微胶囊化［J］. 果树学报，30（6）：1040-1046.
杨歆璇．2011. 香蕉枯萎病病原菌转化体系的建立及 FEM1 基因功能的初探［D］. 海口：海南大学.
杨秀娟，陈福如，黄月英，等．2006. 接种枯萎病菌香蕉苗病症及其组织病理特征［J］. 福建农林大学学报（自然科学版），35（6）：578-581.
杨秀娟，杜宜新，陈福如，等．2010. 香蕉品种对枯萎病菌感病性与对病菌毒素敏感性之间的相关性［J］. 果树学报，27（1）：93-98.
杨秀娟，何玉仙，陈福如，等．2007. 抗香蕉枯萎病菌拮抗菌的鉴定及其定殖［J］. 中国生物防治，23（1）：73-77.
羊玉花，杨腊英，杨歆璇，等．2009. 香蕉枯萎病菌 *fga*1 基因的克隆与序列分析［J］. 热带作物学报，30（12）：1808-1812.
羊玉花．2011. 香蕉枯萎病菌两个新基因的敲除和功能初探［D］. 海口：海南大学.
叶明珍，张绍升．2006. 香蕉枯萎病菌生理分化研究［J］. 植物检疫，20（2）：76-79.
叶明珍，张绍升．2006. 福建省香蕉枯萎病菌硝酸盐营养突变体的营养体亲和性测定［J］. 植物病理学报，36（4）：375-377.
殷晓敏，徐碧玉，郑雯，等．2011. 香蕉枯萎病菌侵染香蕉根系的组织学过程［J］. 植物病理学报，41（6）：570-575.
游春平，傅莹，陈金明，等．2009. 香蕉枯萎病拮抗菌的筛选与初步鉴定［J］. 仲恺农业工程学院学报，22（4）：4-8.
余超，肖荣凤，刘波，等．2010. 生防菌 FJAT-346-PA 的内生定殖特性及对香蕉枯萎病的防治效果［J］. 植物保护学报，37（6）：493-498.
袁贵祥 . 2014. 香蕉枯萎病 4 号小种 T-DNA 插入突变体 *Focr* 4-1453 表型特征及致病性分析［J］. 广东农业科学，12：85-88.
俞大绂 . 1955. 中国镰刀菌属（*Fusarium*）菌种的初步名录［J］. 植物病理学报，1：1-17.
喻宁莉，陶小谷，王雪薇，等 . 2000. 新疆棉花黄萎病菌营养体亲和性的量化评估及其营养体亲和群体研究［J］. 新疆农业大学学报，23（1）：7-11.
曾莉，郭志祥，番华彩，等 . 2016. 云南香蕉枯萎病及防治研究进展［J］. 热带农业科技，39（4）：19-22，24.
曾莉莎，吕顺，刘文清，等 . 2014. 基于多基因序列分析对尖孢镰孢菌古巴专化型（香蕉枯萎病菌）生理小种的鉴定［J］. 菌物学报，33（4）：867-882.
曾莉莎，吕顺，杜彩娴，等 . 2015. 香蕉枯萎病苗期抗性鉴定的水培接种法研究［J］. 南方农业学报，46（5）：817-822.
曾莉莎，林威鹏，吕顺，等 . 2019. 香蕉—甘蔗轮作模式防控香蕉枯萎病的持续效果与土壤微生态机理（Ⅰ）［J］. 中国生态农业学报（中英文），27（2）：257-266.
曾蕊，杨媚，周而勋 . 2010. 香蕉枯萎病菌不同生理小种酯酶同工酶和 ITS-RFLP 的比较研究［C］//中国植物病理学会 2010 年学术年会论文集，150.
曾蕊，陈琦光，禄璐，等 . 2014. 香蕉与枯萎病菌 4 号小种互作过程中防御酶活性的变化［J］. 华中农业大学学报，33（2）：61-64.
曾惜冰，王碧青，韩路，等 . 1996. 香蕉品种资源抗枯萎病的鉴定［J］. 中国果树，2：28-29.
张晨智，张旭，陈抒瑶，等 . 2019. 健康与发病香蕉植株内生细菌菌群差异［J］. 南京农业大学学报，42（2）：284-291.
张俊 . 2013. 香蕉枯萎病抗性的种质筛选及其枯萎病抗性基因的初步关联分析［D］. 海口：海南大学.
张曼 . 2016. 抗香蕉枯萎病品种的抗性机理及对土壤微生物群落的影响［D］. 海口：海南大学.
张贺，漆艳香，刘晓妹，等 . 2014. 粉蕉枯萎病病原菌 1 号小种致病力的分化［J］. 热带生物学报，5（2）：136-141，146.
张贺，张欣，蒲金基，等 . 2015. 利用 ISSR-PCR 技术分析香蕉枯萎病菌的遗传多样性［J］. 微生物学报，55（6）：691-699.
张静，孙秀秀，徐碧玉，等 . 2018. 香蕉分子育种研究进展［J］. 分子植物育种，16（3）：914-923.
张琳，程萍，喻国辉，等 . 2016. 枯草芽胞杆菌 TR21 防控粉杂 1 号香蕉枯萎病的效果和对根系抗性相关信号物质累积的影响［J］. 中国生物防治学报，32（5）：627-634.

张龙，柳晓磊，李涛，等 . 2017. 复合微生物菌剂对香蕉枯萎病防控技术研究［J］. 农业科技通讯，2：57-59.
张茂星，陈鹏，张明超，等 . 2013. 硝/铵营养对香蕉枯萎病尖孢镰刀菌生长的影响［J］. 植物营养与肥料学报，19（1）：232-238.
张素轩 . 1991. 镰刀菌属分类进展［J］. 真菌学报，10（2）：85-94.
张锡炎 . 2016. 香蕉枯萎病综合防控技术成效显著［J］. 世界热带农业信息，8：54-55.
张欣 . 2007. 香蕉枯萎病菌遗传多态性及绿色荧光蛋白基因转化的研究［D］. 儋州：华南热带农业大学.
张欣，张贺，蒲金基，等 . 2012. 香蕉枯萎病菌 4 号小种致病力分化的初步研究［J］. 中国农学通报，28（4）：172-178.
张义 . 2016. 香蕉枯萎病防控中农户行为的外部经济性问题研究［D］. 海口：海南大学.
张志红，李华兴，韦翔华，等 . 2008. 生物肥料对香蕉枯萎病及土壤微生物的影响［J］. 生态环境，17（6）：2421-2425.
赵兰凤，胡伟，刘小锋，等 . 2013. 生物有机肥对香蕉枯萎病及根系分泌物的影响［J］. 生态环境学报，22（3）：423-427.
赵明，何海旺，邹瑜，等 . 2015. 广西香蕉枯萎病为害调查及套种韭菜防控效果研究［J］. 中国南方果树，44（5）：55-58.
赵娜 . 2014. 三种茄科蔬菜轮作对高发枯萎病蕉园土壤微生物的调控效应［D］. 海口：海南大学.
赵炎坤，刘小玉，陈波，等 . 2013. 不同碳氮比饼肥发酵液对香蕉苗期枯萎病的影响［J］. 广东农业科学，3：74-78.
赵振有 . 2005. 香蕉枯萎病不同抗性品系的形态学和生理生化研究［D］. 广州：华南农业大学.
郑庆伟 . 2017. 由尖孢镰刀菌引起的作物土传病害综合防控技术研究—香蕉抗枯萎病品种筛选及健康栽培技术成果通过评审［J］. 农药市场信息，18（30）：49.
郑雯 . 2010. 香蕉与枯萎病病程相关基因的鉴定［D］. 海口：海南大学.
钟书堂，沈宗专，孙逸飞，等 . 2015. 生物有机肥对连作蕉园香蕉生产和土壤可培养微生物区系的影响［J］. 应用生态学报，26（2）：481-489.
钟爽，何应对，韩丽娜，等 . 2012. 香蕉枯萎病菌对土壤线虫群落组成及多样性的影响［J］. 浙江大学学报（农业与生命科学版），38（1）：55-62.
钟小燕，梁妙芬，甄锡壮，等 . 2009. 木霉菌对香蕉枯萎病菌的抑制作用［J］. 果树学报，26（2）：186-189.
钟小燕，梁妙芬，甄锡壮，等 . 2009. 假单胞菌对香蕉枯萎病菌的抑制作用［J］. 植物保护，35（1）：86-89.

周传波，庄光辉，张世能，等 . 2003. 海南岛香蕉两病害的调查及病原菌鉴定［J］. 海南农业科技，3：1-5.

周登博，井涛，谭昕，等 . 2013. 施用拮抗菌饼肥发酵液和土壤消毒剂对香蕉枯萎病病区土壤细菌群落的影响［J］. 微生物学报，53（8）：842-851.

周端咏 . 2011. 香蕉枯萎病菌 *ste*12 基因的克隆与序列分析［J］. 热带作物学报，32（12）：2298-2301.

周淦 . 2016. 香蕉枯萎病菌分泌蛋白质的差异表达分析［D］. 广州：华南农业大学.

周维，田丹丹，覃柳燕，等 . 2017. 台湾香蕉产业现状主、栽培技术及抗枯萎病品种选育［J］. 中国南方果树，46（3）：157-161.

周先治，陈阳，余超，等 . 2013. 香蕉枯萎病内生生防菌 H4-3 抑菌蛋白提取及抑菌活性研究［J］. 福建农业科技，12：41-42.

周跃能，赵艳波 . 2016. 云南省河口县香蕉枯萎病病原菌的分子鉴定及耐热性研究［J］. 云南农业科技，3：12-14.

朱森林，刘先宝，蔡吉苗，等 . 2014. 内生细菌 BEB33 的分离、鉴定及对香蕉枯萎病的生防作用评价［J］. 热带作物学报，35（6）：1177-1182.

朱小花，赵利敏，戴晓灵，等 . 2013. 香蕉枯萎病生物综合防控技术研究［J］. 广东农业科学，7：86-88，91.

左存武，孙清明，黄秉智，等 . 2010. 利用根系分泌物与绿色荧光蛋白标记的病原菌互作关系鉴定香蕉对枯萎病的抗性［J］. 园艺学报，37（5）：713-720.

Abdallah N A，Shah D，Abbas D，*et al*. 2010. Stable integration and expression of a plant defensin in tomato confers resistance to *Fusarium* wilt［J］. GM Crops，1-5：344-350.

Aguilar E，Turner D，Sivasithamparam K. 2000. Proposed mechanisms on how Cavendish bananas are predisposed to *Fusarium* wilt during hypoxia［J］. InfoMusa，9：9-13.

Ana R F，de Ascensao D C，Dubery I A. 2003. Soluble and wall-bound phenolics and phenolic polymers in *Musa acuminate* roots exposed to elicitors from *Fusarium oxysporum* f. sp. *cubense*［J］. Phychemistry，63（6）：679-686.

Bai T T，Xie W B，Zhou P P，*et al*. 2013. Transcriptome and expression profile analysis of highly resistant and susceptible banana roots challenged with *Fusarium oxysporum* f. sp. *cubense* tropical race 4［J］. PLoS ONE，8（9）：e73945.

Bechman M H. 1961. Physical barriers associated with resistance in *Fusarium* wilt of banana［J］. Phytopathology，51（8）：507-515.

Beckman C H. 1969. Mechanics of gel formation by swelling of simulated plant cell wall membranes and perforation plates of banana root vessels［J］. Phytopathology，59（6）：837-843.

Beckman C H. 1987. The Nature Wilt Disease of Plants［M］. St Paul Minnesota：American Phytopathological Society.

Bentley S, Pegg K G, Dale J I, *et al.* 1995. Genetic variation among a worldwide collection of isolates of *Fusarium oxysporum* f. sp. *cubense* analysed by RAPD-PCR fingerprinting [J]. Mycological Research, 99 (12): 1378-1384.

Bentley S, Pegg K G, Moore N Y, *et al.* 1998. Genetic variation among vegetative compatibility groups of *Fusarium oxysporum* f. sp. *cubense* analysed by DNA fingerprinting [J]. Phytopathology, 88 (12): 1283-1293.

Bilai VI. 1955. Fusarii [M] . Kiev: I Izdvo Akademii Nauk Ukrain. SSR. 320.

Boehm E W A, Ploetz R C, Kistler H C. 1994. Statistical analysis of electrophopretic karyotype variation among vegetative compatibility groups of *Fusarium oxysporum* f. sp. *cubense* [J]. Molecular Plant-Microbe Interactions, 7 (2): 196-197.

Booth C. 1971. The genus *Fusarium* [M]. UK (Kew) and USA (Surrey): Commonwealth Mycological Institute, 237.

Bowers J H, Nameth S T, Riedel R M, *et al.* 1996. Infection and colonization of potato roots by *Verticillium dahliae* as affected by *Pratylenchus penetrans* and *P. crenatus* [J]. Phytopathology, 86 (6): 614-621.

Caracuel Z, Ronvero M I G, Espeso E A, *et al.* 2003. pH response transcription factor PacC control salt stress tolerance and expression of the P-Type Na^{+}-ATPase Ena1 in *Fusarium oxysporum* [J]. Eukaryot Cell, 2 (6): 1246-1252.

Chakrabarti A, Ganapathi T R, Mukherjee P K, *et al.* 2003. MSI-99, a magainin analogue, imparts enhanced disease resistance in transgenic tobacco and banana [J]. Planta, 216 (4): 587-596.

Companioni B, Mora N, Diaz L, *et al.* 2005. Identification of discriminant factors after treatment of resistant and susceptible banana leaves with *Fusarium oxysporum* f. sp. *cubense* culture filtrates [J]. Plant Breedings, 124 (1): 79-85.

Correll J C. 1991. The relationship between formae specials, races and vegetative compatibility groups in *Fusarium oxysporum* [J]. Phytopathology, 81 (9): 1061-1064.

Correll JC, Klittich C J R, Leslie J F. 1987a. Nitrate non-utilizing mutants of *Fusarium oxysporum* and their use in vegetative compatibility tests [J]. Phytopathology, 77 (12): 1640-1646.

Correll J C, Leslie J F. 1987b. Genetic diversity in the panama disease pathogen *Fusarium oxysporm* f. sp. *cubense* determined by vegetative compatibility [J]. Mycological Society of America News, 38 (1): 22-28.

Cristiane M S C, Robert H H, Adriana P, *et al.* 2015. A SCAR marker for identifying susceptibility to *Fusarium oxysporum* f. sp. *cubense* in banana [J]. Scientia Horticulturae, 191 (6): 108-112.

Dale J, James A, Paul J Y, *et al.* 2017. Transgenic Cavendish bananas with resistance to *Fu-*

sarium wilt tropical race 4 [J]. Nature Communications, 8 (1): 1496.

De Ascensao A R, Dubery I A. 2000. Panama disease: cell wall reinforcement in banana roots in response to elicitors from *Fusarium oxysporum* f. sp. *cubense* race four [J]. Phytopathology, 90 (10): 1173-1180.

Deng G M, Yang Q S, He W D, *et al.* 2015. Proteomic analysis of conidia germination in *Fusarium oxysporum* f. sp. *cubense*, tropical race 4 reveals new targets in ergosterol biosynthesis pathway for controlling *Fusarium* wilt of banana [J]. Applied Microbiology and Biotechnology, 99 (17): 7189.

Ding Z J, Li M H, Sun F, *et al.* 2015. Mitogen-activated protein kinase are associated with the regulation of physiological traits and virulence in *Fusarium oxysporum* f. sp. *cubense* [J]. PLoS One. 10 (4): e01226344.

Di Pietro A, Roncero M I. 1998. Cloning, expression, and role in pathogenicity of pg1 encoding the major extracellular endopolygalacturonase of the vascular wilt pathogen *Fusarium oxysporum* [J]. Molecular Plant-Microbe interactions, 11 (2): 91-98.

Dita M A, Waalwijk C, Buddenhagen I W, *et al.* 2010. A molecular diagnostic for tropical race 4 of the banana fusarium wilt pathogen [J]. Plant Pathology, 59 (2): 348-357.

Dong X, Ling N, Wang M, *et al.* 2012. Fusaric acid is a crucial factor in the disturbance of leaf water imbalance in *Fusarium* -infected banana plants [J]. Plant Physiology and Biochemistry, 60: 171-179.

Dong X, Wang M, Ling N, *et al.* 2016. Effects of iron and boron combinations on the suppression of *Fusarium* wilt in banana [J]. Scientific Reports, 6: 38944.

Drysdale R B. 1984. The production and significance in phytopathology of toxins produced by species of *Fusarium* [J]. British Mycological Society Symposium Series: 256-262.

Epple P, Apel K, Bohlmann H. 1997. Overexpression of an endogenous thionin enhances resistance of *Arabidopsis* against *Fusarium oxysporum* [J]. Plant Cell, 9 (4): 509-520.

Farquhar M L, Peterson R L. 1989. Pathogenesis in *Fusarium* root rot of primary roots of *Pinus resinosa* grown in test tubes [J]. Canadian Journal of Plant Pathology, 11 (3): 221-228.

Fishal E M M, Meon S, Yun W M. 2010. Induction of tolerance to *Fusarium* wilt and defense-related mechanisms in the plantlets of susceptible gerangan banana pre-inoculated with *Pseudomonas* sp. (UPMP3) and Burkholderia sp. (UPMB3) [J]. 农业科学学报(英文), 9 (8): 1140-1149.

Fourie G, Steenkamp E T, Gordon T R, *et al.* 2009. Evolutionary relationships among the *Fusarium oxysporum* f. sp. *cubense* vegetative compatibility groups [J]. Applied and Environmental Microbiology, 75 (14): 4770-4781.

Gerlach W, Nirenberg H. 1982. The genus *Fusarium* —a Pictorial atlas [M]. Berlin -

Dahlem: Mitt Biol Bundesanst Land-u Forstwirsch, 209: 1-406.

Ghag S B, Shekhawat U K S, Ganapathi T R. 2014a. Transgenic banana plants expressing a *Stellaria media* defensin gene (Sm - AMP - D1) demonstrate improved resistance to *Fusarium oxysporum* [J]. Plant Cell Tissue Organ Culture, 119 (2): 247-255.

Ghag S B, Shekhawat U K S, Ganapathi T R. 2014b. Host induced post - transcriptional hairpin RNA - mediated gene silencing of vital fungal genes confers efficient resistance against *Fusarium* wilt in banana [J]. Plant Biotechnology Journal, 12: 541-553.

Ghag S B, Shekhawat U K S, Ganapathi T R. 2014c. Native cell death genes as candidates for developing wilt resistance in transgenic banana plants [J]. AoB Plants, 6: plu037.

Gordon W L. 1952. The occurrence of *Fusarium* species in Canada. Ⅱ. Prevalence and taxonomy of *Fusarium* species in cereal seed [J]. Canadian Journal of Botany, 30: 209-225.

Groenewald S, Van Den Berg N, Marasas W F, *et al.* 2006. The application of high-throughput AFLP's in assessing genetic diversity in *Fusarium oxysporum* f. sp. *cubense* [J]. Mycological Research, 110 (3): 297-305.

Guo L J, Han L, Yang L Y, *et al.* 2014. Genome and transcriptome analysis of the fungal pathogen *Fusarium oxysporum* f. sp. *cubense* causing banana vascular wilt disease [J]. PLoS One, 9 (4): e95543.

Guo L J, Yang L Y, Liang C C, *et al.* 2016. The G-protein subunits FAG2 and FGB1play distinct roles in development and pathogenicity in the banana fungal pathogen *Fusarium oxysporum* f. sp. *cubense* [J]. Physiological and Molecular Plant Pathology, 93: 29-38.

Hennessy C, Walduck G, Daly A and Padovan A. 2005. Weed hosts of *Fusarium oxysporum* f. sp. *cubense* tropical race 4 in northern Australia [J]. Australasian Plant Pathology, 34 (1): 115-117.

Hwang S C. 2001. Recent development on fusarium R & D of banana in Taiwan [C]. In Mohna A B, Nik Masdek N H, Liew KW (Eds.), Banana fusarium wilt management: Towards sustainable cultivation. Proceedings of the international workshop on thebanana fusarium wilt disease. INIBAP: Montprllier, 9-49.

Hwang S C. 2003. Somaclonal variation approach to breeding Cavendish banana for resistance to fusarium wilt race 4 [C]. In Molina A B, Eusebio J E, Roa V N, *et al* (Eds.), Advancing banana and plantain R & D in Asia and the Pacific. Proceedings of the 1st BAPNET Steering Committee meeting, INIBAP-ASPNET: Los Baños, 173-183.

Imizaki T, Kurahashi M, Iida Y, *et al.* 2007. Fow2, a Zn (II) 2Cys6-type transcription regulator, controls plant infection of the vascular wilt fungus *Fusarium oxysporum* [J]. Molecular Microbiology, 63 (3): 737-753.

Inoue I, Namiki F, Tsuge T. 2002. Plant colonization by the vascular wilt fungus *Fusarium oxysporum* required Fow1, a gene encoding a mitochondrial protein [J]. The Plant Cell, 14 (8): 1969-1883.

Jonathan E I, Rajendran G. 1998. Interaction of *Meloidogyne incognita* and *Fusarium oxysporum* f. sp. *cubense* on banana [J]. Nematologia Mediterranea, 26: 9-11.

Joffe A Z. 1974. A modern system of *Fusarium* taxonomy [J]. Mycopathologia et Mycologia Applicata, 53 (1/4): 201-228.

Koeing R L, Ploetz R C, Kistler H C. 1997. *Fusarium oxysporum* f. sp. *cubense* consist of a small number of divergent and globally distributed and clonal lineages [J]. Phytopathology, 87 (9): 915-923.

Lengeler K, Davidson R, D' Souza C, *et al.* 2001. Signal transduction cascades regulating fungal development and virulence [J]. Microbiology and Molecular Biology Reviews, 64 (4): 746-785.

Li C Q, Shao J F, Wang Y J, *et al.* 2013. Analysis of banana transcriptome and global gene expression profiles in banana roots in response to infection by race 1 and tropical race 4 of *Fusarium oxysporum* f. sp. *cubense* [J]. BMC Genomic, 14: 851.

Li C Y, Mostert G, Zuo C W, *et al.* 2013. Diversity and distribution of the banana wilt pathogen *Fusarium oxysporum* f. sp. *cubense* in China [J]. Fungal Genomics and Biology, 3 (2).

Li C Y, Chen S, Zuo C W, *et al.* 2011. The use of GFP-transformed isolates to study infection of banana with *Fusarium oxysporum* f. sp. *cubense* race 4 [J]. Plant Pathology, 131 (2): 327-340.

Li M H, Yang B, Leng Y, *et al.* 2011. Molecular characterization of *Fusarium oxysporum* f. sp. *cubense* race 1 and 4 isolates from Taiwan and Southern China [J]. Canadian Journal of Plant Pathology, 33 (2): 168-178.

Li M H, Xie X L, Lin S F, *et al.* 2014. Functional characterization of the gene *FoOCH*1 encoding a putative alpha-1, 6-mannosyltransferase in *Fusarium oxysporum* f. sp. *cubense* [J]. Fungal Genetics and Biology, 65: 1-13.

Li Y, Lu YG, Shi Y, *et al.* 2014. Multiple rice miRNAs are involved in immunity against the blast fungus *Magnaporthe oryzae* [J]. Plant Physiology, 156: 1077-1092.

Li W M, Ge X J, Wu W, *et al.* 2015. Identification of defense-related genes in banana roots infected by *Fusarium oxysporum* f. sp. *cubense* tropical race 4 [J]. Euphytica, 205 (3): 837-849.

Lievens B, Houterman P M, Rep M. 2009. Effector gene screening allows unambiguous identification of *Fusarium oxysporum* f. sp. *lycopersici* races and discrimination from other formae speciales [J]. FEMS Microbiology Letters, 300 (2): 201-215.

Lin Y H, Su C C, Chao C P, *et al.* 2013. A molecular diagnosis method using real-time

PCR for quantification and detection of *Fusarium oxysporum* f. sp. *cubense* race 4 [J]. European Journal of Plant Pathology, 135 (2): 395-405.

Lin Y H, Chang J Y, Liu ET, *et al.* 2009. Development of a molecular marker for specific detection of *Fusarium oxysporum* f. sp. *cubense* race 4 [J]. European Journal of Plant Pathology, 123 (3): 353-365.

Mahdavi F, Sariah M, Maziah M. 2012. Expression of rice thaumatin-like protein gene in transgenic banana plants enhances resistance to fusarium wilt [J]. Applied Biochemistry and Biotechnology, 166 (4): 1008-1019.

Mohandas S, Sowmya H D, Saxena A K, *et al.* 2013. Transgenic banana cv. *Rasthali* (AAB, Silk gp) harboring Ace-AMP1 gene imparts enhanced resistance to *Fusarium oxysporum* f. sp. *cubense* race 1 [J]. Scientia Horticulturae, 164: 392-399.

Matsumoto K, Souza L A C, Barbosa M L. 1999. In vitro selection for *Fusarium* wilt resistance in banana I. Co-cultivation technique to produce culture filtrate of race 1 *Fusarium oxysporum* f. sp. *cubense* [J]. Fruits, 54 (2): 97-102.

Matsumoto K, Souza L A C, Barbosa M L. 1999. In vitro selection for *Fusarium* wilt resistance in banana Ⅱ. Resistance to culture filtrate of race 1 *Fusarium oxysporum* f. sp. *cubense* [J]. Fruits, 54 (3): 151-157.

May G D Afza R, Mason H, *et al.* 1995. Generation of transgenic banana (*Musa acuminate*) plants via Agrobacterium-mediated transformation [J]. Nature Biotechnology, 13 (5): 486-492.

Meldrum R A, Fraser-Smith S, Tran-Nguyen L T T, *et al.* 2012. Presence of putative pathogenicity genes in isolates of *Fusarium oxysporum* f. sp. *cubense* from Australia [J]. Australasian Plant Pathology, 41 (5): 551-557.

Mohamed A A, Mak C, Liew K W, *et al.* 2001. Early evaluation of banana plants at nursery stage for fusarium wilts tolerance [C]. In: Molina A B, Masdek N H, Liew K W. Banana *Fusarium* wilt management: towards sustainable cultivation [J]. Rome: INIBAP Press: 174-185.

Mohapatra D, Mishra S, Sutar N. 2010. Banana and its by-product utilization: an overview [J]. Journal of Scientific Research, 69 (5): 323-329.

Morpurgo R S, Lpatosv V, Afze R. 1994. Selection parameters for resistance to *Fusarium oxysprum* f. sp. *cubense* race 1 and race 4 on diploid banana (*Musa Acuminata* Colla) [J]. Euphytica, 75 (1-2): 121-129.

Navarro L, Dunoyer P, Jay F, *et al.* 2006. A plant miRNA contributes to antibacterial resistance by repressing auxin signaling [J]. Science, 312 (5772), 436-439.

Nelson P E, Toussoun T A, Marasas W F. 1983. *Fusarium* species—an Illustrated Manual for Identification [M]. University Park: Pennsylvania State University Press, 193.

O'Donnell K, Kistler H C, Cigelnik E, *et al.* 1998. Multiple evolutionary origins of the fungus causing Panama disease of banana: concordant evidence from the nuclear and mitochondrial gene genealogies [C]. Proceedings of the National Academy of Sciences of the United States of America, 95 (5): 2044-2049.

Ouyang S, Park G, Atamian HS, *et al.* 2014. MicroRNAs suppress NB domain genes in tomato that confer resistance to *Fusarium oxysporum* [J]. PLoS Pathogens, 10 (10): e1004464.

Paul J Y, Becker D K, Dickman M B, *et al.* 2011. Apoptosis-related genes confer resistance to *Fusarium* wilt in transgenic 'Lady Finger' bananas [J]. Plant Biotechnology Journal, 9: 1141-1148.

Pedrosa A M. 1995. Screening of banana varieties for resistance to *Fusarium* wilt (banana disease) in the Philippines [J]. Philippine Phytopathology, 31 (2): 76-78.

Pegg K G, Moore N Y, Sorenson S. 1994. Variability in populations of *Fusarium oxysporum* f. sp. *cubense* from the Asia/Pacific region [C]. In Jones D R (Eds.), The Improvement and Testing of Musa: A Global Partnership.Proceeding of the First Global Conference of the International *Musa* Testing Program. INIBAP: Montpellier, 70-82.

Peng J, Zhang H, Chen F, *et al.* 2014. Rapid and Quantitative detection of *Fusarium oxysporum* f. sp. *cubense* R4 in soil by real - time fluorescence loop - mediated isothermal amplification [J]. Journal of Applied Microbiology, 117: 1740-1749.

Pietro A D, Madrid M P, Caracuel Z, *et al.* 2003. *Fusarium oxysporum* : exploring the molecular arsenal of a vascular wilt fungus [J]. Molecular Plant Pathology, 4 (5): 315-325.

Ploetz R C, Correll J C. 1988. Vegetative compatibility among races of *Fusarium oxysporum* f. sp. *cubense* [J]. Plant Disease, 72 (47): 325-328.

Ploetz R C. 2000. Panama Disease: A Classic and Destructive Disease of Banana [J]. Plant Health Progress, doi: 10. 1094/PHP-2000-1204-01-HM.

Ploetz R C. 2005. Panama disease: An old nemesis rears its ugly head: Part 2: The Cavendish era and beyond [J]. Plant Health Progress, 23: 1-17.

Podovan A, Henessey C and Walduck G. 2003. Alternative hosts of *Fusarium oxysporum* f. sp. *cubense* tropical race 4 in northern Australia [C]. In: 2nd. International Symposium on *Fusarium* wilt on banana. PROMUSA-INIBAP/EMBRAPA. Salvador de Bahía, Brazil: 22-26.

Puhalla J E. 1985. Classification of strains of *Fusarium oxysporum* on the basis of vegetative compatibility [J]. Canadian Journal of Botany, 63 (2): 179-183.

Qi X Z, Guo L J, Yang L Y, *et al.* 2013. *Foatf1*, a BZIP transcription factor of *Fusarium oxysporum* f. sp. *cubense*, is involved in pathogenesis by regulating the oxidative stress responses of Cavendish banana (*Musa* spp.) [J]. Physiological and Molecular Plant Pathology, 84: 76-85.

Raillo A. 1950. Griby roda *Fusarium* [M]. Moskva: Gosudarstv Izd Sel'skochoz Lit, 415.

Rep M, van der Does H C, Meijer M, *et al.* 2004. Small, cysteine-rich protein secreted by *Fusarium oxysporum* during colonization of xylem vessels is required for I -3-mediated resistance in tomato , Molecular Microbiology, 53 (5): 1373-1383.

Rispail N, Di Pietro A. 2009. *Fusarium oxysporum* Stel2 controls invasive growth and virulence downstream of the Fmk1 MARK cascade [J]. Molecular Plant-Microbe Interactions, 22 (7): 830-839.

Shivaprasad P V, Chen H M, Patel K, *et al.* 2012. A microRNA superfamily regulates nucleotide binding site-leucine-rich repeats and other mRNAs [J]. Plant Cell, 24 (3): 859-874.

Singh D. 1971. Effect of alanine on development of *Verticllium* wilt in cotton cultivars with different levels of resistantce [J]. Phytopathology, 61 (7): 881-882.

Snyder W C, Hansen H N. 1940. The species concept in *Fusarium* [J]. American Journal of Botany, 27 (2): 64-67.

Sorensen S. 1994. Genetic variation within *Fusarium oxysporum* f. sp. *cubense* in banana [J]. Queensland: Queensland University of Technology.

Stover R H. 1962. Fusarial wilt (Panama disease) of bananas and other *Musa* species [M]. Kew, Surrey: Commonwealth Mycological Institute, 4.

Stover R H, 1986. Buddenhagen I W. Banana breeding: polyploidy, disease resistance and productivity [J]. Fruits, 41 (3): 175-191.

Su H J, Hwang S C, Ko W H. 1986. Fusarial wilt of Cavendish banana in Taiwan [J]. PlantDisease, 70 (9): 814-818.

Sun D Q, Hu Y L, Zhang L B, *et al.* 2009. Cloning and analysis of *Fusarium* wilt resistance gene analogs in 'Goldfinger' banana [J]. Molecular Plant Breeding, 7 (6): 1215-1222.

Sun E J, Su H J, Ko W H. 1978. Identification of *Fusarium oxysporium* f. sp. *cubense* race 4 from soil or host tissue by cultural characters [J]. Phytopathology, 68 (11): 1672-1673.

Thangavelu R, Palaniswami A, Doraiswamy S, *et al.* 2003. The effect of *Pseudomonas fluorescens* and *Fusarium oxysporum* f. sp. *cubense* on induction of defence enzymes and phenolics in banana [J]. Biologia Plantarum, 46 (1): 107-112.

Thangavelu R, Palaniswami A, Velazhahan R. 2004. Mass production of *Trichoderma harzianum* for managing *Fusarium* wilt of banana [J]. Agriculture Ecosystem and Environment, 103: 259-263.

Thangavelu R, Muthu Kumar K, Ganga Devi P, *et al.* 2012. Genetic Diversity of *Fusarium oxysporum f.* sp. *cubense* isolates (Foc) of India by inter simple sequence repeats (ISSR) analysis [J]. Molecular Biotechnology, 51 (3): 203-211.

Ting A S Y, Meon S, Kadir J, *et al.* 2003. Potential role of endophytes in the biocontrol of *Fusarium* wilt [C]. In: Claudine PiCq, Anne Vezina. Eds. 2nd International Symposium on *Fusarium* Wilt on Banana. Brazil: Salvador de Bahia, 469-478.

Toussoun T A, Nelson P E. 1968. A Pictorial Guide to the identification of *Fusarium* Species [M]. The Pennsylvania State University Press, University Park and London.

Waite B H and Dunlap V C. 1953. Preliminary host range studies with *Fusarium oxysporum* f. sp. *cubense* [J]. Plant Disease Reporter, 37: 79-80.

Walton J D. 1994. Deconstructing the cell-wall [J]. Plant Physiology, 104 (4): 113-118.

Wang K H, Hooks C R R. 2009. Plant-parasitic nematodes and their associated natural enemies within banana (*Musa* spp.) plantings in Hawaii [J]. Nematropica, 39 (1): 57-73.

Wang W, Hu Y L, Sun D Q, *et al.* 2012. Identification and evaluation of two diagnostic markers linked to *Fusarium* wilt resistance (race 4) in banana (*Musa* spp.) [J]. Molecular Biology Reports, 39 (1): 451-459.

Wang Z, Jia C H, Li J Y, *et al.* 2015. Activation of salicylic acid metabolism and signal transduction can enhance resistance to *Fusarium* wilt in banana (*Musa acuminate* L. AAA group, cv. Cavendish) [J]. Function integrative Genomics, 15 (1): 47-62.

Wang Z, Li J Y, Jia C H, *et al.* 2016. Molecular cloning and expression of four phenylalanine ammonia lyase genes from banana interacting with *Fusarium oxysporum* [J]. Biologia Plantarum, 60 (3): 1-10.

Weindling R. 1934. Studies on a lethal principle effective in the parasitic action of T *richoderma lignorum* on *Rhizoctinia solani* and other soil fungi [J]. Phytopathology, 24 (11): 1153-1179.

Weiberg A, Wang M, Lin FM, *et al.* 2013. Fungal small RNAs suppress plant immunity by hijacking host RNA interference pathways [J]. Science, 342 (6154): 118-123.

Weime J L. 1930. Temperature and soil - moisture relations of *Fusarium oxysporum* var. *medicaginis* [J]. Journal of Agricultural Research, 40 (2): 97-103.

Wei Y, Liu W, Hu W, *et al.* 2017. Genome-wide analysis of autophagy-related genes inbanana highlights MaATG8s, in cell death and autophagy in immune response to *Fusarium* wilt [J]. Plant Cell Reports, 36 (8): 1237.

Wollenweber H W, Reinking O A. 1935. Die Fusarien [M] . Berlin: Paul Parey.

Zhang X, Zhang H, Pu J J, *et al.* 2013. Development of a real-time fluorescence loop-mediated isothermal amplification assay for rapid and quantitative detection of *Fusarium oxysporum* f. sp. *cubense* tropical race 4 in soil ［J］. PLoS ONE, 8 （12）: e82841.

Zhang H, Mallik A, Zeng R S. 2013. Control of Panama disease of banana by rotating and intercropping with Chinese chive （*Allium tuberosum* Rottler）: role of plant volatiles ［J］. Journal of Chemical Ecology, 39 （2）: 243-252.